Umweltmanagementsysteme
in der chemischen Industrie

Springer-Verlag Berlin Heidelberg GmbH

Sebastian Kostka Ali Hassan

Umweltmanagementsysteme in der chemischen Industrie

Wege zum produktionsintegrierten Umweltschutz

Mit 75 Abbildungen und 57 Tabellen

Springer

Dr. Sebastian Kostka
Priv.-Doz. Dr. Ali Hassan
Technische Universität Berlin,
Institut für Technische Chemie, Sekr. TC 8
Straße des 17. Juni 135
10623 Berlin

Die Deutsche Bibliothek – CIP-Einheitsaufnahme

Kostka, Sebastian:
Umweltmanagementsysteme in der chemischen Industrie: Wege zum produktionsintegrierten Umweltschutz; mit 57 Tabellen / Sebastian Kostka; Ali Hassan. – Berlin; Heidelberg; New York; Barcelona; Budapest; Hongkong; London; Mailand; Paris; Santa Clara; Singapur; Tokio: Springer, 1997
ISBN 978-3-642-63833-6 ISBN 978-3-642-59057-3 (eBook)
DOI 10.1007/978-3-642-59057-3

ISBN 978-3-642-63833-6

Ursprünglich erschienen bei Springer-Verlag Berlin Heidelberg 1997
Softcover reprint of the hardcover 1st edition 1997

Einbandgestaltung: *design & production* GmbH, Heidelberg
Satz: Reproduktionsfertige Vorlage von den Autoren

SPIN: 10560808 30/3136 - 5 4 3 2 1 0 – Gedruckt auf säurefreiem Papier

Geleitwort

Bevölkerungswachstum und steigende Lebensansprüche der Menschen in den Industrieländern sowie die Expansion der Marktwirtschaften bedingen eine globale Zunahme von Produktion und Konsum. Dadurch wird die ökologische Umwelt global - als gesamtes Wirkungsgefüge zwischen Natur und Lebewesen - in ihren einzelnen Funktionen zunehmend beansprucht. Natürliche Ressourcen für die Herstellung von Gütern werden der ökologischen Umwelt entnommen.

Umgekehrt nimmt die Umwelt Abfälle bzw. Schadstoffe aus Produktionsprozessen auf. Beansprucht wird sie auch durch den Ge- und Verbrauch sowie die Vernichtung der Erzeugnisse. Eine Überforderung dieser Versorgungs- und Trägerfunktion der ökologischen Umwelt führt zu einer Beeinträchtigung ihrer Regulierungsfunktion, d.h. die Erhaltung des ökologischen Gleichgewichts wird gefährdet.

Dieser Problembereich liegt dem von der Brundtland-Kommission der Vereinten Nationen formulierten Leitbild einer nachhaltigen bzw. dauerhaften Entwicklung "Sustainable Development" zugrunde.

Es verlangt, daß die zukünftige Entwicklung so gestaltet wird, daß ökonomische, ökologische und gesellschaftliche Zielsetzungen gleichrangig angestrebt werden. Wird das Gleichgewicht dieser Faktoren gestört, so kann es zu Umweltschäden, wirtschaftlichem Niedergang oder sozialen Unruhen kommen.

Sustainability im ökonomischen Sinne bedeutet eine effiziente Allokation der knappen Güter und Ressourcen. Sustainability im ökologischen Sinne bedeutet, die Grenze der Belastbarkeit der Ökosphäre zu überschreiten und die natürlichen Lebensgrundlagen zu erhalten.

Sustainability im gesellschaftlichen Sinne bedeutet ein Höchstmaß an Chancengleichheit, sozialer Gerechtigkeit und Freiheit. Die chemische Industrie als Schlüsselindustrie kann zur Verwirklichung dieses Leitbildes entscheidend beitragen.

Ihr Beitrag beruht auf ihrer Kenntnis und Erfahrung im Umgang mit Stoffen, deren Veredlung und Nutzung, aber auch in der Aufbereitung und Wiederverwertung.

In der Vergangenheit lag das Hauptgewicht auf dem additiven Umweltschutz mit seinen konventionellen Reinigungs- und Beseitigungsverfahren. Allerdings darf nicht unbeachtet bleiben, daß Rückgewinnungs- und Verwertungsverfahren in der chemischen Industrie schon immer üblich waren.

Jedoch verlangt die Gestaltungsidee des Sustainable Development eine Neuorientierung der Umweltpolitik. Deshalb sind Innovationen auf allen Gebieten des betrieblichen Umweltschutzes das wirkungsvollste Instrument, denn diese führen zu einer Effizienzrevolution. Dies sind einerseits Prozeßinnovationen: Herstellung von gleichen oder ähnlichen Produkten mit weniger Material- und Energieaufwand sowie mit einer geringeren Abgabe von Schadstoffen. Und andererseits Stoffkreisläufe: die Wiederverwertung von Reststoffen.

Damit muß der eingeschlagene Weg des integrierten Umweltschutzes konsequent ausgebaut werden. Beim produktionsintegrierten Umweltschutz wird ein Verfahren gesucht, das Luft, Wasser und Boden von vornherein so wenig wie möglich belastet und durch Verbundproduktion Reststoffe, soweit es geht, verwertet; zugleich müssen aber die technischen und wirtschaftlichen Ziele der Produktion erfüllt sein. Es bedeutet Maßnahmen des Vermeidens, des Verminderns und des Verwertens von Reststoffen.

Der additive Umweltschutz besteht darin, Schadstoffe, die bei einem Produktionsprozeß entstehen, im nachhinein zu beseitigen. Dabei werden keine Rohstoffe eingespart, sondern sie werden unter Einsatz von weiteren Rohstoffen und Energie in eine vergleichsweise umweltverträgliche Form überführt. Die additiven Technologien stellen unproduktiv gebundenes Kapital zur nachträglichen Verringerung der Umweltbelastung dar, d.h. die Kapitalproduktivität wird gesenkt. Zudem verringern sie nicht den Rohstoffeinsatz in Produktionsprozessen.

Hingegen wird durch integrierte Technologien der Rohstoffeinsatz in Produktionsprozessen einzel- und gesamtwirtschaftlich vermindert. Auch wird die Abfallmenge durch Reststoffverwertung und -vermeidung verringert. Neue integrierte Technologien können auch einen geringeren Energieaufwand erfordern. Integrierte Verfahren bringen wirtschaftliche Vorteile, während die additiven Maßnahmen bei linearer Emissionsminderung zu steigenden Grenzkosten bzw. stark fallenden Grenznutzen führen.

Daher erlangt der integrierte Umweltschutz eine zunehmende Bedeutung in Forschung, Entwicklung und Produktion. Damit wird ein wirtschaftlich und ökologisch sinnvolles Management der eingesetzten Stoffe selbstverantwortlich wahrgenommen. Dies sichert einen ökologisch und ökonomisch verantwortlichen Umgang mit knappen Ressourcen und trägt zu ihrer Schonung bei als aktiver Beitrag im Sinne des Leitbildes von Sustainable Development.

Möge dieses Buch einer zahlreichen Leserschaft davon Kenntnis geben.

Dr. Claus Christ
(ehemals Hoechst AG)
Mai 1997

Vorwort

Seit den frühen 70er Jahren wird die Chemiebranche als ein Paradebeispiel für die egozentrische Vernichtung unserer Lebensgrundlagen gebrandmarkt. Dieser Vorwurf führte auf gesellschaftlicher Seite zur Bildung chemiekritischer Bürgerbewegungen und auf staatlicher Seite zu der Schaffung eines engmaschigen Regelwerkes.

Am Anfang erfüllte die chemische Industrie die sich kontinuierlich verschärfenden gesetzlichen Forderungen durch immer kostspieligere technische Maßnahmen des additiven Umweltschutzes. In den 80er Jahren begann man mit dem einzig vertretbaren Weg, dem produktionsintegrierten Umweltschutz, der die umweltrelevanten Stoffströme erst gar nicht entstehen läßt bzw. minimiert.

Das vorliegende Buch befaßt sich mit der Frage, wie der produktionsintegrierte Umweltschutz in der chemischen Industrie durch den Aufbau, die Implementierung und die kontinuierliche Verbesserung von Umweltmanagementsystemen gefördert werden kann. Die angewandte Methodik ist von einer interdisziplinären Ausrichtung geprägt, die Erkenntnisse aus den Bereichen der Betriebswirtschaftslehre, des Qualitätsmanagements sowie der chemischen Verfahrenstechnik miteinander verbindet.

Adäquate Methoden, Techniken und Instrumente für das Umweltmanagement werden vorgestellt, wie Checklisten, Ökobilanzen, ökologische Kennzahlen, qualitative Klassifikationssysteme usw. Damit kann gewährleistet werden, daß umweltrelevante Kriterien langfristig in transparenter Art und Weise in die Managementabläufe einfließen.

Die Umweltmanagementsysteme werden am Beispiel der Forschung und Entwicklung aufgezeigt, die die Schlüsselfunktion zur Förderung des produktionsintegrierten Umweltschutzes in der chemischen Industrie darstellen. Aber auch andere Unternehmensfunktionen und -bereiche, bei denen der produktionsintegrierte Umweltschutz gefördert werden kann, wie z.B. die Gestaltung des Produktionsprogramms, die Verfahrensauswahl und die Verfahrensentwicklung, sind Gegenstand der Untersuchung.

Auf der Basis vorhandener Konzepte und eigener Untersuchungen in Zusammenarbeit mit Vertretern der chemischen Industrie wird eine Methodik für den Aufbau von Umweltmanagementsystemen vorgeschlagen. Sie ermöglicht eine flexible Anpassung der Umweltmanagementsysteme an die dynamischen Rahmenbedingungen.

Es sollen in dem vorliegenden Buch keine spezifizierten Handlungsanweisungen aufgestellt werden, da die betrieblichen Charakteristiken von Unternehmen zu Unternehmen stark differieren. Es ist vielmehr Aufgabe der Unternehmen selbst, anhand der hier dargelegten Grundlagen und Anforderungen eigene und angepaßte Strukturen aufzubauen, die eine Chance haben auch "gelebt" zu werden.

Die Autoren
Berlin, Mai 1997

Inhaltsverzeichnis

Abkürzungen

Abkürzung	Bedeutung
AbfG	Abfallgesetz
AbwAG	Abwasserabgabegesetz
AOX	an Aktivkohle absorbierbare organische Halogenverbindungen
BImSchG	Bundes-Immissionsschutzgesetz
BNatSchG	Bundes-Naturschutzgesetz
BSB_5	Biologischer Sauerstoffbedarf nach 5 Tagen
ChemG	Chemikaliengesetz
ChemPrüfV	Prüfnachweisverordnung
ChemVerbotsV	Chemikalienverbotsverordnung
CSB	chemischer Sauerstoffbedarf
EG	Europäische Gemeinschaft
EMAS	EG-Öko-Audit-Verordnung (Eco Management and Audit Scheme)
F&E	Forschung und Entwicklung
FCKW	Flourchlorkohlenwasserstoffe
GefStoffV	Gefahrstoffverordnung
GG	Grundgesetz
GMP	Good Manufacturing Practice
KrW-/AbfG	Gesetz zur Förderung der Kreislaufwirtschaft und Sicherung der umweltverträglichen Beseitigung von Abfällen
LC_{50}	letale Konzentration in ppm oder mg/l für 50% der Testorganismen (Fische, Daphnien, Algen, Bakterien)
LD_{50}	letale Dosis (akute orale Toxizität) für 50% der Testorganismen
MAK	maximale Arbeitsplatzkonzentration
NMP	N-Methylpyrrolidon
ODP	Ozonabbaupotential
RPZ	Risikoprioritätszahl
TA	Technische Anleitung
TRGS	Technische Regeln für Gefahrstoffe
TRK	Technische Richtkonzentration
UmweltHG	Umwelthaftungsgesetz
UVPG	Gesetz über die Umweltverträglichkeitsprüfung
UVV	Unfallverhütungsvorschriften
VbF	Verordnung über brennbare Flüssigkeiten

VCI	Verband der Chemischen Industrie
WGK	Wassergefährdungsklasse
WHG	Wasserhaushaltsgesetz
WGK	Wassergefährdungsklasse
WHO	Weltgesundheitsorganisation

1. Die ökologische Herausforderung

1.1 Verschiedene Sichtweisen

Die Auseinandersetzung mit der Umweltschutzproblematik läßt sich am besten in Analogie zu einer indischen Parabel charakterisieren (siehe hierzu [1.1, S. 37 ff.]. In dieser Geschichte versucht eine Gruppe blinder Männer sich über das Aussehen eines Elefanten zu einigen. Es gelingt ihnen nicht, da die individuellen Eindrücke, die die einzelnen Gruppenmitglieder von dem Elefanten haben, zu unterschiedlich sind. So meinen die einen, daß es sich um ein längliches Wesen handeln muß, da sie nur den Rüssel ertasten konnten. Andere wiederum halten es eher für ein rundes Tier, weil sie den Rücken begutachtet haben usw.

Eine analoge Verwirrung herrscht bei der aktuellen Umweltschutzdiskussion. Aus dem Blickwinkel eines Philosophen können die ökologischen Gefahren nur durch einen Wechsel von der anthroposophischen zu einer biozentrischen Sichtweise verhindert werden. Der Politiker wird eine weltweite Konferenz vorschlagen und der Wirtschaftler die Einführung von handelbaren Verschmutzungsaktien. Dagegen wird der Ingenieur die Entwicklung neuer Reinigungsanlagen fordern und der Chemiker die Entstehung umweltgefährdender Stoffströme verhindern wollen. Der Manager wird anstreben, die Planung und Steuerung der innerbetrieblichen Abläufe zu verbessern und der Organisationspsychologe eine bessere Einbeziehung der Mitarbeiter verlangen. Andere wiederum werden sagen, daß es gar nichts zu verbessern gibt, denn schließlich sei doch alles bis jetzt gut verlaufen.

Woran liegt es, daß der gemeinsame Wille zur langfristigen Sicherung der natürlichen Lebensgrundlagen nicht zu einer einheitlichen Vorgehensweise führt? Es liegt an der außerordentlichen Komplexität des Problemfeldes, welches durch eine kaum überschaubare Anzahl von miteinander in Wechselwirkung stehenden Einflußfaktoren geprägt ist, die eine objektive, eindeutige Beurteilung der ökologischen Situation und zukünftigen Entwicklung nicht zulassen. Dies führt in Abhängigkeit von der jeweiligen Interessenlage zu divergierenden Einschätzungen des Handlungsbedarfs und der zu ergreifenden Maßnahmen.

Da das Ausmaß der Umweltbelastung und deren Folgen heute noch nicht exakt absehbar sind, gehört es zu den Aufgaben einer zukunftsorientierten Unternehmensführung in der chemischen Industrie, die Umweltauswirkungen per se auf das mögliche Niveau zu reduzieren. Die aktuellen Beispiele von Verfahrensinnovationen im Sinne des produktionsintegrierten Umweltschutzes zeigen, daß die Vermeidung der Entstehung von Umweltbelastungen technisch machbar und wirtschaftlich vertretbar ist. Um diesen interdisziplinären Prozeß der Entwicklung und Einführung "umweltfreundlicher Verfahren" weiter zu fördern, muß von der traditionellen Vorstellung Abschied genommen werden, daß der Umweltschutz ein rein technisches Problem sei. Die effiziente und effektive Integration von Aspekten des Umweltschutzes bei der Neu- und Weiterentwicklung chemischer Verfahren ist nur durch die Kombination von Technik, Organisation und Motivation zu erreichen.

1.2 Problem der Umweltbelastung und die Lösungsansätze

Bei jeder Art von Produktion wird die Umwelt in zweifacher Weise beansprucht:

1. Der Umwelt werden Ressourcen wie Rohstoffe, Energie, Wasser und Luft als Inputfaktoren für Produkte und Produktionsprozesse entnommen.
2. Jeder Produktionsprozeß ist durch die gekoppelte Produktion von "gewollten" (d.h. verkaufsfähigen) und "nicht gewollten" (d.h. nicht verkaufsfähigen) Produkten, wie z.B. Abfall, Abwasser, Gase, Wärme usw., gekennzeichnet.

Die chemische Industrie hat die Aufgabe, die natürlichen Lebensgrundlagen durch ihre Produktionsverfahren und ihre Produkte so wenig wie möglich zu gefährden. Aufgrund dieser primären Aufgabe und der zunehmenden restriktiven Rahmenbedingungen bedarf es bei der Überarbeitung bestehender und der Entwicklung von neuen Produktionsverfahren einer *Operationalisierung* ökologischer Kriterien. Es stellt sich daher die Frage, welche chemiespezifischen Voraussetzungen geschaffen und Maßnahmen ergriffen werden müssen, um Umweltschutzkriterien in die Produktionsverfahren zu *integrieren.* Hieraus ergibt sich ein aktueller Bedarf an angepaßten Instrumenten, Methoden und Techniken zur Erfassung, Analyse und Bewertung von umweltrelevanten Verfahrensaspekten. Dabei darf es zu keiner isolierten Betrachtung der Umweltschutzaspekte kommen, sondern diese müssen in das bestehende Bewertungsschema integriert werden.

Dieses Buch befaßt sich auf der Basis einer ausführlichen Analyse der Rahmenbedingungen und der Ausgangssituation mit der Aufgabe, Grundstrukturen von Umweltmanagementsystemen für die chemische Industrie darzulegen. Dies wird am Beispiel des produktionsintegrierten Umweltschutzes in der Forschung und Entwicklung aufgezeigt.

1.3 Interdisziplinäre Methodik

Die in diesem Buch angewandte Methodik ist insgesamt von einer interdisziplinären Ausrichtung geprägt, die versucht Erkenntnisse aus den Bereichen der Betriebswirtschaftslehre, des Qualitätsmanagements, der chemischen Verfahrenstechnik sowie der Organisationslehre miteinander zu verbinden.

Das operative Vorgehen hat einen dualen Charakter, indem auf der einen Seite die Neuerscheinungen in der Literatur kontinuierlich analysiert sowie die neuen Ansätze theoretisch erarbeitet werden und auf der anderen Seite intensiv mit der chemischen Industrie zusammengearbeitet wird. Nur durch eine derartige Arbeitsweise konnte der notwendige Praxisbezug gewährleistet werden.

Die Inhalte leiten sich aus den oben genannten Punkten ab und spiegeln sich in der Gliederung wider. So wird im zweiten Kapitel die chemische Industrie von anderen Industriezweigen abgegrenzt, und ihre umweltschutzrelevanten Rahmenbedingungen werden beschrieben und analysiert. Hieraus wird die Notwendigkeit des produktionsintegrierten Umweltschutzes und die Einführung von Umweltmanagementsystemen abgeleitet.

Im dritten Kapitel wird eine Abgrenzung der grundsätzlichen Umweltschutzansätze vorgenommen, wobei im Anschluß hieran die produktionsbedingte Umweltschutzproblematik in der chemischen Industrie beschrieben wird. Methoden zum produktionsintegrierten Umweltschutz werden vorgestellt. Allgemeingültige Kriterien zu ihrer Anwendung werden angegeben. Ergänzt wird diese Darstellung durch aktuelle Beispiele des produktionsintegrierten Umweltschutzes.

Das vierte Kapitel befaßt sich zuerst mit den Grundlagen von Managementsystemen und stellt dann das Qualitätsmanagement in der chemischen Industrie vor. Dies bildet den Ausgangspunkt zur Veranschaulichung des Aufbaus, der Implementierung und der Funktion von Umweltmanagementsystemen.

In Kapitel fünf werden die Instrumente und Techniken dargestellt, mit deren Hilfe Umweltmanagementsysteme, speziell in der chemischen Industrie, realisiert werden können.

Kapitel sechs setzt sich mit dem Ist-Zustand der Forschung und Entwicklung in der chemischen Industrie als der Schlüsselfunktion für den produktionsintegierten Umweltschutz auseinander. Hierbei wird der Schwerpunkt auf die Analyse der Entscheidungsprozesse gelegt, um Ansatzpunkte für deren Beeinflussung im Sinne des produktionsintegrierten Umweltschutzes zu identifizieren.

Auf dieser Erkenntnisgrundlage werden im siebten Kapitel die grundlegenden Strukturen eines F&E-spezifischen Umweltmanagements dargelegt, die eine Zusammenfassung eigener empirischer Untersuchungen der betrieblichen Praxis darstellen. Ergänzt werden die aufbau- und ablauforganisatorischen Maßnahmen durch die Darstellung eines angepaßten Instrumentariums zur Förderung des produktionsintegrierten Umweltschutzes im Rahmen des Umweltmanagements.

In Kapitel acht werden schließlich die Erkenntnisse zusammengefaßt und durch die Einschätzung der zukünftigen Entwicklung ergänzt.

2. Umweltschutz in der chemischen Industrie

2.1 Chemische Industrie

2.1.1 Abgrenzung der Branche

Die chemische Industrie läßt sich nach verschiedenen Kriterien abgrenzen. Als erstes kann sie durch die Art ihrer Tätigkeit von anderen Industriezweigen unterschieden werden [2.1, S. 13]: "Die chemische Industrie ist zu charakterisieren als eine Industriegruppe, die mit Hilfe von chemischen und physikalischen Verfahren, durch Stoffumwandlung und -veredlung sowie Weiterverarbeitung eine große Menge von Produkten herstellt." Jedoch ist diese technologische Definition nicht eindeutig, denn man zählt Industriezweige, die chemische Reaktionen in begrenztem und spezialisiertem Rahmen einsetzen (Erdölverarbeitung, Glasindustrie, Zweige der Lebensmittelindustrie usw.) nicht zur chemischen Industrie [2.2 , S. 5]. Sinnvoll erscheint eine externe Abgrenzung und eine interne Unterteilung durch die Bildung von Produktgruppen (siehe Abb. 2.1).

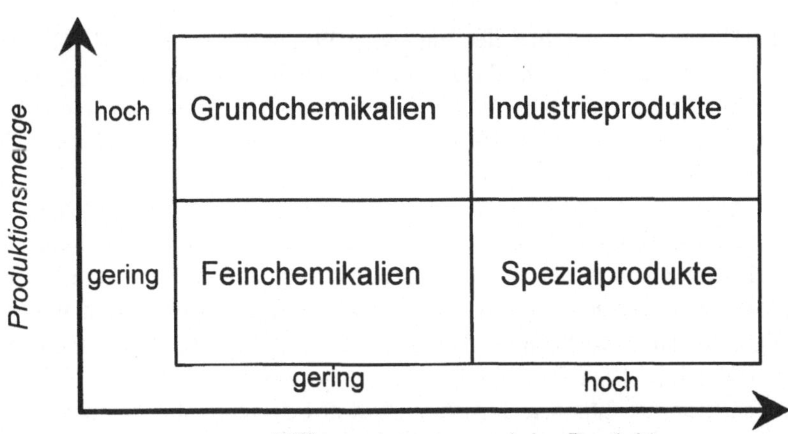

Abb. 2.1. Produktgruppenmatrix der chemischen Industrie nach Kline [2.3]

Die dabei aufgestellten 4 Produktgruppen lassen sich wie folgt definieren:

1. *Grundchemikalien* sind undifferenzierte Produkte, die von verschiedenen Anbietern in großen Mengen hergestellt werden. Sie werden in substantiell gleicher Form und nach allgemein akzeptierten Spezifikationen über die Zusammensetzung zu einem relativ niedrigen Preis pro Mengeneinheit angeboten. Die Herstellung zeichnet sich durch einen hohen Rohstoffkostenanteil am Verkaufspreis und durch eine niedrige Wertschöpfung aus. Typische Vertreter der Grundchemikalien sind z.B. Ammoniak, Schwefelsäure, Salpetersäure, Chlor und Natronlauge.

2. *Industrieprodukte* sind differenzierte Produkte, die hinsichtlich Rohstoffbasis, Produktionsmenge, Wertschöpfung und Verkaufspreis den Grundchemikalien nahe stehen. Im Gegensatz zu diesen werden sie jedoch auf eine bestimmte Leistung bzw. bestimmte Anwendungseigenschaften hin optimiert. Daher werden Industrieprodukte je nach Anwendungszweck in verschiedenen Modifikationen angeboten (z.B. Polystyrol für Spritzguß oder Extrusion). Auch für sie gibt es allgemein akzeptierte Spezifikationen. Beispiele für Industrieprodukte sind die Massenkunststoffe (PVC, PE, PP usw.).

3. *Feinchemikalien* sind undifferenzierte Produkte, die in relativ kleinen Mengen erzeugt werden. Ihre aufwendigen bzw. komplizierten Herstellungsverfahren führen zu hohen Verkaufspreisen. Typische Vertreter der Feinchemikalien sind z.B. pharmazeutische Wirkstoffe, Kosmetika und Lebensmittelchemikalien.

4. *Spezialprodukte* sind differenzierte Produkte zur Lösung spezieller Kundenprobleme. Ihr Preis ist relativ hoch, sie bilden die Produktgruppe mit der höchsten Anzahl an Produkten und den unterschiedlichsten Anwendungsgebieten. Beispiele für Spezialprodukte sind Katalysatoren und Spezialkunststoffe.

Die Übergänge zwischen den einzelnen Produktgruppen der Kline-Matrix in Abb. 2.1 sind fließend, d.h. die Produkte können während ihres Produktlebenszyklus' die Kategorie wechseln. Als Grenze zwischen hohen bzw. niedrigen Produktionsmengen werden ca. 10 000 jato weltweit angesehen, und als Preisobergrenze für Massenprodukte gelten ca. 10 DM/kg [2.4, S. 63].

Die pharmazeutische Industrie, die eine große wirtschaftliche Bedeutung hat, wird meistens als eigenständiger Industriezweig betrachtet. Jedoch weist sie viele Gemeinsamkeiten mit der chemischen Industrie auf. Außerdem sind beide Industriezweige in vielen Fällen in hohem Maße produktionstechnisch und kapitalmäßig miteinander verflochten. Aus diesen Gründen ist eine gemeinsame Betrachtung beider Industrien für diese Untersuchung notwendig. Um die beiden gegenüber anderen verfahrenstechnischen Industriezweigen abzugrenzen, wäre die Bezeichnung chemisch-pharmazeutische Industrie korrekter. Jedoch wird der Einfachheit halber hier weiterhin von der chemischen Industrie gesprochen.

2.1.2 Bedeutung der Branche

Die chemische Industrie ist eine der Schlüsselindustrien in Deutschland und mit rund 522 000 Angestellten der viertgrößte Arbeitgeber der deutschen Wirtschaft. Mit einem Umsatz von 180,1 Milliarden DM im Jahr 1995 ist sie auf Rang 5 des verarbeitenden Gewerbes [2.5, S. 15]. Abb. 2.2 stellt die Produktionsstruktur der Chemiebranche dar.

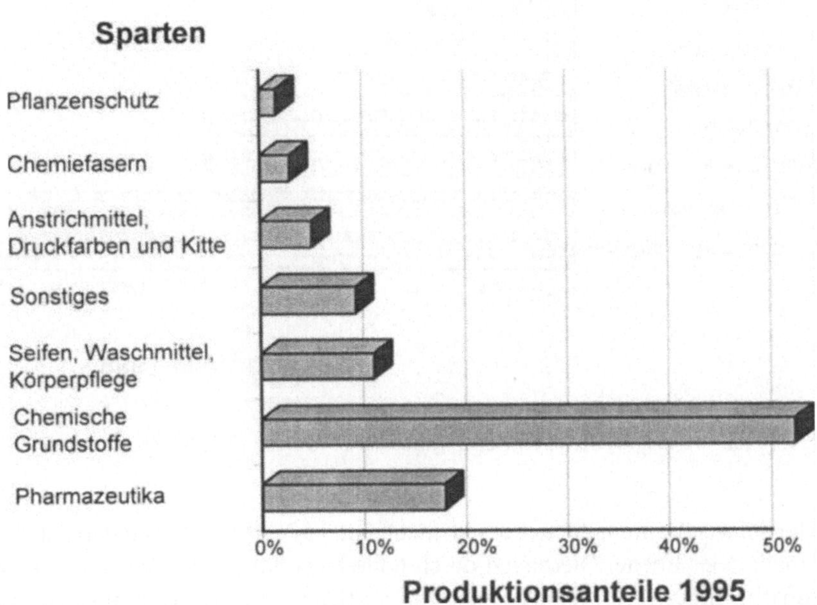

Abb. 2.2. Produktionsstruktur der chemischen Industrie 1995 nach [2.5, S. 28]

Die chemische Industrie ist mit nahezu allen Wirtschaftszweigen verflochten. Einen Überblick über die Hauptabnehmerbranchen chemischer Produkte gibt Abb. 2.3.

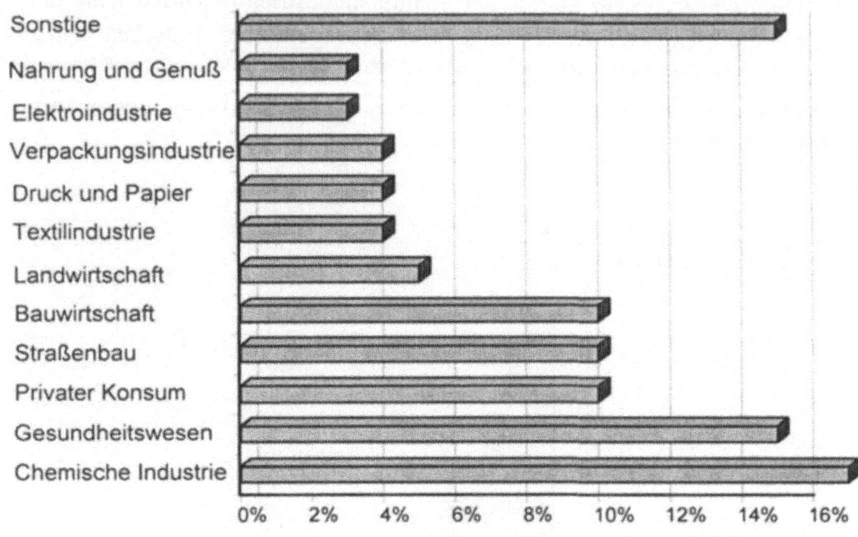

Abb. 2.3. Absatzstruktur der chemischen Industrie 1995 nach [2.5, S.18]

Handelsverflechtungen existieren nicht nur auf nationaler, sondern auch auf internationaler Ebene. Diese sind durch hohe Exportüberschüsse für die deutsche chemische Industrie gekennzeichnet und spielen somit eine entscheidende Rolle für die Chemiewirtschaft in Deutschland.

Im internationalen Vergleich nimmt die deutsche chemische Industrie, gemessen am Welt-Chemieumsatz, den dritten Rang nach den USA und Japan ein. Bei dieser Rangordnung werden die getätigten Umsätze der ausländischen Töchter deutscher Chemieunternehmen nicht berücksichtigt.

2.2 Umweltrelevante Rahmenbedingungen der chemischen Industrie

2.2.1 Einteilung der Rahmenbedingungen

Chemieunternehmen sind aufgrund ihrer produktionsbedingten Umweltbelastungen und des ökologischen Risikos ihrer Produktionssysteme in besonderem Maße von umweltrelevanten Einflußfaktoren betroffen. Die Anspruchsgruppen, die in Abb. 2.4 schematisch zusammengefaßt sind, spielen bei der Formulierung der Einflußfaktoren eine entscheidende Rolle.

Abb. 2.4. Umweltrelevante Faktoren der chemischen Industrie

Die Vielzahl von Einflußfaktoren kann man der Übersichtlichkeit halber zu Gruppen von Rahmenbedingungen zusammenfassen:

1. rechtliche,
2. wirtschaftliche,
3. öko-toxikologische,
4. technische und
5. gesellschaftliche.

In den folgenden Abschnitten werden diese umweltrelevanten Rahmenbedingungen der chemischen Industrie besprochen, um daraus die Bedeutung des produktionsintegrierten Umweltschutzes (zur Definition siehe Kap. 3.2.2) und die Notwendigkeit des Aufbaus von Umweltmanagementsystemen abzuleiten.

2.2.2 Rechtliche Rahmenbedingungen

2.2.2.1 Einleitung

Die rechtlichen Rahmenbedingungen stehen, wenn man von "Umweltschutz" und dem "Chemie-Standort Deutschland" spricht, meistens im Mittelpunkt der kontrovers geführten Diskussion. Hierbei sehen sich die deutschen Unternehmen einer Fülle von Gesetzen, Verordnungen, Verwaltungsvorschriften und technischen Regelwerken gegenüber, von denen die meisten einen umweltbezogenen Charakter haben. Ihre Anzahl dürfte bei 3000 liegen.

Einige dieser Gesetze und Verordnungen basieren auf europäischem Recht. In den europäischen Verträgen übertrugen die Mitgliedsstaaten Teile ihrer nationalen Gesetzgebungskompetenzen auf die durch die Verträge geschaffenen Organe. Neben dem primären Gemeinschaftsrecht unterscheidet man verschiedene Formen des sekundären Rechts, von denen die Verordnungen und die Richtlinien von Bedeutung für die Umweltgesetzgebung sind. Während die Verordnungen in den

Mitgliedsstaaten direkt wirkende Rechtssätze sind, binden die Richtlinien die angesprochenen Mitgliedsstaaten an das zu erzielende Ergebnis, überlassen aber den nationalen Behörden die Form und Methode der Ausführung. Richtlinien müssen also erst in nationales Recht umgesetzt werden.

In Abb. 2.5 ist eine Übersicht der gesetzlichen Rahmenbedingungen in Deutschland angegeben (als Sammlung umweltrelevanter Gesetze siehe z.B. [2.6] [2.7]).

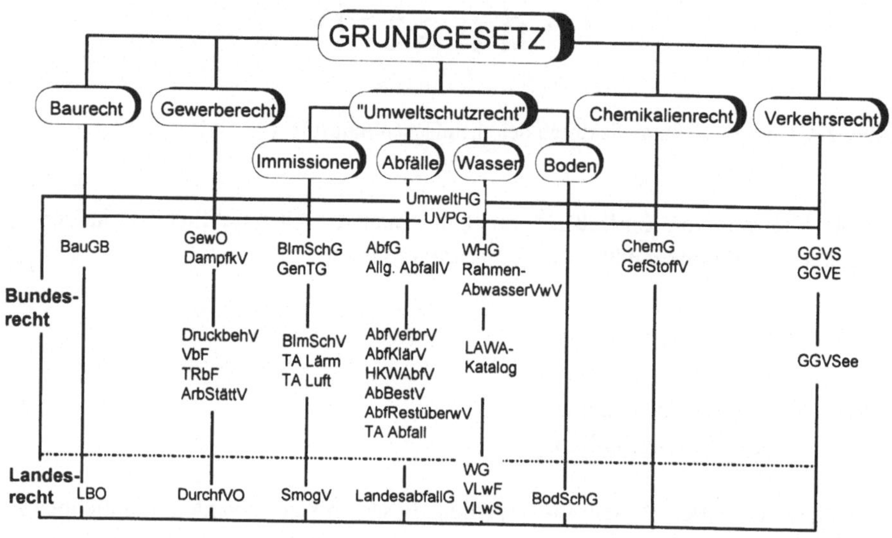

Abb. 2.5. Überblick über die gesetzlichen Rahmenbedingungen in Deutschland [2.8, S. 62]

Die Umweltgesetzgebung beginnt in Deutschland Anfang der siebziger Jahre und beruht seitdem auf folgenden drei umweltpolitischen Prinzipien:

- Vorsorgeprinzip,
- Verursacherprinzip und
- Kooperationsprinzip.

Das *Vorsorgeprinzip* ist das materielle Leitbild der Umweltpolitik, d.h. durch die Festlegung von Grenzwerten werden die Bedingungen für Bau und Betrieb von Anlagen nach dem Stand der Technik zum Schutze der Umwelt geregelt.

Nach dem *Verursacherprinzip* werden demjenigen die Kosten zugerechnet, der die Entstehung der Kosten verursacht hat. Das Verursacherprinzip wird durch die *Verschmutzungsabgabe* (Produkt- oder Emissionsabgabe) und durch *Umweltauflagen* umgesetzt. Die Umweltauflagen, deren Systematik in Abb. 2.6 dargestellt ist, haben für die chemische Industrie die größten Auswirkungen.

Abb. 2.6. Systematik der Umweltauflagen nach [2.9, S. 198]

Das *Kooperationsprinzip* bezieht sich auf die Zusammenarbeit zwischen Staat und Gesellschaft im Bereich des Umweltschutzes, d.h. die Mitwirkung der Öffentlichkeit im allgemeinen und der Betroffenen im speziellen muß bei umweltbedeutsamen Entscheidungen ermöglicht werden. Dies findet z.B. seinen Ausdruck in *§ 9 Einbeziehung der Öffentlichkeit* UVPG (Gesetz über die Umweltverträglichkeitsprüfung).

Bei der Diskussion der umweltrechtlichen Rahmenbedingungen ist es notwendig, deren "Normhierarchie" zu verstehen. Diese ist in Abb. 2.7 dargestellt.

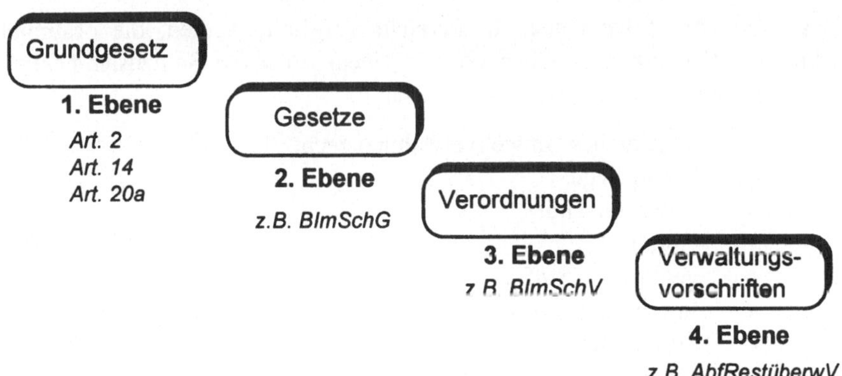

Abb. 2.7. Rechtliche Normhierarchie

Die deutschen Umweltgesetze leiten sich direkt oder indirekt vom Grundgesetz ab und werden durch Verordnungen sowie durch Verwaltungsvorschriften weiter konkretisiert. Das Grundgesetz kannte bislang keine besondere Verfassungsnorm, die den Umweltschutz ausdrücklich in der Verfassung verankerte. Die Umweltverschmutzung stellte bis dahin eine Gefährdung des Rechts auf Leben und körperliche Unversehrtheit (Art. 2, Abs. 2 GG) sowie des Rechts auf Eigentum (Art. 14 GG) dar und erforderte daher staatliche Eingriffe. Bei der letzten Änderung des Grundgesetzes am 30.8.1994 wurde der Umweltschutz folgendermaßen in Art. 20a als Staatsziel in das Grundgesetz aufgenommen:

Art. 20a des Grundgesetzes

> Der Staat schützt auch in Verantwortung für die zukünftigen Generationen die natürlichen Lebensgrundlagen im Rahmen der verfassungsgemäßen Ordnung durch die Gesetzgebung und nach Maßgabe von Gesetz und Recht durch die vollziehende Gewalt und die Rechtsprechung.

Die Systematik des entstandenen umweltrechtlichen Regelwerkes läßt sich am besten anhand der instrumentellen Eigenschaften untergliedern [2.10, S. 8 ff.]:

- Planungsinstrumente
  - durch Fachplanung (z.B. zum Schutze der Natur und Landschaft in §§ 5-7 und § 13 ff. des BNatSchG; zur Luftreinhaltung § 44, § 47 und § 49 BImSchG; durch Planfeststellung für Abfallentsorgungsanlagen entsprechend §§ 7 ff. AbfG)
  - durch raumbezogene Gesamtplanung (z.B. §§ 2 und 3 ROG)
- ordnungsrechtliche Instrumente
  - Anmelde- und Anzeigepflichten, Auskunftspflichten, Sicherungspflichten (z.B. UIG; § 5 BImSchG)
  - gesetzliche Verbote mit Erlaubnis- und Genehmigungsvorbehalt (z.B. ChemG und die GefStoffV)
- abgabenrechtliche Instrumente (z.B. § 7a WHG)
- informelle Instrumente (z.B. UIG; EMAS)

Das Umweltrecht kann auch in Bereiche eingeteilt werden, die bestimmte Objekte zum Schutzzweck haben oder in einem sonstigen Sinnzusammenhang stehen. Folgende Einteilung wird oft angewandt:

- allgemeines Umweltverwaltungsrecht,
- Naturpflege,
- Gewässerschutz,
- Abfall,
- gefährliche Stoffe,
- Immissionsschutz,
- Strahlenschutz,
- Energie,
- Umweltprivatrecht und
- Umweltstraftrecht.

Es können an dieser Stelle nicht alle rechtsrelevanten Anforderungen an den betrieblichen Umweltschutz aufgeführt und erläutert werden. Um jedoch einen Einblick zu ermöglichen und dadurch die gestellten Aufgaben an das Umweltmanagement zu verdeutlichen, werden in den nächsten Abschnitten einige wichtige Umweltgesetze, die zum produktionsintegrierten Umweltschutz und zu den

Umweltmanagementsystemen in besonderem Zusammenhang stehen, näher beschrieben. Hierbei wird der Schwerpunkt auf die *organisatorischen Pflichten des betrieblichen Umweltschutzes* gelegt (für eine umfassende Darstellung der Gesetze und deren Auswirkungen auf die chemische Industrie siehe [2.11, S. 39 ff.]).

2.2.2.2 Bundes-Immissionsschutzgesetz

Das Bundes-Immissionsschutzgesetz (BImSchG) ist zum Schutz vor schädlichen Umwelteinwirkungen durch Luftverunreinigungen, Lärm, Erschütterungen und ähnlichen Vorgängen erlassen worden. Das Gesetz betrifft genehmigungsbedürftige Anlagen, die im Anhang zur 4. Verordnung zum BImSchG aufgeführt sind. Darin sind nahezu alle chemischen Produktionsanlagen enthalten. Das Gesetz ist in großem Umfang die Grundlage zum Erlaß von Rechtsverordnungen, die die Einzelheiten seiner Umsetzung regeln.

Die umweltrechtliche Zulassung genehmigungspflichtiger Anlagen erfolgt nach einem gesonderten förmlichen Verfahren, dessen Ablauf in der 9. BImSchV festgelegt ist.

Die 12. BImSchV (Störfallverordnung) steht in besonderm Zusammenhang mit der chemischen Industrie. Aufgrund dieser Verordnung haben Unternehmen, in denen umweltgefährdende Stoffe in bestimmungsgemäßem Betrieb vorhanden sind oder bei denen Störungen des bestimmungsgemäßen Betriebes entstehen können, die Verpflichtung, geeignete Vorkehrungen zur Störfallvorsorge zu treffen und unter gewissen Voraussetzungen eine Sicherheitsanalyse anzufertigen. Die Störfallverordnung beruht größtenteils auf der sogenannten "Seveso-Richtlinie" der EG, die durch die erste Novellierung der Störfallverordnung in nationales Recht umgesetzt wurde. Die Berechtigung der Störfallverordnung und deren Novellierungen fand der Gesetzgeber in der Vielzahl schwerwiegender Schadensereignisse in den 80er Jahren. Beispielsweise ereigneten sich im Jahr 1986 117 Betriebsstörungen und 88 Transportunfälle in der chemischen Industrie [2.12, S. 265-266]), die vermuten ließen, daß die Sicherheitstechnik nicht mehr der zunehmenden Komplexität technischer Anlagen in der chemischen Industrie gerecht wurde. Aus diesem Grunde werden seitdem besonders von der chemischen Industrie Maßnahmen zur Störfallvorsorge und Störfallabwehr verlangt. Dabei sind Sicherheitsanalysen durchzuführen und zu dokumentieren, bei denen die komplexen Wechselwirkungen der einzelnen Anlagenteile bezüglich ihres möglichen Beitrages zu einer Störung genau analysiert werden müssen. Diese Sicherheitsanalysen stellen erstens für die Behörden ein wichtiges Informationsmaterial dar, um das Gefahrenpotential der Anlagen richtig einschätzen zu können, und zweitens sind sie für das Unternehmen eine Selbstkontrollmaßnahme und ein Nachweisinstrument für den Schadensfall (Nachweis des "bestimmungsmäßigen Betriebs"). Zusätzlich sind Alarm- und Gefahrenabwehrpläne aufzustellen, die auf den örtlichen Katastrophenschutz abgestimmt sind und die eine effektive Begrenzung der Störfallauswirkung ermöglichen. Die Störfallverordnung verlangt aus diesem Grunde auch organisatorische Maßnahmen, wie z.B. Benennung eines Störfallbeauftragten, Schulung des Personals, Information der

Nachbarschaft usw. Diese Verordnung spielt bei der Diskussion von Umweltmanagementsystemen eine herausragende Rolle.

Die 11. BImSchV (Emissionserklärungsverordnung) ist ebenfalls von großer Bedeutung für Umweltmanagementsysteme; denn sie präzisiert, welche Emissionen auf welche Art erklärt werden müssen. Der Erklärungszeitraum beträgt ein Jahr. Der Erklärungsinhalt wird in den Anhängen der Verordnung aufgelistet. Sie gibt außerdem eine Präferenzliste der Ermittlungsmethoden an.

Die TA Luft ist die Erste Allgemeine Verwaltungsvorschrift zum BImSchG. Sie wird im Rahmen von Genehmigungsverfahren, Teilgenehmigungsverfahren, nachträglichen Anordnungen und Anordnungen aufgrund von §26 BImSchG angewandt. Sie definiert verschiedene Meß- und Kenngrößen, anhand derer die Behörden die Umweltverträglichkeit der Anlage beurteilen können (siehe zu den Meß- und Kenngrößen Kap. 5.4).

Die relativ lange Genehmigungsdauer für Chemieanlagen nach dem BImSchG wird seit Jahren von der chemischen Industrie als ein entscheidender Standortnachteil gegenüber anderen Ländern empfunden. Da im Genehmigungsverfahren des BImSchG *alle* öffentlich-rechtlichen Voraussetzungen für die genehmigungsbedürftigen Anlagen (d.h. baurechtliche, abfallrechtliche, verwaltungsrechtliche usw.) geprüft werden müssen, kommt es vor allem bei den komplexen chemischen Anlagen zu relativ langen Genehmigungsverfahren. Es sind jedoch seitens der Bundesregierung immer wieder Versuche unternommen worden, die Genehmigungsverfahren zu vereinfachen, wobei dies durch die Komplexität und die Überschneidung der unterschiedlichen Rechtsgebiete sowie die Klagebereitschaft von betroffenen Anwohnern und Bürgerinitiativen erschwert wird.

Neben den genannten Verordnungen und Verwaltungsvorschriften sind einige weitere für den produktionsintegrierten Umweltschutz von Bedeutung und können zudem beim Aufbau von Umweltmanagementsystemen richtungsweisend wirken, wie z.B.:

- TA Lärm,
- 17. BImSchV (Abfallverbrennung) und
- 20. BImSchV (Wärmenutzung) (weiteres zum BImSchG siehe z.B. [2.11, S. 97 ff.]).

2.2.2.3 Wasserhaushaltsgesetz und Abwasserabgabegesetz

Das Wasserhaushaltsgesetz (WHG) ist Grundlage und Kernelement des Gewässerschutzes. Es wird im wesentlichen durch die Abwasserherkunftsverordnung flankiert. Die Geltungsbereiche des WHG sind oberirdische Gewässer, Küstengewässer und Grundwasser. Nach dem WHG bedarf die Benutzung der Gewässer der behördlichen Erlaubnis (§7 WHO) oder Bewilligung (§8 WHO). Zur Benutzung gehören unter anderem die Entnahme und das Ableiten von Wasser aus oberirdischen Gewässern sowie das Einbringen und Einleiten von Stoffen in oberirdische Gewässer (§1 Abs. 1 WHG). Die Erlaubnis und die Bewilligung können die Wassermengen und -eigenschaften festschreiben, die der Nutzer einhalten muß. Die wassergefährdenden Stoffe werden in vier Wassergefährdungsklassen eingestuft:

0 im allgemeinen nicht wassergefährdend
1 schwach wassergefährdend
2 wassergefährdend
3 stark wassergefährdend

Die Einstufung eines Stoffes in Wassergefährdungsklassen wird von der "Kommission zur Bewertung wassergefährdender Stoffe" durch Kalkulation ökologischer und toxikologischer Daten vorgenommen.

Das Abwasserabgabegesetz (AbwAG) regelt die Abgaben für das Einleiten von Abwasser in Gewässer und bezieht sich auf §1 Abs. 1 WHG. Abwasser im Sinne des Gesetzes sind das durch Gebrauch in seinen Eigenschaften veränderte und das damit zusammen abfließende Wasser (Schmutzwasser) sowie das von Niederschlägen abfließende und gesammelte Wasser (Niederschlagswasser) (§2 Abs. 1 WHO). Die Höhe der Abgabe richtet sich nach der Schädlichkeit des Abwassers, die unter Zugrundelegung folgender Belastungen bestimmt wird:

- oxidierbare Stoffe (CSB-Wert),
- Phosphor,
- Stickstoff,
- organische Halogenverbindungen (AOX),
- Schwermetalle (Quecksilber, Cadmium, Chrom, Nickel, Blei, Kupfer) und ihre Verbindungen sowie
- Giftigkeit des Abwassers gegenüber Fischen.

Die oben erwähnten gesetzlichen Regelungen für den Gewässerschutz stellen eine wichtige Rahmenbedingung dar, die beim Aufbau und bei der Implementierung eines Umweltmanagementsystems große Beachtung finden muß. Sie spielen bei der Festlegung der Maßnahmen zum produktionsintegrierten Umweltschutz eine entscheidende Rolle (für weitere Informationen zu WHG und AbwAG siehe z.B. [2.11, S. 124 ff. bzw. 141 ff.]).

2.2.2.4 Kreislaufwirtschafts- und Abfallgesetz

Das Kreislaufwirtschaftsgesetz, wie es landläufig genannt wird, heißt eigentlich Gesetz zur Förderung der Kreislaufwirtschaft und Sicherung der umweltverträglichen Beseitigung von Abfällen (KrW-/AbfG) vom 27.9.1994. Es ist im Oktober 1996 in Kraft getreten und löste das Abfallgesetz vom 28.8.1986 ab. Das Gesetz stellt folgende Handlungshierarchie auf:

- Vermeidung,
- Verwertung und
- Beseitigung von Abfällen.

Von der Verwertung ist dann abzusehen, wenn die Beseitigung umweltverträglicher ist. Als Kriterien dienen dazu die zu erwartenden Emissionen, das Ziel der Schonung der natürlichen Ressourcen, der anfallende Energieumsatz und die mögliche Anreicherung von Schadstoffen (§5 Abs. 5 KrW-/AbfG). Die Verwertung kann entweder stofflich oder energetisch erfolgen. Vorrang hat dabei die umweltverträglichere Verwertungsart.

Erzeuger, bei denen jährlich mehr als insgesamt 2000 kg besonders überwachungsbedürftige Abfälle oder jährlich mehr als 2000 t überwachungsbedürftige Abfälle je Abfallschlüssel anfallen, sind verpflichtet ein Abfallwirtschaftskonzept zu erstellen. Es hat Angaben über Art, Menge und Verbleib der Abfälle zu enthalten. Besonders überwachungsbedürftig sind diejenigen Abfälle, die nach Art, Beschaffenheit oder Menge in besonderem Maße gesundheits-, luft- oder wassergefährdend, explosibel oder brennbar sind oder Erreger übertragbarer Krankheiten enthalten oder hervorbringen können (§41 Abs. 1 KrW-/AbfG). Das Gesetz verpflichtet ferner zur Erstellung von Abfallbilanzen über Art, Menge und Verbleib der verwerteten oder beseitigten Abfälle (§20 Abs. 5 KrW-/AbfG). Außerdem muß für besonders überwachungsbedürftige Abfälle ein Nachweisverfahren eingeführt werden (§41 Abs. 2 KrW-/AbfG). Danach sind Betreiber einer Anlage, in der besonders überwachungsbedürftige Abfälle anfallen, verpflichtet, ein Nachweisbuch zu führen und Belege vorzulegen.

Die Abfallgesetze stellen die Rahmenbedingungen für das Abfallmanagement dar, das einen Teil eines Umweltmanagementsystems in der chemischen Industrie bildet.

2.2.2.5 Chemikaliengesetz

Das Gesetz zum Schutz vor gefährlichen Stoffen in der Fassung vom 25.7.1994, zuletzt geändert durch das Gesetz vom 27.9.1994, bekannt als Chemikaliengesetz (ChemG) hat zum Zweck "... den Menschen und die Umwelt vor schädlichen Einwirkungen gefährlicher Stoffe und Zubereitungen zu schützen." (§1 ChemG) Gefährliche Stoffe oder gefährliche Zubereitungen sind solche Stoffe, die explosionsgefährlich, brandfördernd, hochentzündlich, leichtentzündlich, entzündlich, sehr giftig, giftig, gesundheitsschädlich, ätzend, reizend, sensibilisierend, krebserzeugend, fortpflanzungsgefährdend, erbgutverändernd oder umweltgefährlich sind. Umweltgefährlich sind Stoffe oder Zubereitungen, die selbst oder deren Umwandlungsprodukte geeignet sind, die Beschaffenheit des Naturhaushaltes, von Wasser, Boden oder Luft, Klima, Tieren, Pflanzen oder Mikroorganismen derart zu verändern, daß dadurch sofort oder später Gefahren für die Umwelt herbeigeführt werden können (§3a Abs. 2 ChemG).

Stoffe, die unter mindestens eines der oben genannten Kriterien fallen, müssen angemeldet werden, bevor sie als solche oder als Bestandteil einer Zubereitung in Verkehr gebracht werden (§4 Abs. 1 ChemG). In der Anmeldung müssen unter anderem Angaben zu Herstellung, Verwendung, Exposition und Verbleib gemacht werden (§§7, 9 und 9a ChemG). Auch der Umgang mit diesen Stoffen im Betrieb ist reglementiert, besonders um die Beschäftigten zu schützen.

Das Gesetz wird durch eine Reihe von Verordnungen präzisiert. Die wichtigsten sind:

- Prüfnachweisverordnung (ChemPrüfV) zur Festlegung der beim Anmeldeverfahren eingeforderten Informationen,
- Chemikalienverbotsverordnung (ChemVerbotsV) mit Auflistung der Stoffe und Zubereitungen, deren Inverkehrbringen verboten ist,
- Gefahrstoffverordnung (GefStoffV) mit Regelungen über die Einstufung, über die Kennzeichnung und Verpackung von gefährlichen Stoffen, Zubereitungen und bestimmten Erzeugnissen sowie über den Umgang mit Gefahrstoffen.

Die intensive Umsetzung von Chemikalien in der chemischen Industrie verleiht dem Chemikaliengesetz eine besondere Bedeutung. Die Eigenschaften der Chemikalien und der Umgang mit ihnen müssen dokumentiert werden. Die vom Gesetzgeber verlangte Dokumentation kann in ein Umweltmanagementsystem integriert werden (für weitere Informationen zum ChemG siehe z.B. [2.11, S. 51 ff.]).

2.2.2.6 Umwelthaftungsgesetz

Der Einsatz von umweltgefährdenden Stoffen kann Haftungsansprüche nach sich ziehen, auch wenn kein Verschulden des Unternehmens vorliegt. Die Minimierung des Einsatzes von solchen Stoffen entsprechend den Zielen des produktionsintegrierten Umweltschutzes bringt daher sowohl haftungsrechtliche als auch versicherungsrelevante Vorteile, wie man aus der folgenden Darstellung des Umwelthaftungsgesetzes ersehen kann.

Das Umwelthaftungsgesetz (UmweltHG) ist am 1.1.1991 in Kraft getreten und hat für die chemische Industrie eine besondere Brisanz, da die Haftung der Anlagenbetreiber in vielen Bereichen viel weiter reicht als bei den vorherigen Gesetzen. Es handelt sich dabei erstens um eine Ausweitung der *verschuldungsunabhängigen* Gefährdungshaftung auf die Umweltmedien Luft und Boden, die bisher schon für den Gewässerschutz galt (§ 22 WHG). Die Haftung ist damit allein an die Gefährdung geknüpft, die von der Anlage ausgeht. Zweitens besteht eine *Beweislastumkehr*, d.h. der Kläger muß nicht das Vergehen des Beklagten nachweisen, sondern dieser seine Unschuld. Diese beiden Eckpfeiler des Gesetzes lassen sich am besten an dem Beispiel des "Kupolofen-Urteils" [2.12, S. 64-65] des Bundesgerichtshofes demonstrieren.

Auf einem Nachbargrundstück zu einer Heißwind-Kupolofen-Schmelzanlage werden ca. 30 Autos mit Lackschäden registriert. Die Eigentümer dieser Fahrzeuge verlangen Schadensersatz von dem Betreiber der Anlage. Dieser sieht sich nicht als Verursacher des Schadens und verweist außerdem auf die behördliche Genehmigung seiner Anlage. Nach dem UmweltHG kann er sich mit dieser Argumentation nicht entlasten, denn:

- ist seine Anlage dazu geeignet den Schaden zu verursachen, so ist nach *§ 6 Ursachenvermutung* (UmweltHG) zu vermuten, daß seine Anlage den Schaden verursacht hat,
- aufgrund dieser Ursachenvermutung muß er den *Normalbetrieb* seiner Anlage nachweisen,
- kann er dies nicht nachweisen, so muß er den Schaden ersetzen,
- kann er den Normalbetrieb nachweisen, so muß der Kläger in vollem Umfang die Schuld des beklagten Unternehmens nachweisen, um einen Schadensanspruch geltend zu machen.

Es kann also passieren, daß das beklagte Unternehmen bei Beweisnot des Normalbetriebes einen Schaden ersetzen muß, den es unter Umständen gar nicht verursacht hat, nur weil es eine Anlage betreibt, die solche Schäden potentiell verursachen kann.

Aus diesem Sachverhalt ergibt sich der Zwang zu einer umfangreichen Dokumentation und Archivierung der Betriebsdaten, ohne die der Normalbetrieb nicht nachgewiesen werden kann. Da der Gesetzgeber die existentielle Gefahr solcher Schadensansprüche an Unternehmen erkannt hat, verlangt er eine Deckungsvorsorge (§ 19 UmweltHG). Durch diese sogenannte "Umwelt-Haftpflichtversicherung" sollen etwaige Umweltschäden ersetzt werden. Für die Versicherungsgesellschaften ist es jedoch schwer, das Risiko einer chemischen Anlage abzuschätzen, weswegen sie auf die Einführung eines überprüfbaren Umweltmanagements in der Chemiebranche drängen werden, um das Versicherungsrisiko zu minimieren [2.13, S. 20] (für weitere Informationen zum Umwelthaftungsgesetz siehe z.B. [2.11, S. 365 ff.]).

2.2.2.7 Beauftragtenorganisation für den Umweltschutz

Die Forderung des Gesetzgebers sogenannte "Umweltschutzbeauftragten" zu bestellen, ist in einer Vielzahl von Regelungen enthalten. Diese personalpolitischen Vorgaben von staatlicher Seite zielen darauf ab, im Betrieb Spezialisten zu implementieren, die erstens die komplexe Gesetzesmaterie der einzelnen Regelungsbereiche in die betriebliche Praxis umsetzen und zweitens den kontinuierlichen Verbesserungsprozeß des betrieblichen Umweltschutzes fördern können.

Die gesetzlichen Auflagen zur Bestellung von Beauftragten für definierte umweltschutzrelevante Teilbereiche (Luft, Wasser, Abfall usw.) basieren auf folgenden grundlegenden Erkenntnissen:

1. Es bestehen Vollzugsdefizite hinsichtlich des ordnungsrechtlichen Eingreifens der Behörden.
2. Betriebsinterne Umweltschutzbeauftragte fördern gezielt die Eigenverantwortung der Unternehmen.
3. Ein offensiver Umweltschutz, der über die gesetzlichen Anforderungen hinausgeht und zukünftige Potentiale erschließt, kann nur durch betriebsinternes Problembewußtsein gefördert werden.

Aus diesen Gründen wurde in verschiedenen umweltbezogenen Gesetzestexten die Bestellung von Beauftragten festgeschrieben. Dabei ist jedoch hervorzuheben, daß der Gesetzgeber die Bestellung von sogenannten Umweltschutzbeauftragten nur bei einem Teil der Unternehmen zwingend vorschreibt. Beispielsweise schreibt das WHG vor, daß Benutzer, die an einem Tag mehr als 750 m^3 Abwasser einleiten dürfen, einen Gewässerschutzbeauftragten benennen müssen, der unter anderem durch Messungen des Abwassers nach Menge und Eigenschaften und durch Aufzeichnung von Kontroll- und Meßergebnissen, die Einhaltung der geltenden Vorschriften zu überwachen hat. In Tabelle 2.1 sind die wichtigsten Beauftragten mit den jeweiligen gesetzlichen Grundlagen aufgeführt.

Tabelle 2.1. Gesetzliche Beauftragte im Umweltschutzbereich

Bezeichnung	**rechtliche Grundlage**
Immissionsschutzbeauftragter	§ 53-58 BImSchG
Störfallbeauftragter	§ 1 ff. 5. BImSchV
Gefahrgutbeauftragter	§ 11 GefStoffV
Gewässerschutzbeauftragter	§ 19 Abs. 3 WHG
Betriebsbeauftragter für Abfall	§ 11a-f AbfG
Sicherheitsbeauftragter	§§ 719, 720 RVO

Die grundsätzlichen Aufgabenstellungen der Umweltschutzbeauftragten lassen sich in folgenden vier Punkten zusammenfassen:

1. Überwachung,
2. Hinwirken auf umweltgerechte Lösungen,
3. Aufklärung und
4. Berichtspflichten.

Dabei hat der Umweltschutzbeauftragte das Recht, Vorschläge und Bedenken unmittelbar der obersten Führung (Geschäftsführung, Vorstand) vorzutragen. Um diese Aufgaben bewältigen zu können, müssen die Umweltschutzbeauftragten eine Reihe von Anforderungen erfüllen, die z.B. in [2.11, S. 615 ff.] aus Sicht der chemischen Industrie beschrieben sind.

Der Gesetzgeber hat Wert darauf gelegt, alle Aspekte des Umweltschutzbeauftragtenwesens rechtlich soweit wie möglich zu konkretisieren. So sind Vorschriften zum Betriebsbeauftragten für den Umweltschutz in den jeweiligen Umweltgesetzen enthalten (siehe Tabelle 2.1). Diese beschäftigen sich mit folgenden Aspekten:

- Bestellung,
- Qualifikation,
- Aufgaben,
- Rechte und
- organisatorische Stellung.

Auf den ersten Blick scheint das gesetzlich vorgeschriebene Umweltschutzbeauftragtenwesen ein sinnvolles Instrument zur betriebsinternen Förderung des produktionsintegrierten Umweltschutzes zu sein. Bei einer differenzierten Analyse werden jedoch folgende Aspekte deutlich:

- Es besteht die Gefahr, daß die Umweltschutzbeauftragten eine "Alibifunktion" übernehmen, da sie allein
  - nicht in der Lage sind, die betrieblichen Umweltproblematiken in ihrer Ganzheitlichkeit zu erkennen und
  - nicht über die notwendigen Mittel verfügen, die Unternehmensleitung zu einem offensiven Umweltschutz zu bewegen.
- Auf der anderen Seite können Umweltschutzbeauftragte in den Ruf geraten, der "verlängerte Arm" der Behörden zu sein, was die Erfüllung ihrer betriebsinternen Aufgaben behindert.
- Es kann zu Interessenkonflikten bei der Erfüllung der Stabsstellenfunktion des Umweltschutzbeauftragten kommen, da dieser in der Regel auch eine Linienfunktion inne hat.
- Die Qualifikationen der Umweltschutzbeauftragten sind unter Umständen nicht ausreichend, um auf die betrieblichen Schlüsselfunktionen, wie z.B. die Forschung und Entwicklung, im Sinne eines offensiven Umweltschutzes einzuwirken.

Wie man hieraus ersehen kann, ist die Förderung des produktionsintegrierten Umweltschutzes aufgrund der Komplexität und Interdisziplinarität nicht durch das gesetzliche Beauftragtenwesen allein zu leisten. Hierzu bedarf es bereichsübergreifender aufbau- und ablauforganisatorischer Regelungen, wie sie durch ein Umweltmanagementsystem gegeben sind.

2.2.3 Wirtschaftliche Rahmenbedingungen

Die externen wirtschaftlichen Rahmenbedingungen des betrieblichen Umweltschutzes für die chemische Industrie sind durch den *Beschaffungsmarkt*, den *Absatzmarkt* und den *Entsorgungsmarkt* geprägt.

Der *Beschaffungsmarkt* für die chemische Industrie ist durch eine Zweiteilung gekennzeichnet:

1. Beschaffungsmarkt für Rohstoffe und
2. Beschaffungsmarkt für Grundstoffe und Zwischenprodukte.

Die Bewertungskriterien am Beschaffungsmarkt sind:

- Preis,
- Qualität und
- Zuverlässigkeit der Lieferanten.

Ökologische Kriterien, wie sie z.B. beim Kauf von Fertigprodukten durch den Endverbraucher eine Rolle spielen, gehen noch nicht in die Kaufentscheidung der chemischen Industrie ein. So wird ein Produzent einer Industriechemikalie, wie z.B. eines chlorierten Kohlenwasserstoffes, die Selektivität seines Chlorierungsprozesses nicht entscheidend optimieren, weil er damit dem industriellen Abnehmer sein umweltfreundliches Verhalten demonstrieren will, sondern weil es schlicht wirtschaftlicher ist und er damit seine Grundchemikalie billiger anbieten kann.

Werden jedoch Umweltmanagementsysteme, z.B. nach EMAS (EG-Öko-Audit-Verordnung), in der chemischen Industrie aufgebaut, so kann sich dies ändern, da dann auch die Umweltauswirkungen durch die Lieferanten berücksichtigt werden sollten (siehe hierzu Kap. 4). Dies wird vor allem auf Chemieunternehmen zutreffen, die *konsumnahe* Chemieprodukte herstellen (z.B. Kunststoffe, Lacke und Farben, Hygieneartikel) und dadurch besonders auf ein umweltfreundliches Image bedacht sind.

Was für den Beschaffungsmarkt gilt, ist auch für den *Absatzmarkt* zutreffend. Die Auswirkungen ökologischer Leistungen werden nur dann honoriert, wenn der potentielle Kunde ökologische Informationen bei seiner Kaufentscheidung berücksichtigt. Dies spielt für den privaten Konsumbereich eine zunehmend große, für die Zulieferindustrie hingegen eine kleinere Rolle.

Der *Entsorgungsmarkt* für flüssige und feste Abfälle stellt dagegen für alle Chemiesparten eine wichtige und restriktive Rahmenbedingung dar. Dieser Markt ist erstens geprägt durch eine Verknappung von Entsorgungskapazitäten, zweitens durch eine starke Preissteigerung und drittens durch eine zunehmend restriktive staatliche Einflußnahme.

So haben große Chemieunternehmen zwar eigene Entsorgungskapazitäten in Form von Verbrennungsanlagen und Deponien, jedoch werden im Moment kaum neue Entsorgungsanlagen durch die Behörden genehmigt. Die "logische" marktwirtschaftliche Reaktion auf die steigende Nachfrage nach Entsorgungskapazitäten, mit dem Bau zusätzlicher Anlagen oder mit der Erschließung neuer Deponieräume zu reagieren, ist nicht möglich. Problematisch ist dies besonders, da betriebseigene Deponiekapazitäten sich verringern, keine neuen Deponien mehr genehmigt werden, externe nationale Kapazitäten kaum zur Verfügung stehen und der Export von Abfällen mit großen Hindernissen verbunden ist. Es gilt daher, die zu entsorgende Abfallmenge soweit wie möglich zu reduzieren. Um einen Eindruck von der absoluten Kostenentwicklung im Bereich der Abfallbeseitigung zu vermitteln, wurde in Abb. 2.8 der zeitliche Verlauf der Abfallbeseitigungskosten dargestellt.

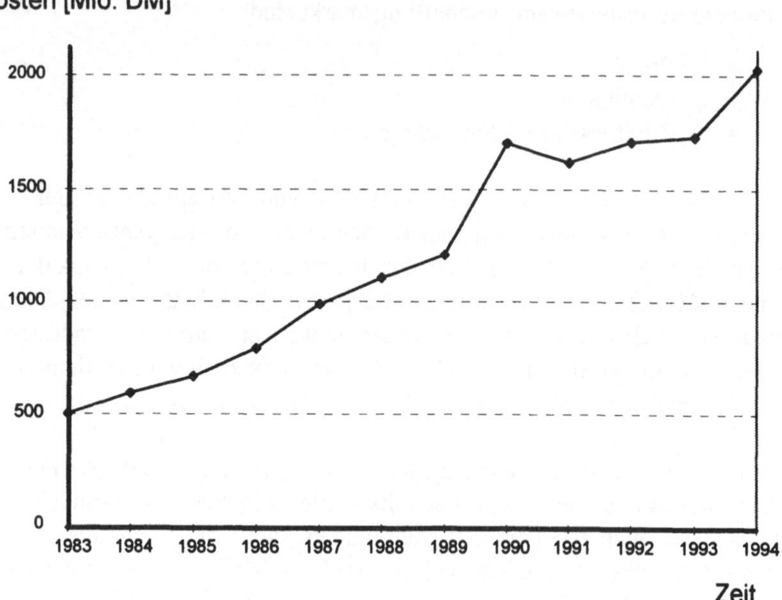

Abb. 2.8. Abfallbeseitigungskosten der chemischen Industrie [2.5, S. 105]

Um eine fundiertere Aussage zu der Entwicklung der Abfallbeseitigungskosten in der Chemiebranche machen zu können, müssen die absoluten Zahlen im Verhältnis zur Produktion bewertet werden. Um diesen Bezug herzustellen, wird der Produktionsindex verwendet, der Informationen über Niveau und Veränderung der mengenmäßigen Produktion bezogen auf ein definiertes Basisjahr (hier 1991 = 100) enthält (siehe hierzu [2.5, S. 24]). Analog zum Produktionsindex wird in diesem Buch ein *Abfallindex* definiert und dessen zeitliche Veränderung dem Produktionsindex gegenübergestellt. Der hier verwendete Abfallindex wird definiert als das prozentuale Verhältnis der jährlichen Abfallbeseitigungskosten zu den Abfallbeseitigungskosten des Bezugsjahres 1991. Wie man aus Abb. 2.9 ersehen kann, ist die Steigerungsrate des Abfallindex' um ein Vielfaches höher als die des Produktionindex'. Hiermit läßt sich nachweisen, daß die starke Steigerung der Abfallbeseitigungskosten auf einen überproportionalen Anstieg der Abfallkosten pro Mengeneinheit und nicht auf eine Steigerung der Abfallmenge zurückzuführen ist.

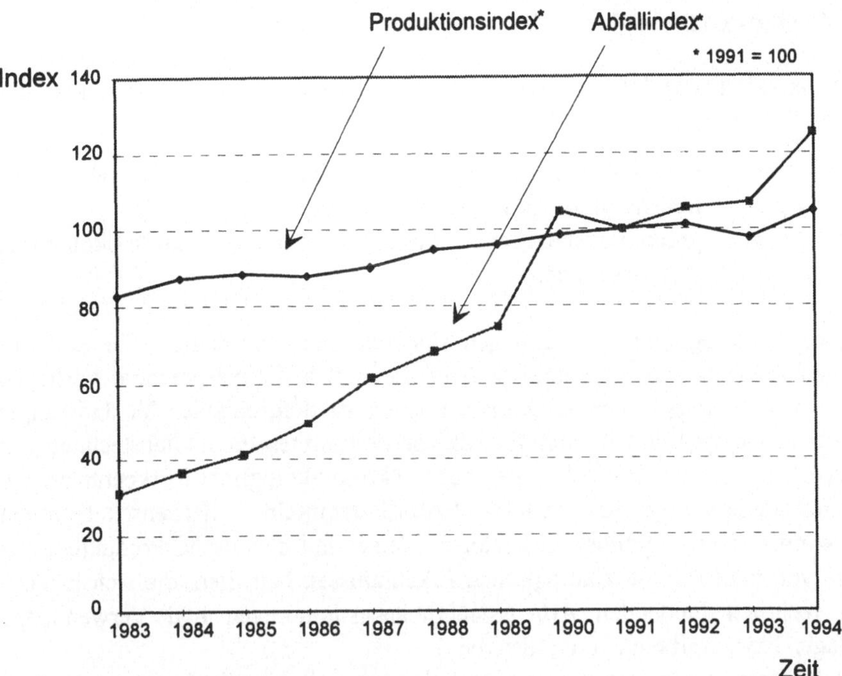

Abb. 2.9. Gegenüberstellung der zeitlichen Verläufe der Produktions- und Abfallkosten-indizes nach [2.5, S. 24 und 105]

Diese sich verschärfenden Rahmenbedingungen auf dem Entsorgungsmarkt sind eine wirksame Motivation, die Menge an Reststoffen zu reduzieren, wie dies z.B. an den Daten der Bayer AG zu sehen ist. So wurde zwischen 1990 und 1994 bei diesem Unternehmen das Gesamtabfallvolumen weltweit von 2 405 Millionen Tonnen auf 2 115 Millionen Tonnen pro Jahr gesenkt. Dies ist eine Reduktion um 12%, wobei im gleichen Zeitraum die Verkaufsmenge um 17% gestiegen ist (siehe hierzu [2.14, S. 76 ff.]).

Auch die wirtschaftliche Entwicklung in der chemischen Industrie der letzten Jahre kann einen nicht unerheblichen Einfluß auf die Einführung von Umweltmanagementsystemen ausüben. Diese ist gekennzeichnet durch

- intensive Rationalisierung,
- Beschleunigung des Konzentrationsprozesses und
- Konzentration auf die Kernbereiche.

All drei Maßnahmenkategorien führen zu erheblichen Umstrukturierungen in den betroffenen Chemieunternehmen. Für die Einführung von Umweltmanagementsystemen bedeutet dieser Umbruch eine günstige Gelegenheit, um umweltrelevante aufbau- und ablauforganisatorische Regelungen umzusetzen. Vor allem ist in solchen Situationen der psychische Widerstand der Mitarbeiter gegen die neuen Strukturen geringer.

2.2.4 Öko-toxikologische Rahmenbedingungen

Öko-toxikologische Auswirkungen können in der chemischen Industrie wie folgt eingeteilt werden:

- produktbezogene öko-toxikologische Auswirkungen während des Lebenszyklus' des Produktes und/oder
- produktionsbezogene (verfahrensbedingte) öko-toxikologische Auswirkungen.

Öko-toxikologische Auswirkungen sind nur dann für betriebliche Entscheidungen relevant, wenn Kenntnisse über deren Schädigungspotential vorliegen. Diese *öko-toxikologischen* Kenntnisse können zu tiefgreifenden Veränderungen bei der Produktpolitik und beim Einsatz von bestimmten Produktionstechnologien führen. So haben beispielsweise neue öko-toxikologische Erkenntnisse zu Produktsubstitutionen bei FCKW, Holzschutzmitteln, Pflanzenschutzmitteln, Waschmitteln usw. geführt. In analoger Weise sind chemische Produktionsprozesse von neuen öko-toxikologischen Erkenntnissen betroffen, die sich in Form von rechtlich bindenden Arbeitssicherheitsbestimmungen und Verwendungsauflagen bzw. -verboten konkretisieren.

Allgemein lassen sich die öko-toxikologischen Rahmenbedingungen dadurch charakterisieren, daß:

- sie zeitlich starken Schwankungen unterliegen, da immer neue öko-toxikologische Erkenntnisse gewonnen und Meßmethoden entwickelt werden, und
- sie einen fundamentalen Einfluß auf die chemische Industrie haben, da sie zu rechtlich bindenden Bestimmungen (d.h. Grenzwerten) führen.

Ein Beispiel für die Dynamik des öko-toxikologischen Erkenntniszuwachses ist der Störfall vom 22. Februar 1993 bei der Hoechst AG. Bei der Umsetzung von o-Nitroanisol mit alkalischem Methanol traten aufgrund einer Fehlbedienung 10 t des Reaktionsgemisches über zwei auf dem Dach montierte Sicherheitsventile aus. Die ersten Informationen, die das Unternehmen nach dem Störfall zu den toxikologischen Eigenschaften des ausgetretenen Stoffes geben konnte, waren beruhigend, denn es handelte sich offensichtlich nur um einen mindergiftigen Stoff. Leider erwiesen sich diese Informationen als veraltet. Als sich dann herausstellte, daß der betreffende Stoff seit kurzem als krebsverdächtig eingestuft war, entstand für das Unternehmen ein sehr kostspieliger und schwer zu behebender Imageschaden (zur Analyse des Störfalls siehe z.B. [2.15]).

Die öko-toxikologischen Rahmenbedingungen stehen in unmittelbarem Zusammenhang mit Maßnahmen zur Reduzierung des Gefährdungspotentials. Diese können reine sicherheitstechnische Maßnahmen oder Maßnahmen des produktionsintegrierten Umweltschutzes sein, wie z.B. Optimierung von Verfahren, Produktsubstitution oder Verfahrenssubstitution (siehe hierzu Kap. 3.3).

2.2.5 Technische Rahmenbedingungen

Die technischen Rahmenbedingungen beeinflussen in ähnlichem Umfang wie die öko-toxikologischen die Entscheidungsfindung der chemischen Industrie. Wie schon in Kap. 2.2.2.1 aufgeführt, gibt es in der Umweltgesetzgebung drei sogenannte technische Prozeßnormen. Die Gesetzgebung differenziert innerhalb der Prozeßnormen im wesentlichen zwischen "allgemein anerkannten Regeln der Technik", dem "Stand der Technik" und dem "Stand von Wissenschaft und Forschung" [2.16, S. 57 ff.].

Als *allgemein anerkannte Regeln der Technik* gelten diejenigen Regeln, die in der betrieblichen Praxis schon seit langem erprobt und bewährt sind. Der Begriff *Stand der Technik* geht dagegen etwas weiter; es handelt sich dabei nach der Definition von § 3 Abs. 6 BImSchG um den "Entwicklungsstand fortschrittlicher Verfahren, Einrichtungen und Betriebsweisen, der die praktische Eignung einer Maßnahme (Anm. d. Verf.: *zur Gefahrenabwehr und Risikovorsorge*) als gesichert erscheinen läßt". Dieser Rechtsbegriff ist für die Genehmigung von chemischen Anlagen am wichtigsten, da nach § 5 Abs. 1 BImSchG der Betreiber einer genehmigungsbedürftigen Anlage Maßnahmen zur Emissionsbegrenzung nach dem Stand der Technik treffen muß. Der Begriff *Stand von Wissenschaft und Technik* fordert darüber hinaus, die neuesten wissenschaftlichen Erkenntnisse auch dann zu berücksichtigen, wenn sie noch keinen Eingang in die Praxis gefunden haben. Mit der Bezugnahme auf diesen Rechtsbegriff übt der Gesetzgeber einen starken Druck aus. Wird dieser letzte Rechtsgrundsatz angewendet, so müssen für den Umweltschutz die neuesten wissenschaftlichen Erkenntnisse in die Praxis umgesetzt werden. Ist dies technologisch nicht möglich, kann die Genehmigung verweigert werden. Die umwelt- und sicherheitstechnischen Anforderungen sind also nicht auf das technisch Machbare beschränkt. Auf die Genehmigungspraxis und die technischen Anforderungen in der Chemiebranche im Zusammenhang mit den oben genannten Prozeßnormen soll hier nicht weiter eingegangen werden.

Über die gesetzlichen Regelungen hinaus kann ein Unternehmen die technischen Grenzen für sich selbst festlegen. Inwieweit verfügbare Technologien im Rahmen von Umweltschutzmaßnahmen eingesetzt werden, ist eine interne Entscheidung des Unternehmens, das den Nutzen der Maßnahme gegenüber den Kosten sowie eventuell anderen Nachteilen abwägt. Von dieser Festlegung werden auch die umweltrelevanten Ziele der Chemieunternehmen stark beeinflußt. In dem Umweltprogramm (siehe hierzu Kap. 4.4.4) sollten die unternehmensspezifischen technischen Grenzen in einer Form definiert werden, daß sie von Mitarbeitern als solche erkannt werden, um die wirtschaftlich vertretbaren technischen Maßnahmen für den Umweltschutz umsetzen zu können.

2.2.6 Gesellschaftliche Rahmenbedingungen

Die öffentliche Aufmerksamkeit für Themen des Umweltschutzes entwickelte sich in Deutschland erst ab den 70er Jahren, und zwar parallel zu den staatlichen umweltpolitischen Aktivitäten. Dieser staatliche "Umwelteifer" ging anfangs sogar so weit, daß das Bundesinnenministerium den "Arbeitskreis für Umweltfragen" gründete, der eine Katalysatorrolle bei der Gründung von Umweltverbänden übernehmen sollte. Man erhoffte sich durch die Bildung von Bürgerbewegungen ein Gegengewicht zum Lobbyismus der Privatwirtschaft [2.17].

Nach dem Seveso-Unfall im Juli 1976 richtete dann die deutsche Umweltbewegung verstärkt ihre Aufmerksamkeit auf die chemische Industrie. Insbesondere die Großunternehmen der Branche sahen sich sehr bald heftigem Protest ausgesetzt. Es bildeten sich Bürgerbewegungen, die sich ausschließlich mit einem Unternehmen befaßten, wie z.B. "Höchster Schnüffler un´ Maagucker", die "Coordination gegen Bayer-Gefahren" oder das "Schering-Aktions-Netzwerk". Die Konzentration der Umweltverbände auf chemiespezifische Themen führte Mitte der 80er Jahre zur Veröffentlichung eines Positionspapiers mit *chemiepolitischen* Forderungen durch den B.U.N.D. In diesem Papier wird die umfassende und grundsätzliche Untersuchung der mit chemischen Stoffen zusammenhängenden Umweltbelastungen sowie eine Umorientierung zu einer "sanften Chemie" gefordert (zu diesem Thema siehe z.B. [2.18]).

Auf internationaler Ebene gab es diverse umweltspezifische Konferenzen, auf denen versucht wurde, die seit 1987 bestehende Konzeption des *Sustainable Development* in Form von weltweiten Vereinbarungen umzusetzen.

Der Begriff Sustainable Development steht für eine „nachhaltige" bzw. „tragfähige Entwicklung", d.h. für eine Wirtschafts- und Gesellschaftspolitik, die die Bedürfnisse der gegenwärtigen Generation befriedigt, ohne die Lebensgrundlage zukünftiger Generationen zu gefährden. Damit ist das bisherige Entwicklungsziel des quantitativen Wachstums um ökologische und soziale Ziele erweitert und auf einen langfristigen, quasi unendlichen Zeithorizont ausgedehnt worden. Sustainable Development bedeutet also die Gleichrangigkeit von wirtschaftlichen, ökologischen und sozialen Zielen. Die Menschen sollen sich auf allen Entscheidungsebenen nach diesen Zielen orientieren, nämlich global, national, regional, lokal, in Regierungen und Unternehmen sowie auf persönlicher Ebene.

Sustainable Development kann durch eine Reihe von Leitbildern und Prinzipien konkretisiert werden. Einige wichtige davon werden im folgenden genannt:

- Prinzip Verantwortung,
- Prinzip Vorsorge,
- Kreislaufwirtschaft,
- Kooperation und Kommunikation,
- durchdachte Bedürfnisorientierung,
- Lernfähigkeit und ganzheitliches Denken sowie
- rechtes Maß für Zeit und Raum.

Einige Grundregeln des Sustainable Development wurden in dem Abschlußbericht der Enquete-Kommission des deutschen Bundestages "Schutz der Menschen und der Umwelt" folgendermaßen formuliert [2.19, S.14]:

- "Die Abbaurate erneuerbarer Ressourcen soll deren Regenerationsrate nicht überschreiten. Dies entspricht der Aufrechterhaltung der ökologischen Leistungsfähigkeit, d.h. (mindestens) nach Erhaltung des von den Funktionen her definierten Realkapitals.

- Nicht erneuerbare Ressourcen sollen nur in dem Umfang genutzt werden, in dem ein physisch und funktionell gleichwertiger Ersatz in Form von erneuerbaren Ressourcen oder höherer Produktivität der erneuerbaren sowie der nicht erneuerbaren Ressourcen geschaffen wird.
- Stoffeinträge in die Umwelt sollen sich an der Belastbarkeit der als Senken dienenden Umweltmedien orientieren, wobei alle Funktionen zu berücksichtigen sind, nicht zuletzt auch empfindlichere Regelungsfunktionen.
- Das Zeitmaß anthropogener Einträge bzw. Eingriffe in die Umwelt muß in einem ausgewogenen Verhältnis zum Zeitmaß der für das Reaktionsvermögen der Umweltrelevanten natürlichen Prozesse stehen."

Die Konzeption des Sustainable Development wurde von verschiedenen Verbänden der chemischen Industrie in der Welt, unter anderem vom Verband der Chemischen Industrie (VCI) in Deutschland, übernommen. Der VCI hat 1994 in einem Positionspapier sein Bekenntnis zum Sustainable Development bekundet [2.20]. Diese industriepolitische Vorreiterrolle in Deutschland ist aufgrund der speziellen Umweltsituation der chemischen Industrie verständlich.

Jedoch stellt die Integration gesellschaftlicher Ziele in das Zielsystem eines Unternehmens oft ein kompliziertes Problem dar. Vor allem sind die gesellschaftlichen Ziele in vielen Fällen schwer oder nicht quantifizierbar. Mindestens auf der Ebene der strategischen Planung wäre aber eine Integration verschiedenartiger Ziele notwendig (siehe hierzu Kap. 7).

Zwischen gesellschaftlichen, ökologischen und wirtschaftlichen Zielen können Widersprüche entstehen, die nur dadurch gelöst werden können, indem die einzelnen Ziele subjektiv gewichtet werden. Die Gewichtung ist dabei eine primär politische Entscheidung. Ein Kompromiß liegt dann einmal mehr auf dieser Seite, einmal mehr auf der anderen Seite (siehe hierzu Kap. 7.4.6).

Die gesellschaftlichen Rahmenbedingungen, die auch an anderen Stellen besprochen werden, haben neben den rechtlichen, sicherlich den größten Einfluß auf die umweltpolitische Entwicklung in der chemischen Industrie (für eine ausführliche Darstellung siehe z.B. [2.21] und [2.22]).

2.3 Aufwand für den Umweltschutz in der chemischen Industrie

2.3.1 Abgrenzung der betrieblichen Umweltkosten

Die Berechnung der betrieblichen Umweltkosten, als Investitions- und Betriebskosten, dient

- der Information der Öffentlichkeit über die Intensität der eignen Bemühungen für den Umweltschutz und/oder
- den traditionellen Aufgaben der Kostenrechnung, wie z.B. der Planung, Lenkung und Kontrolle.

Aus diesen Gründen ist es bei größeren Chemieunternehmen üblich, eine Kostenstelle für den Umweltschutz einzurichten.

Betriebliche Umweltkosten sind bewertete, sachzielbezogene Güterverbräuche, die durch Umweltschutzmaßnahmen im Betrieb ausgelöst werden. Jedoch treten Abgrenzungsprobleme auf, wenn die Maßnahmen neben dem Umweltschutz auch anderen Zwecken dienen, wie z.B. der Steigerung der Produktqualität, des Gewinns oder der Flexibilität.

Die Abgrenzung der Umweltkosten ist beim additiven Umweltschutz noch relativ einfach (zum additiven Umweltschutz siehe Kapitel 3.2.1). In der Regel dienen Anlagen des additiven Umweltschutzes, wie z.B. Abwasserreinigungs- und Sondermüllverbrennungsanlagen, ausschließlich diesem Zweck. Lediglich Anlagenteile und Positionen, die sowohl für den Umweltschutz als auch für andere Zwecke verwendet werden, wie z.B. Nebenanlagen (Energieerzeugungsanlagen, Gleise, Straßen usw.), müssen auf verschiedene Kostenstellen bezogen werden. Dies gilt sowohl für die Investitions- als auch für die Betriebskosten. Hier, wie überall bei der Aufteilung von Kosten (Kostenallokation), kann eine subjektive Gewichtung nicht ausgeschlossen werden. Damit ist man mit dem klassischen Problem der Kostenrechnung konfrontiert. Jedoch ist der Anteil der aufzuteilenden Investitions- und Betriebskosten beim additiven Umweltschutz relativ gering, so daß Abweichungen eine untergeordnete Bedeutung haben.

Wesentlich schwieriger ist es bei Maßnahmen, die sowohl dem produktionsintegrierten Umweltschutz als auch anderen Zwecken dienen (zum produktionsintegrierten Umweltschutz siehe Kap. 3.2.2). Solche Maßnahmen werden zur simultanen Erreichung von mehreren Zielen, unter anderem Umweltschutzzielen, ergriffen. In der Regel sind die Maßnahmen nicht eindeutig einem Zweck zuzuordnen. Um überhaupt eine Aufteilung der Investitions- und Betriebskosten auf die einzelnen Kostenstellen zu ermöglichen, sind folgende Prinzipien möglich:

- *Primärprinzip*: Die Kosten der Maßnahme werden vollständig dem wesentlichen Zweck der Maßnahme (Primärzweck) zugerechnet. Die Optimierung eines Reaktors wird beispielsweise vollständig dem Umweltschutz zugerechnet, wenn damit ein neuer Immissionsgrenzwert unterschritten werden kann.

- *Veranlassungsprinzip*: Die maßnahmebezogenen Kosten werden vollständig demjenigen Zweck zugeordnet, der Auslöser für die Ergreifung der Maßnahme war. Wird z.B. eine Rektifizierkolonne zur Behebung von Produktqualitätsmängel durch eine neue ersetzt, so können die Kosten nicht als Umweltkosten betrachtet werden, auch wenn dadurch die Schadstoffbelastung des Abwassers geringer wird. Sie müssen der Qualitätsverbesserung, als Auslöser der Maßnahme, vollständig zugeordnet werden.

In vielen Fällen verfährt man einfach nach dem *Umweltdominanzprinzip*. Danach werden die Kosten einer Maßnahme vollständig dem Umweltschutz zugerechnet, wenn die Maßnahme in irgendeiner Weise eine umweltschützende Wirkung beinhaltet.

Gerechtfertigter erscheint jedoch das *Grenzprinzip*, nach dem Kosten für Maßnahmen nur dann als Umweltkosten ausgewiesen werden, wenn sie aufgrund des Umweltschutzes zusätzlich entstehen. Wird z.B. eine ältere Chemieanlage, die nicht mehr wirtschaftlich produzieren kann, durch eine neuere mit einem besseren Emissionswert ersetzt, so kann diese Maßnahme trotz der Verringerung der Emissionen nach dem Grenzprinzip nicht insgesamt als eine Umweltschutzmaßnahme angesehen werden. Lediglich die zusätzlichen Investitions- und Betriebskosten für die Reduzierung der Emissionen können als solche betrachtet werden. Jedoch ist diese Methode nur dann brauchbar, wenn die zusätzlichen umweltbedingten Kosten ermittelt werden können.

Bei Mehrzweckmaßnahmen mit komplexer Struktur kann das *Präferenzprinzip* zu sachlicheren Ergebnissen führen. Danach werden die Kosten der Mehrzweckmaßnahme mittels Schlüsselgrößen auf die unterschiedlichen Zwecksetzungen verteilt. Jedoch läßt sich hier eine subjektive Auswahl der Schlüssel nicht vermeiden. Um zu einer Vergleichbarkeit von Umweltkosten innerhalb eines Unternehmens oder sogar innerhalb einer Branche zu gelangen, sollte man sich auf einheitliche Schlüssel einigen. Eine Regel könnte darin liegen, daß diejenigen Kostenteile der Maßnahme zu den Umweltkosten zugeordnet werden, durch die wirkliche oder potentielle additive Maßnahmen des Umweltschutzes ersetzt werden können. Die Industrieverbände könnten eine wichtige Rolle bei der Einführung von Regeln für die Umweltkostenrechnung spielen.

2.3.2 Investitions- und Betriebskosten

Die Kostenstellen für den Umweltschutz berücksichtigen in der chemischen Industrie in der Regel nur die Kosten des additiven Umweltschutzes. Die Kosten des produktionsintegrierten Umweltschutzes werden dann anderen Kostenstellen zugeordnet. Dies ist nicht nur darauf zurückzuführen, daß die Kosten des produktionsintegrierten Umweltschutzes noch relativ gering sind im Vergleich zu denen des additiven Umweltschutzes, sondern auch auf die oben genannte Problematik der Kostenallokation.

Trotzdem sind die ausgewiesenen Umweltkosten in der chemischen Industrie in Deutschland hoch. In Abb. 2.10 und Abb. 2.11 sind die absoluten Umweltschutzinvestitionen in ihrem zeitlichen Verlauf bzw. ihrer prozentualen Zusammensetzung dargestellt.

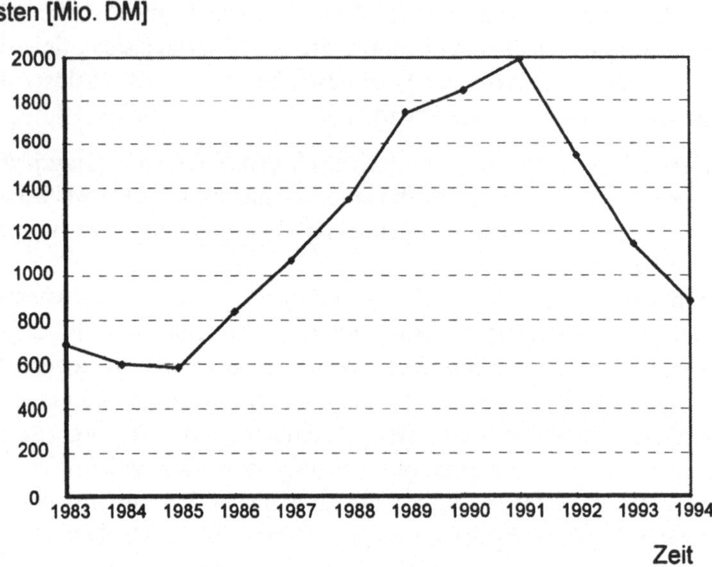

Abb. 2.10. Investitionen für den additiven Umweltschutz in der chemischen Industrie nach [2.5, S. 105]

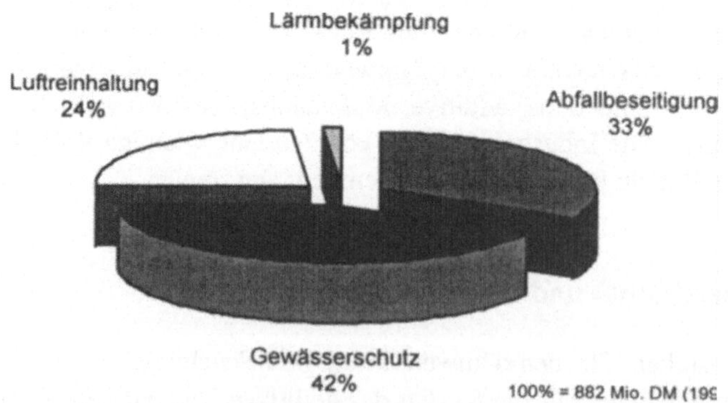

Abb. 2.11. Zusammensetzung der Investitionen für den additiven Umweltschutz in der chemischen Industrie für 1994 nach [2.5, S. 105]

Bei der Beurteilung der Investitionen sind außer den absoluten Investitionssummen auch die relativen Anteile der Umweltschutzinvestitionen an den Gesamtinvestitionsvolumina der Chemiebranche im Zeitverlauf von Interesse (siehe Abb. 2.12).

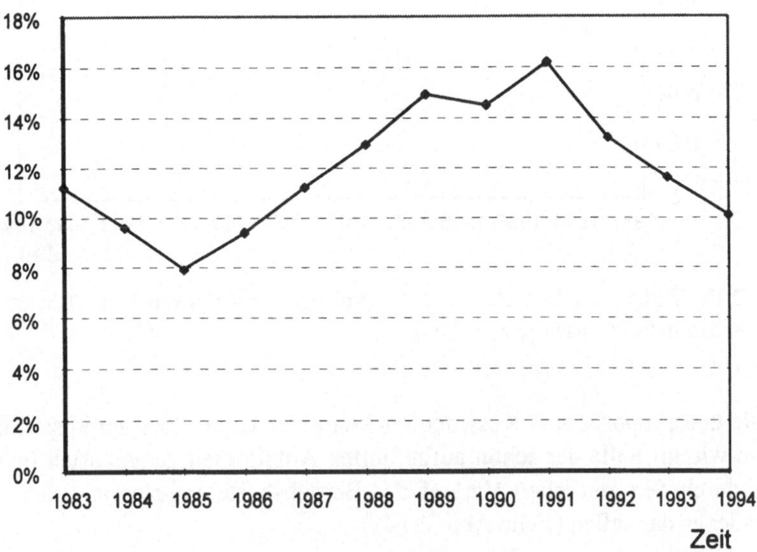

Abb. 2.12. Prozentualer Anteil der Investitionen für den additiven Umweltschutz an den Gesamtinvestitionen in der Chemiebranche nach [2.5, S. 105]

Durch die in Abb. 2.11 und Abb. 2.12 dargestellten Daten wird deutlich, daß die langfristigen Investitionsprogramme für Großprojekte des additiven Umweltschutzes langsam auslaufen. Dabei ist zu vermerken, daß über 80% der Umweltschutzinvestitionen für den Gewässerschutz und die Luftreinhaltung aufgewendet worden sind.

Die durch die Umweltschutzinvestitionen entstandenen Anlagen müssen jedoch mit einem finanziellen Aufwand betrieben werden, der viel größer ist als die ursprünglichen Investitionen. In der Regel werden die Betriebskosten analog zu den Investitionskosten nach den einzelnen Umweltschutzgebieten (Luft, Lärm, Wasser und Abfall) untergliedert. Die absoluten Werte der Betriebskosten sowie deren zeitlicher Verlauf sind in Abb. 2.13 beschrieben. Dabei sind die Betriebskosten einschließlich der Abschreibungen angegeben.

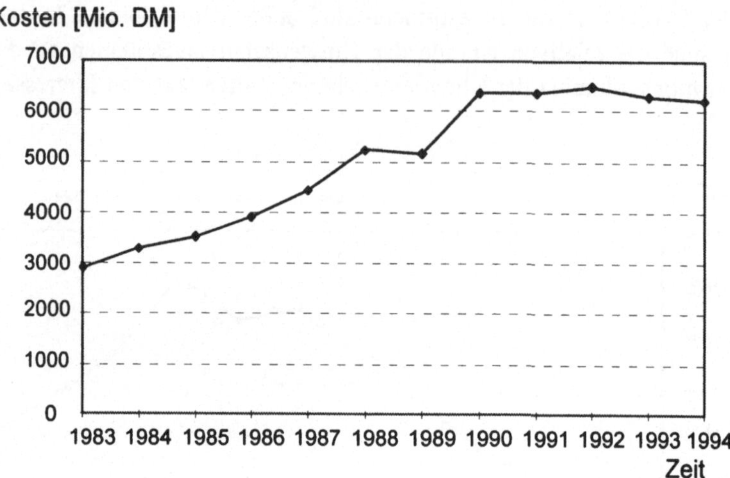

Abb. 2.13. Verlauf der Betriebskosten für Anlagen des additiven Umweltschutzes in der chemischen Industrie nach [2.5, S. 105]

Die überproportionale Kostenentwicklung der Umweltbetriebskosten läßt sich, genau wie im Falle der schon aufgeführten Abfallbeseitigungskosten (siehe Abb. 2.8), durch den zeitlichen Verlauf des Betriebskostenindexes und des Produktionsindexes darstellen (siehe Abb. 2.14).

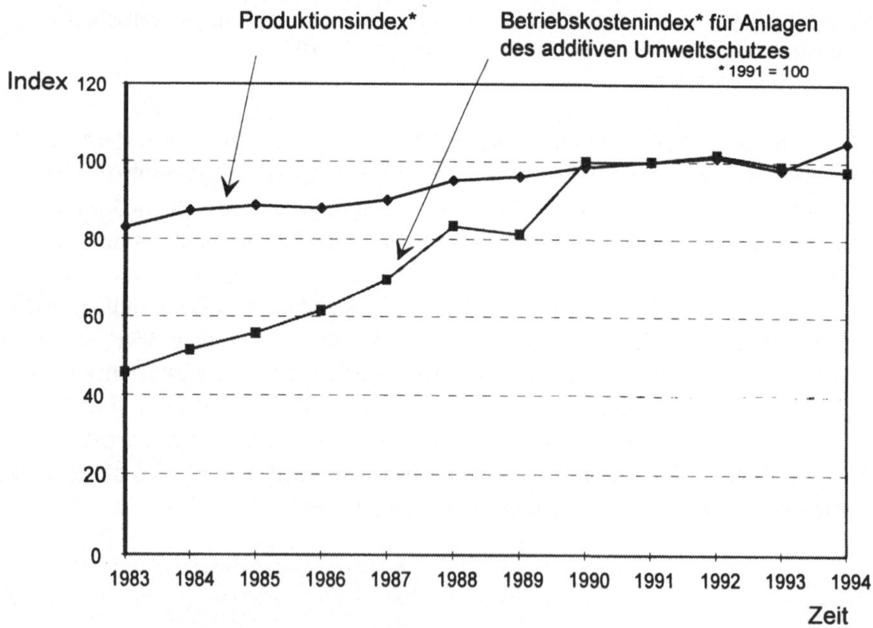

Abb. 2.14. Gegenüberstellung der zeitlichen Verläufe des Produktionsindex' und des Betriebskostenindex' für Anlagen des additiven Umweltschutzes nach [2.5, S. 24 und 105]

Die einzige Möglichkeit zur Verringerung der Betriebskosten für additive Umweltschutztechnologien wäre die konsequente Umsetzung des produktionsintegrierten Umweltschutzes. Damit nimmt man den Anlagen des additiven Umweltschutzes teilweise ihre Berechtigungsgrundlage. Paradox erscheint hier, daß durch weitere Maßnahmen des produktionsintegrierten Umweltschutzes die öffentlichkeitswirksamen Ausgaben für den additiven Umweltschutz geringer werden.

Ein solches Szenario ist jedoch nicht unwahrscheinlich, und einige Vertreter der chemischen Industrie sagen bei fortschreitender Umsetzung des produktionsintegrierten Umweltschutzes die Stillegung von additiven Umweltschutzanlagen für die Zukunft voraus. So meint beispielsweise Dr. Schadow, verantwortlich für den Bereich Technik und Umwelt im Vorstand der Hoechst AG: "Der Fortschritt bei den neuen Umwelttechniken bringt es z.B. mit sich, daß selbst modernste biologische Abwasserreinigungsanlagen stillgelegt werden, einfach, weil weniger Abwasser anfällt. Die Biologie des Werkes Griesheim wird z.B. in Kürze abgestellt. Ich sehe generell, daß auch andere additive Umweltschutzanlagen langfristig nicht mehr in Betrieb sein werden." [2.23, S. 14]

Außer dem anlagenbezogenen Aufwand entstehen für die Unternehmen organisatorische und damit personalgebundene Aufwendungen, die im folgenden Abschnitt näher erläutert werden.

2.3.3 Organisatorischer Aufwand für den Umweltschutz

Chemieunternehmen haben eine große eigene Umweltschutzorganisation in Stabs- und Linienfunktionen, wobei ein Teil der betrieblichen Umweltschutzorganisation rechtlich vorgeschrieben ist (siehe hierzu Kap. 2.2.2). So sind z.B. rund 1% der gesamten Belegschaft der Hoechst AG unmittelbar im Umweltschutz tätig [2.24]. Viele dieser Mitarbeiter sind gesetzlich nicht vorgeschrieben, haben jedoch direkt mit dem betrieblichen Umweltschutz zu tun, so z.B.:

- Mitarbeiter der Rechtsabteilung,
- Mitarbeiter für die betriebsinterne Kommunikation,
- Mitarbeiter beratender Stabsfunktionen,
- Mitarbeiter zur Planung, Steuerung und Kontrolle der Umweltschutzaktivitäten usw.

Bei diesen Mitarbeitern handelt es sich in der Regel um Angestellte, wodurch sich bei einem jährlichen Durchschnittslohn von 76 600,- DM [2.5, S. 62] entsprechend hohe Personalkosten ergeben.

An dieser Stelle sollen am Beispiel der Organisation des Umweltschutzes bei der Bayer AG der organisatorische Aufwand und die grundlegende Funktionsweise der betrieblichen Umweltschutzorganisation in der heutigen chemischen Industrie dargestellt werden. Die gesamte Organisation des Umweltschutzes der Bayer AG ergibt sich aus Abb. 2.15. Für eine ausführliche Diskussion des allgemeinen Aufbaus, der Ziele und Eigenschaften der betrieblichen Umweltschutzorganisation sei auf die Literatur, z.B. [2.25], verwiesen.

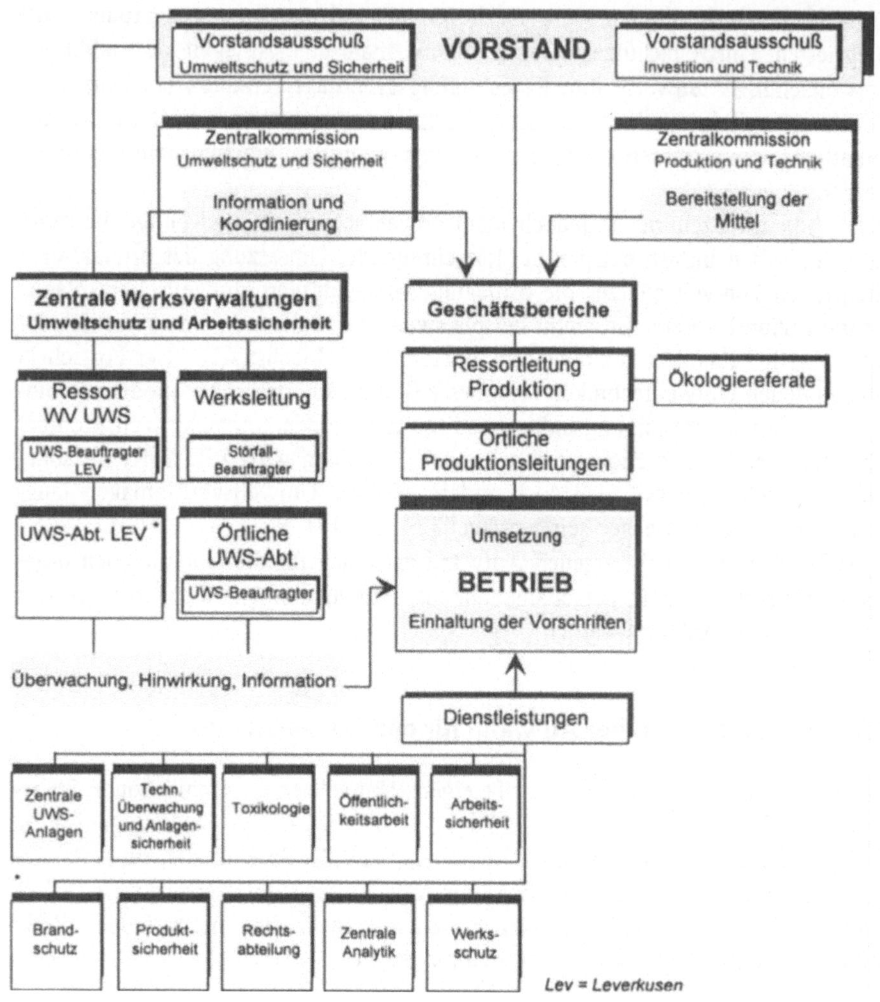

Abb. 2.15. Organisation des Umweltschutzes der Bayer AG nach [2.26]

Bei der Bayer AG wird auf der Unternehmensebene die Koordination aller Umweltschutzbelange durch die ständigen Vorstandsausschüsse Sicherheit und Umweltschutz sowie Investition und Technik übernommen. Die Zentralkommission Umweltschutz und Sicherheit, die von einem Vorstandsmitglied geleitet wird und der u.a. die Werksleiter, die Umweltschutzleiter sowie die Ressortleiter Produktion der verschiedenen Geschäftsbereiche angehören, fungiert als das zentrale Informationsgremium zu umwelt- und sicherheitsrelevanten Fragestellungen. Die unternehmensweiten Arbeiten zu der Thematik der Produktsicherheit werden auch zentral durch den Zentralbereich Werksverwaltung koordiniert.

Auf der *Werksebene* übernehmen die Werksleiter gleichzeitig die Funktion des Störfallbeauftragten. Ihnen berichten die Leiter der jeweiligen Umweltschutz-

Abteilungen. Diese nehmen die Funktion des Umweltschutzbeauftragten wahr und sind die Betreiber der Umweltschutzanlagen.

Auf der *Betriebsebene* ist die Betriebsleitung für die Einhaltung der Gesetze und Verordnungen verantwortlich. Die Umweltschutzabteilung des Werkes überwacht das Emissions- und Immissionsverhalten der Betriebe, stellt die analytischen Dienstleistungen zur Verfügung und berät die Betriebsleitung. Zur Erfüllung ihrer rechtlich vorgeschriebenen Aufgaben nimmt die Betriebsleitung weitere zentrale Dienstleistungen in Anspruch (siehe Abb. 2.15).

Um die standortspezifische Aufgabenverteilung der Umweltschutzabteilungen zu verdeutlichen, wurde diese am Beispiel des Standortes Dormagen der Bayer AG schematisch in Abb. 2.16 dargestellt.

Abb. 2.16. Aufgabenverteilung innerhalb der Abteilung für Umweltschutz am Standort Dormagen der Bayer AG nach [2.26]

3. Produktionsintegrierter Umweltschutz und seine Beispiele in der chemischen Industrie

3.1 Produktionsbedingte Umweltproblematik der chemischen Industrie

3.1.1 Grundlagen chemischer Produktionsprozesse

Die in der chemischen Industrie vorherrschende Produktionstechnologie basiert auf einer Kombination stoffumwandelnder Reaktionsprozesse und physikalisch-technischer Grundoperationen zur Veränderung von Stoffen hinsichtlich ihrer Art, Eigenschaft und Zusammensetzung. Ein chemischer Reaktionsprozeß ist also ein typischer Transformationsvorgang, der in einer ersten Näherung als ein einfaches Phasenmodell entsprechend dem „Black-Box"-Prinzip dargestellt werden kann (siehe Abb. 3.1).

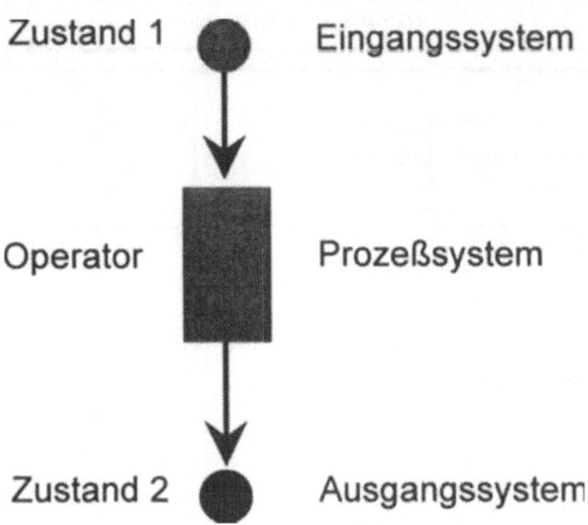

Abb. 3.1. Phasenmodell eines Transformationsprozesses

Das Eingangssystem ist durch einen Satz stoffspezifischer Attribute gekennzeichnet. Diese Eigenschaften werden durch den sogenannten Operator, d.h. durch den chemischen oder verfahrenstechnischen Prozeß, verändert, um ein Ausgangssystem mit veränderten Charakteristiken entstehen zu lassen. Der Operator ist dabei selbst durch eine Reihe charakteristischer Prozeßeigenschaften, wie z.B. Verbrauch von Energie und Stoffen, Anzahl und Anordnung der verfahrenstechnischen Einzelschritte, Meß- und Regelgrößen usw., charakterisiert.

Den wichtigsten Aspekt bei der Analyse chemischer Produktionsprozesse nehmen die verfahrenstechnischen Einzelschritte ein, die eine physikalische, chemische oder biologische Stoffänderung bewirken. Ihre Kombination wird hier als Kernprozeß von den anderen produktionsunterstützenden Teilsystemen abgegrenzt (siehe Abb. 3.2). Dieser Kernprozeß ist selbst in folgende drei Teilsysteme unterteilt:

1. *Stoffvorbereitung* (Zerkleinern, Lösen, Schmelzen, Mischen usw.),
2. *Stoffumwandlung* (chemische oder biologische Reaktion) und
3. *Stoffaufarbeitung* (Kondensieren, Rektifizieren, Extrahieren, Trocknen, Kristallisieren usw.).

Diese modellhafte Konzeption verfahrenstechnischer Prozesse in der chemischen Industrie ist in Abb. 3.2 schematisch dargestellt.

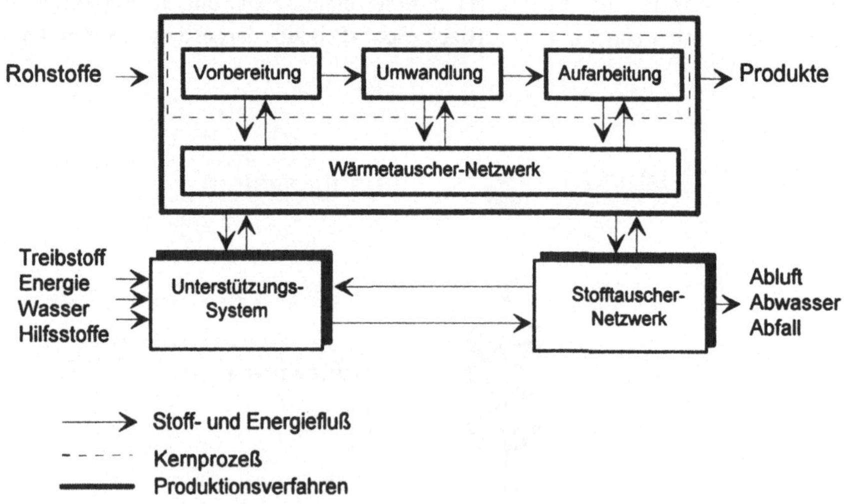

Abb. 3.2. Modell eines chemischen Produktionssystems nach [3.1]

Ein chemisches Verfahren kann nur unter Verwendung einer Reihe von Hilfs- und Betriebsstoffen sowie durch Einsatz von Energie durchgeführt werden. Die verfahrensspezifischen energetischen und stofflichen Anforderungen werden durch folgende Teilsysteme erfüllt:

Wärmetauscher-Netzwerk: Das Wärmetauscher-Netzwerk liefert und speichert die benötigte oder abgegebene Prozeßwärme.

Stofftauscher-Netzwerk: Das Stofftauscher-Netzwerk nimmt die im Rahmen des Produktionsprozesses entstandenen Reststoffe auf und schleust diese nach entsprechenden Verfahrensschritten als Wertstoffe in denselben oder in andere im Verbund stehende Prozesse wieder ein. Wenn dies nicht möglich ist, wird entweder aus diesen Stoffen thermische Energie gewonnen und dem Wärmetauscher-Netzwerk zugeleitet, oder sie werden als Abfall ausgeschleust.

Unterstützungssystem: Durch das Unterstützungssystem werden Hilfs- und Betriebsstoffe, Energie, Dampf sowie alle sonstigen für die anderen Teilsysteme notwendigen Stoffe und Energien zur Verfügung gestellt. Dabei handelt es sich z.B. um Zwischenbehälter, Rohrleitungen, Pumpen usw. In der Projektierung von Chemieanlagen hat sich auch hierfür die Bezeichnung "Nebenanlagen" eingebürgert.

Aufgrund ökonomischer Überlegungen sind unterschiedliche Verfahren in ihren Stoff- und Energieflüssen miteinander gekoppelt. Diese sogenannte *Verbundproduktion*, die sich durch die Verflechtung der Produktstammbäume aufzeigen läßt, ist eine charakteristische Eigenschaft der chemischen Industrie. Aufgrund der für die chemische Produktion eingesetzten Stoff- und Energiemengen ist die Wirtschaftlichkeit großtechnischer Verfahren maßgeblich an diese Verbundproduktion geknüpft. Dies hat u.a. zu den bestehenden Agglomerationen von chemischen Produktionsstätten der großen Chemieunternehmen Bayer AG, BASF AG und Hoechst AG geführt.

3.1.2 Produktionsbedingte Umweltbelastung

Die in diesem Buch verwendeten Begriffe *Umwelt* und *Umwelteinwirkungen* werden nach dem Entwurf der ISO 14001 "Umweltmanagementsysteme - Spezifikation und Anleitung für den Gebrauch" folgendermaßen definiert:

Umwelt: Umgebung, in der eine Organisation tätig ist; dazu gehören Luft, Wasser, Land, Bodenschätze, Flora, Fauna und der Mensch sowie deren Wechselwirkungen. Die Umwelt kann sich in diesem Zusammenhang von der Organisation bis zum globalen System erstrecken.

Umwelteinwirkungen: Jede Veränderung der Umwelt, ob günstig oder ungünstig, die vollständig oder teilweise von den Tätigkeiten, Produkten oder Dienstleistungen der Organisation herrührt.

Dabei kann die Beeinträchtigung der Umweltmedien Luft, Wasser, Boden und Organismen allgemein auf folgende Umwelteinwirkungen bzw. *Umweltbelastungen* zurückgeführt werden:

1. feste, flüssige und gasförmige Stoffe,
2. gesundheits- und umweltschädliche Stoffe in Gebrauchs- und Verbrauchsgütern,
3. Lärm, Erschütterung, Abwärme und Strahlung sowie
4. Übernutzung erneuerbarer und nicht erneuerbarer Ressourcen.

Die produktionsbedingte Umweltproblematik in der chemischen Industrie ist primär ein *Stoffstromproblem*, das sich am besten anhand des Verfahrensschrittes der Stoffumwandlung verdeutlichen läßt. Chemische Gleichgewichtsreaktionen, auf ihrer technischen Nutzung die chemische Produktionstechnologie beruht, können allgemeingültig wie in Abb. 3.3 dargestellt werden.

$$A\,(+\,N) + B \xrightleftharpoons{M,\,K,\,H,\,E} P + P' + P''\,(+\,N')$$

wobei:

A Ausgangsstoff
N Nebenbestandteil
N′ umgesetzter Nebenbestandteil
B Reaktionspartner
M Reaktionsmedium
K Katalysator
H sonstige Hilfsstoffe
E Energie
P Produkt
P′ Kuppelprodukt
P′′ Neben- oder Folgeprodukt

Abb. 3.3. Allgemeine Reaktionsgleichung einer Gleichgewichtsreaktion [3.2, S. 161]

Die aus der Stoffumwandlung entstehenden Stoffströme lassen sich wie folgt klassifizieren:

1. Hauptprodukt bzw. Hauptprodukte,
2. Kuppelprodukte,
3. Neben- und Folgeprodukte,
4. umgesetzte Nebenbestandteile,
5. verunreinigte bzw. verbrauchte Reaktionsmedien, Katalysatoren und sonstige Hilfsstoffe sowie
6. anfallende Stoffe bei Fehlchargen.

Was die produktionsbedingten Stoffströme aus ökologischer Sicht problematisch macht, sind ihr mengenmäßiges Auftreten, die umweltrelevanten Eigenschaften und ihre Einwirkung auf ökologische Systeme.

Der Anfall von umweltrelevanten Stoffströmen läßt sich zurückführen auf:

- chemische Reaktionen,
- verfahrenstechnische Grundoperationen,
- Betriebsweise und Betriebsführung,
- Instandhaltungsmaßnahmen und
- Störfälle bzw. außerplanmäßige Vorkommnisse.

Neben der rein stofflichen Beurteilung chemischer Produktionsprozesse müssen an zweiter Stelle die damit verbundenen Energie- und Ressourcenaspekte berücksichtigt werden, die an dieser Stelle jedoch nicht weiter beschrieben werden sollen.

Wie man aus dem bisher Gesagten ableiten kann, hängt die Umweltrelevanz chemischer Produktionsprozesse von der *kombinierten* Wirkung folgender Faktoren ab:

- *Ressourcenverbrauch* (Rohstoffe, Luft, Wasser, Energie) aller Prozeßschritte (auch für das Recycling und die Entsorgung anfallender Reststoffe),
- *Risikopotential* chemischer Produktionsprozesse sowie der daran gekoppelter Abläufe (z.B. Transport, Lagerung),
- *öko-toxikologische Eigenschaften* eingesetzter und entstehender Stoffe,
- *Mengen* der aus dem gesamten Produktionsprozeß entstehenden Stoffe sowie deren
- *Verbleib und Einfluß* auf die Umwelt nach dem Produktionsprozeß.

Eine Bewertung chemischer Verfahren unter ökologischen Gesichtspunkten darf sich daher nicht auf einzelne der oben genannten Punkte beschränken, sondern muß die kombinierte vorhandene und potentielle Auswirkung erfassen, um einschätzen zu können, wie umweltproblematisch ein chemisches Produktionsverfahren tatsächlich ist.

3.2 Gliederung der technologischen Umweltschutzmaßnahmen

Durch *technologische* Umweltschutzmaßnahmen kann das Ausmaß der Umweltbelastungen bei der industriellen Produktion von chemischen Stoffen reduziert werden. Diese Maßnahmen können hinsichtlich ihres *additiven* bzw. *integrierten* Charakters unterschieden werden (siehe Abb. 3.4).

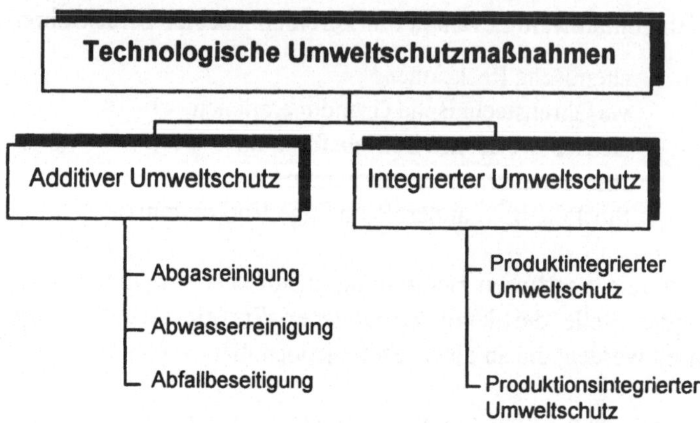

Abb. 3.4. Allgemeine Gliederung der technologischen Umweltschutzmaßnahmen

Die konkreten Unterschiede und die weitere Untergliederung dieser beiden Klassen von Umweltschutzmaßnahmen werden in den folgenden Abschnitten erläutert.

3.2.1 Additiver Umweltschutz

Die Beobachtung der Umweltbelastungen im unmittelbaren Umfeld von Chemieanlagen haben schon sehr früh zur Suche nach Abhilfe geführt. Der primäre Ansatz bestand dabei meist nicht in der Suche nach Verfahrensalternativen, sondern in der Erweiterung des Verfahrens, um einen zusätzlichen, d.h. sich zu dem schon vorhandenen Verfahren "addierenden" Prozeßschritt zur Verminderung der umweltbelastenden Emissionen. Der *additive Umweltschutz* zeichnet sich durch den Einsatz von Technologien aus, die verhindern bzw. vermindern, daß schon entstandene Schadstoffe die Umweltmedien gefährden (z.B. durch den Einsatz von Filteranlagen, Abwasserreinigungsanlagen). Diese *nicht produktionsnotwendigen* Techniken werden auch als "End-of-the-pipe-Technologien" bzw. als "sekundäre" Umweltschutzmaßnahmen bezeichnet. Die Systematik nachgeschalteter Umweltschutztechnologien innerhalb eines chemischen Produktionsprozesses ist in Abb. 3.5 schematisch dargestellt.

In der chemischen Industrie wird ein breites Spektrum von End-of-the-pipe-Technologien eingesetzt. Man kann diese Technologien entweder nach ihrem Wirkungsprinzip (katalytische, nicht katalytische, biologische usw.) oder nach dem Einsatzgebiet (Luftreinhaltung, Wasserreinhaltung und Abfallbeseitigung) klassifizieren. Das Hauptanwendungsgebiet der katalytischen End-of-the-pipe-Technologien ist die Luftreinhaltung. Die biologischen Verfahren werden hingegen vor allem bei der Abwasserreinigung eingesetzt. Zur Gruppe der nicht katalytischen Technologien gehören viele der chemischen und physikalischen Trennverfahren, wie z.B. Extraktion, Absorption, Destillation, Fällungsreaktion und Elektrolyse (für eine umfassende Beschreibung der additiven Umwelttechnologien siehe z.B. [3.4]).

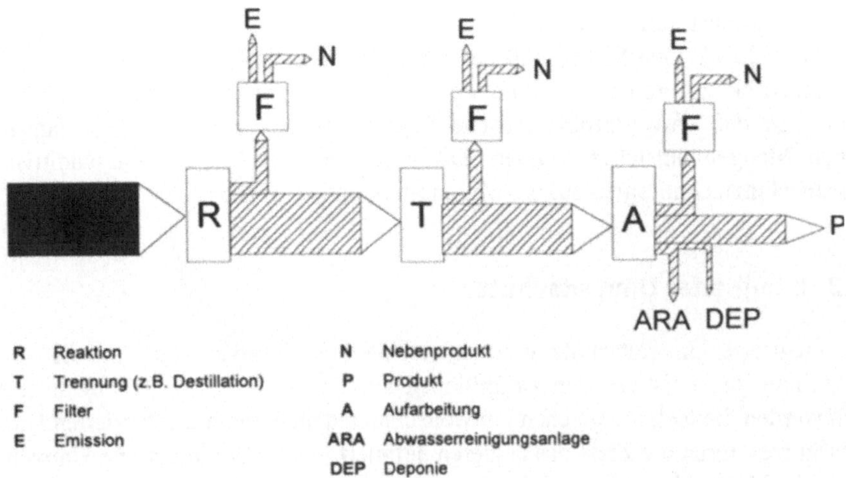

Abb. 3.5. Nachgeschaltete Technologien in einem chemischen Produktionsprozeß [3.3, S. 1229-1233]

Additive Umweltschutztechnologien führen schnell zu einer effektiven Minderung der jeweiligen Umweltbelastung, haben jedoch zwei wirtschaftliche Nachteile. Sie stellen unproduktiv gebundenes Kapital dar und verursachen auf Dauer extrem hohe Betriebskosten (siehe hierzu Kap. 2.3). Charakteristisch für additive Umweltschutzmaßnahmen ist zudem, daß ab einem gewissen Niveau der Schadstoffminderungen nur mit *exponentiell* steigenden Kosten weitere Verminderungen erreicht werden können. Werden die vorgeschriebenen Grenzwerte verschärft, führt dies bei Beibehaltung additiver Umweltschutztechniken zu immer neuen Investitionen und höheren Betriebskosten.

Durch den Einsatz von additiven Umweltschutztechnologien kann verhindert werden, daß umweltbelastende Stoffströme in ein bestimmtes Umweltmedium gelangen, aber die Existenz des Stoffstromes bleibt unangetastet. Hier liegt der Ursprung für eine ökologisch orientierte Kritik an den End-of-the-pipe-Techniken, die nicht nur Energie verbrauchen und Kapital binden, sondern auch zu einer Verlagerung der Schadstoffproblematik von einem Umweltmedium auf das andere führen. Ein Beispiel für diese Eigenschaft der additiven Umweltschutztechniken sind die Großfilteranlagen, die bei immer niedrigeren Grenzwerten zu immer größeren Mengen an zu entsorgenden Schlacken und hochtoxischen Filterstäuben führen [3.5].

Additive Umweltschutztechnologien haben jedoch den entscheidenden Vorteil, daß sie zu einem großen Teil unabhängig von dem jeweiligen Prozeß entwickelt und in die bestehenden Anlagen integriert werden können. Aus diesem Grund ist die Entwicklung und der Vertrieb von additiven Umweltschutztechnologien besonders in Deutschland zu einem gewinnträchtigen Markt mit einem Umsatz von 62,5 Milliarden DM (1993) und Steigerungsraten von ca. 8% pro Jahr geworden [3.6].

Auch wenn nicht auf die additiven Umweltschutztechnologien verzichtet werden kann, wächst seit Ende der 70er Jahre die Kritik an dieser Umweltschutzkonzeption [3.7]. Langfristig muß der Umweltschutz im Rahmen der Neu- und Weiterentwicklung von chemischen Verfahren und Produkten in diese *integriert* werden, so daß umweltproblematische Stoffströme erst gar nicht bzw. nur in kleinen Mengen entstehen können. Dadurch kann der Einsatz von additiven Umweltschutztechnologien auf ein Minimum reduziert werden.

3.2.2 Integrierter Umweltschutz

Der integrierte Umweltschutz wird unterschiedlich definiert (für eine Zusammenstellung der existierenden Definitionen siehe [3.2, S. 216-217]). In diesem Buch werden die technologischen Umweltschutzmaßnahmen des integrierten Umweltschutzes durch die Ziele des letzteren definiert. So hat der integrierte Umweltschutz die Vermeidung, Verminderung und Verwertung von festen, flüssigen und gasförmigen Reststoffen, den sparsamen Einsatz von Ressourcen und die Vermeidung von allen umweltgefährdenden Auswirkungen über den gesamten Produktlebenszyklus zum Ziel. Zum besseren Verständnis sollen die hier verwendeten Begriffe zunächst einmal definiert werden.

Die Begriffe "Vermeidung", "Verminderung", "Verwertung" und "Recycling" werden in der öffentlichen Umweltschutzdiskussion zwar häufig benutzt, es fehlt jedoch an einer allgemein akzeptierten Begriffsdefinition. Daher wird hier die Begriffsbestimmung in Anlehnung an das schweizerische Bundesamt für Umwelt, Wald und Landschaft (BUWAL) vorgenommen (siehe hierzu [3.8, S. 5 ff.]):

Verminderung Zur Verminderung von Reststoffen führen alle Maßnahmen, die die zu deponierende oder zu verbrennende Abfallmenge reduzieren. Der Begriff der Verminderung stellt eine Art Oberbegriff dar, denn er beinhaltet Maßnahmen der Vermeidung und der Verwertung von Reststoffen.

Vermeidung Zur Vermeidung von Reststoffen dienen alle Maßnahmen, die zur Nicht-Entstehung von Reststoffen bei der Produktion, beim Konsum und bei der Entsorgung des Produkts führen. Dabei ist keine 100%ige Vermeidung von Reststoffen möglich.

Verwertung und Recycling Verwertung bezeichnet die stoffliche Wiederverwendung von Reststoffen. Diese kann innerhalb des jeweiligen Prozesses, des Produktionsverbundes oder betriebsextern geschehen. Man kann drei Verwertungsarten unterscheiden:

1. **Wiederverwendung**
Reststoffe und Produkte werden praktisch unverändert wieder in den Verkehr gebracht.

2. Recycling
Reststoffe werden unter Ressourceneinsatz so behandelt, daß sie in den ursprünglichen Produktionsprozeß zurückgeführt werden können. Verbrennung zur Gewinnung von thermischer Energie aus Reststoffen wird nicht als Recycling bezeichnet.

3. Verwertung
Reststoffe werden in andere als die ursprünglichen Prozesse eingeschleust.

Der integrierte Umweltschutz ist eine ganzheitliche Betrachtungsweise des *Lebenszyklus'* chemischer Produkte. Dieser geht von der Entnahme der Rohstoffe, über die Forschung und Entwicklung, die Produktion, den Vertrieb und den Gebrauch bis hin zur Entsorgung des Produkts (zur näheren Beschreibung des Produktlebenszyklus' siehe Kap. 5.3.1.2). Bei dieser Betrachtungsweise kann man zwei Teilaspekte unterscheiden. Der eine ist durch die *Produktionseigenschaften* und der andere durch die *Produkteigenschaften* maßgeblich bestimmt. Diese zwei Teilaspekte des integrierten Umweltschutzes stehen naturgemäß in enger Wechselwirkung miteinander, können jedoch getrennt voneinander unter ökologischen Gesichtspunkten optimiert werden. So kann z.B. ein Produkt, dessen Gebrauch und Entsorgung nur mit geringen Umweltbelastungen verbunden ist, in einem ökologisch kritischen Produktionsprozeß hergestellt worden sein. So stehen Bezeichnungen wie "umweltfreundliches Produkt" nur für die Produkteigenschaften bei Gebrauch und Entsorgung, sagen jedoch nichts über dessen Produktion aus. Entsprechend Abb. 3.4 werden die zwei Teilaspekte des integrierten Umweltschutzes wie folgt definiert:

Produktintegrierter Umweltschutz: umfaßt alle produktorientierten, technologischen Maßnahmen, deren Ziel die Vermeidung bzw. Verringerung produktspezifischer Umweltbelastungen und die Ressourcenschonung bei Verwendung und Entsorgung der Produkte ist.

Produktionsintegrierter Umweltschutz: umfaßt alle produktionsbezogenen, technologischen Maßnahmen, deren Ziel die Vermeidung bzw. Verringerung produktionsspezifischer Umweltbelastungen und die Minimierung des Ressourceneinsatzes bei der Produktion ist. Dies betrifft sowohl reaktionstechnische Stoffumwandlungsschritte und einzelne verfahrenstechnische Grundoperationen als auch den ganzen Produktionsprozeß bzw. den gesamten Produktionsverbund.

Durch diese Definitionen kommt dem Begriff der *Umweltbelastung* eine Schlüsselrolle zu. Er ist bereits in Kap. 3.1.2 teilweise definiert und steht allgemein für die Schädigung von ökologischen Systemen, wobei davon sowohl einzelne Lebewesen als auch übergreifende Natursysteme betroffen sein können (für eine ausführlichere Definition der Ökosysteme und deren Schädigung siehe [3.9, S. 16-25]).

3.2.3 Vergleichende Zusammenfassung

Die in der chemischen Industrie eingesetzten Umweltschutztechnologien werden immer eine Kombination aus additiven und produktionsintegrierten Techniken sein. Die Gründe hierfür ergeben sich aus den in Tabelle 3.1 zusammengefaßten Vor- und Nachteilen des additiven und des produktionsintegrierten Umweltschutzes.

Tabelle 3.1. Vor- und Nachteile des additiven und produktionsintegrierten Umweltschutzes

Additiver Umweltschutz	Produktionsintegrierter Umweltschutz
Vorteile	**Vorteile**
• leichte Nachrüstung bestehender Anlagen • Vermarktungspotentiale additiver Umweltschutztechniken • geringer eigener Forschungs-, Entwicklungs- und Anpassungsaufwand • geringes technologisches Risiko (End-of-the-pipe-Technologien sind Stand der Technik)	• Ressourceneinsparung • Einsparung von Betriebs- und Wartungskosten • Einsparung von Entsorgungskosten • Verringerung bzw. Vermeidung ökologischer Belastungen • Wettbewerbsvorteil durch Förderung von produktions- und produktorientierten Innovationen • keine Probleme bei Verschärfungen von Grenzwerten
Nachteile	**Nachteile**
• lineare Herabsetzung der Emissionsgrenzwerte führt zu exponentiell steigenden Betriebskosten und ist ab einem gewissen Niveau mit neuen Investitionen verbunden • hohe Betriebs- und Wartungskosten • hohe kapitalabhängige Kosten aufgrund des investierten Kapitals • die additiven Anlagen bedürfen einer gewissen Mindestauslastung und stellen somit ein Hindernis zur prozeßorientierten Innovation dar • produktbezogene Umweltaspekte spielen keine Rolle • Verlagerung der Schadstoffproblematik von einem Umweltmedium auf ein anderes	• hoher Forschungs- und Entwicklungsaufwand • hohes produktionstechnisches und produktorientiertes Risiko • (ggf.) hohe Investitionen • (ggf.) negative Auswirkungen auf den Produktionsverbund • (ggf.) Funktionsstörung der betrieblichen End-of-the-pipe-Anlagen (z.B. in der biologischen Abwasserbehandlung) • keine getrennte Vermarktung integrierter Umweltschutztechniken möglich • reaktionstechnische und/oder verfahrenstechnische Verbesserungen im Sinne des produktionsintegrierten Umweltschutzes nicht immer möglich

Nachdem die grundlegenden Begriffe definiert worden sind, werden in den folgenden Abschnitten Wege zum produktionsintegrierten Umweltschutz aufgezeigt.

3.3 Methoden des produktionsintegrierten Umweltschutzes

3.3.1 Einleitung

Der produktionsintegrierte Umweltschutz kann durch verschiedene Methoden realisiert werden, die auf den unterschiedlichen Hierarchieebenen eines Chemieunternehmens in Angriff zu nehmen sind. Dabei werden die in Kap. 3.4 angegebenen Kriterien des produktionsintegrierten Umweltschutzes in die Gesamtzielsetzung der Maßnahmen integriert, um bei umweltrelevanten Entscheidungen einen Kompromiß zwischen den einzelnen Zielen zu finden. Zugeordnet zu den Hierarchieebenen können Maßnahmen des produktionsintegrierten Umweltschutzes unter anderem bei folgenden Aktivitäten berücksichtigt werden:

1. Gestaltung des Produktionsprogramms,
2. chemische Forschung und Verfahrensentwicklung,
3. Verfahrensauswahl und
4. Prozeßoptimierung.

3.3.2 Gestaltung des Produktionsprogramms

Die größte Bedeutung bei einer chemisch-industriellen Produktion hat das Produktionsprogramm als Kombination und Integration von chemischen Produktionsverfahren. Die Planung des Produktionsprogramms findet in erster Linie auf der hierarchisch höchsten Ebene, der Unternehmensleitung, im Rahmen der strategischen Planung statt. Dabei kann der produktionsintegrierte Umweltschutz wie folgt berücksichtigt werden:

- Vorgaben von Forschungs- und Entwicklungszielen,
- Vorgaben für Zusammensetzung der Rohstoffe und Vorprodukte,
- Vorgaben zum vertikalen und horizontalen Integrationsgrad sowie
- Vorgaben für Grenzwerte hinsichtlich Mengen und Zusammensetzung der Reststoffe.

Diese Vorgaben führen zu einer Anzahl von Maßnahmen, mit dem Ziel ein ökologisch-wirtschaftlich optimales Produktionsprogramm zu erlangen (siehe Abb. 3.6). Dabei spielt die Steigerung der vertikalen und horizontalen Integration eine entscheidende Rolle, d.h. Nebenprodukte werden im eigenen Unternehmen, soweit wie möglich, verarbeitet. Die Kapazitäten der verflochtenen Produktionsanlagen müssen aufeinander abgestimmt sein. Dies kann das Unternehmen zur Substitution von Verfahren zwingen. Das Unternehmen kann aber auch dazu veranlaßt werden, Chemieanlagen stillzulegen bzw. Produkte aufzugeben oder neue Verfahren bzw. neue Produkte einzuführen, um sich des Problems der anfallenden Reststoffe zu entledigen. Für eine globale Bewertung bedient man sich des Mittels der Produktlinienanalyse.

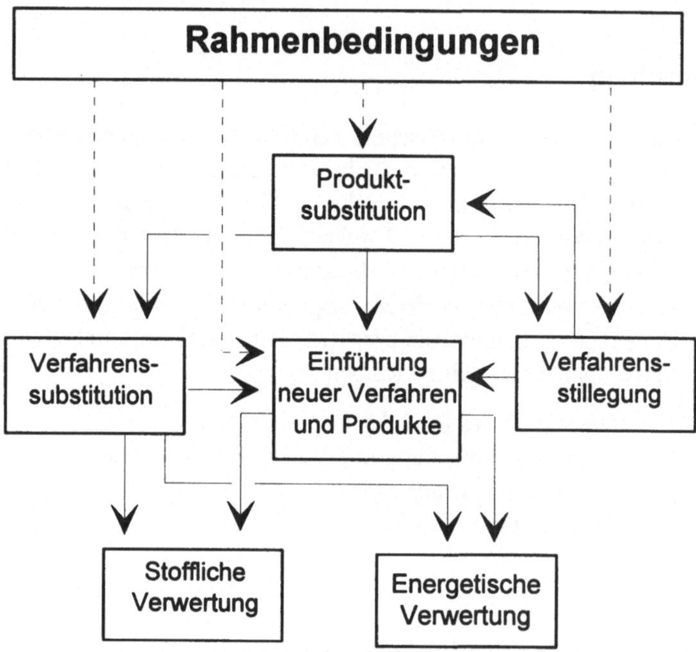

Abb. 3.6. Maßnahmen zur Gestaltung des Produktionsprogramms [3.10]

Jedoch gibt es eine Reihe von chemiespezifischen einschränkenden Faktoren, die im Wege einer Steigerung der vertikalen und horizontalen Integration stehen. Fällt bei einem Prozeß ein schwer verwertbares Nebenprodukt an, so können Patentschutz, Know-how, Absatzmärkte für das veredelte Nebenprodukt usw. Hindernisse im Wege einer innerbetrieblichen stofflichen Verwertung darstellen. Die Verbundbeziehungen können aber auch außerbetrieblich entwickelt werden. Dies kann der Fall bei günstigen Transportmöglichkeiten sein oder bei Kapitalverflechtung der Hersteller.

Das Konzept der innerbetrieblichen Verwertung (die energetische Verwertung eingeschlossen) wird bei den meisten großen deutschen Chemieunternehmen in großem Maße realisiert. Vor allem an großen Standorten am Rhein und Main sorgen die historisch entwickelten Verfahrenskombinationen und Kapazitätsgrößen für eine relativ gute Verwertung der anfallenden Nebenprodukte. Auch bei ausländischen und chemiefremden Unternehmen ist ein Anstieg der verwerteten Reststoffe durch innerbetriebliche Verwertung zu verzeichnen. Da bei jeder Verwertung eines Nebenproduktes weitere Nebenprodukte entstehen können, die ihrerseits verwertet werden sollen, entsteht eine sogenannte Verwertungskaskade über mehrere Stufen.

Zur Optimierung des Produktionsprogramms im Sinne des produktionsintegrierten Umweltschutzes ist es erforderlich, ein innerbetriebliches Informationssystem aufzubauen, das alle anfallenden Reststoffe nach Menge und Zusammensetzung aufzeichnet und kennzeichnet. Man sucht dann zunächst innerhalb des eigenen Chemiewerkes nach einer Verwendung. Gelingt es nicht die Reststoffe innerbetrieblich zu verwerten, sucht man nach externen Abnehmern. Die Abfallbörsen der chemischen Industrie oder der Industrie- und Handelskammern können bei der Suche nach Verwertungsmöglichkeiten helfen.

Zur Optimierung des Produktionsprogramms werden in vielen Fällen moderne Methoden, wie die lineare Optimierung verwendet, um mindestens Teilprobleme zu lösen. Die Aufnahme der Ziele des produktionsintegrierten Umweltschutzes in die Steuerung des Produktionsprogramms verkompliziert zusätzlich die Lösung dieser Aufgabe, so daß moderne Optimierungsmethoden um so notwendiger werden. Da sich die Konzeption des produktionsintegrierten Umweltschutzes erst seit kurzer Zeit durchsetzt, wird es notwendig sein, das gesamte Produktionsprogramm chemischer Unternehmungen unter ganzheitlichen Kriterien neu zu optimieren. Ein solches Vorhaben kann bei der großen Anzahl von Verfahren und dem hohen Grad ihrer Verflechtung bei großen Chemieunternehmen viele Jahre dauern und große Investitionen erfordern.

3.3.3 Chemische Forschung und Verfahrensentwicklung

Die chemische Forschung und Verfahrensentwicklung befaßt sich mit der Neu- und Weiterentwicklung von erfolgreichen chemischen Produktionsverfahren für ein definiertes Produkt. "Erfolgreich" ist ein Produktionsverfahren dann, wenn ein technisch realisierbares, sicheres und wirtschaftliches Optimum der zusammenhängenden reaktionstechnischen Größen: Umsatz und Ausbeute bzw. Selektivität, erreicht ist. Dabei wertet die Verfahrensentwicklung die Ergebnisse der Forschung im Labormaßstab aus (zu Forschung und Entwicklung siehe Kap. 6).

Klassischerweise werden bei der chemischen Forschung und Verfahrensentwicklung die beiden Teilbereiche der *Reaktionstechnik* und der *Verfahrenstechnik* unterschieden. Die Reaktionstechnik befaßt sich vorrangig mit der quantitativen Bewertung des Ablaufs der chemischen Reaktion. Dabei wird das reaktionstechnische Optimum durch theoretische und vor allem empirische Untersuchungen folgender reaktionstechnischer Einflußgrößen ermittelt:

- Zusammensetzung, Zustand und Zerteilungsgrad der Ausgangsstoffe,
- Konzentration, Druck und Temperatur im Reaktionsraum,
- Einsatz von Katalysatoren, Inhibitoren, Reglern, Löse- und Verdünnungsmitteln sowie anderer Begleitstoffe,
- Verweilzeit, Vermischung, und Segregation der Reaktionsmasse,
- Betriebsform, Führung der Stoff- und Wärmeströme sowie

- Art, Größe und Werkstoffausstattung des Reaktionsapparates.

Für die Verfahrenstechnik kann man folgende fünf Aufgabengebiete unterscheiden:

- theoretische Klärung der physikalischen Vorgänge (Prozeßanalyse),
- Entwicklung von Verfahren durch optimale Kombination von Verfahrensschritten (Prozeßsynthese),
- Stoffdatenermittlung zur Apparateauslegung,
- Planung und Auslegung von Apparaten und Anlagen sowie
- Betrieb und Überwachung der verfahrenstechnischen Anlagen.

Der Ablauf der chemischen Verfahrensentwicklung läßt sich in einzelne Phasen unterteilen, die näher in Kap. 6 erläutert werden. Zu definierten Zeitpunkten des Projektablaufes werden dabei die vorliegenden Projektergebnisse mit dem Anforderungsprofil verglichen und das weitere Vorgehen abgestimmt. Der Ablauf der Verfahrensentwicklung ist schematisch in Abb. 3.7 dargestellt.

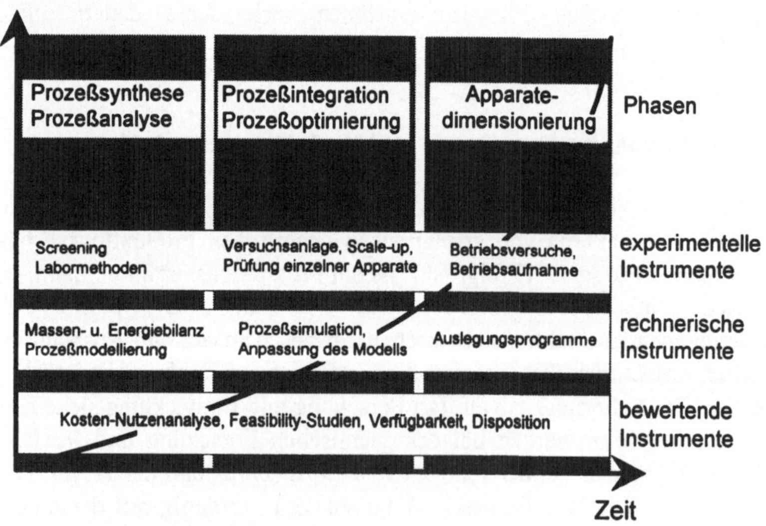

Abb. 3.7. Vorgehensweise und Instrumente der Verfahrensentwicklung nach [3.11]

3.3.4 Verfahrensauswahl

Zur Herstellung von Zielprodukten können mehrere Rohstoffe bzw. Vorprodukte und Verfahren zur Auswahl stehen. Es ist die Aufgabe der Forschung und Entwicklung sowie der Gestaltung des Produktionsprogramms, aus der großen Anzahl von Möglichkeiten diejenigen auszuwählen, die für die Praxis aufgrund von technischen, wirtschaftlichen, ökologischen und gesellschaftlichen Gründen in Frage kommen.

Die Verfahrensauswahl kann isoliert für die jeweiligen Zielprodukte erfolgen, meistens ergibt sich jedoch eine Rückwirkung auf andere Verfahren, die diese Auswahl entscheidend beeinflussen. Richtiger wäre es also, die Verfahrensauswahl im Zusammenhang des ganzen Produktionsprogramms zu betrachten. Dies erhöht aber den Schwierigkeitsgrad wesentlich, so daß eine Einzelbetrachtung mit einer Untersuchung des Einflusses auf das Produktionsprogramm der übliche Weg ist.

Bei der Verfahrensauswahl wird aus einer endlichen Anzahl von konkurrierenden Alternativen, entsprechend einem vorgegebenen Optimalitätskriterium, die optimale Alternative ausgewählt. Dieser Entscheidungsprozeß kann in drei Phasen eingeteilt werden: Festlegung der Anforderungen, Erfassung der konkurrierenden Alternativen und Auswahl der optimalen Alternative (siehe Abb. 3.8).

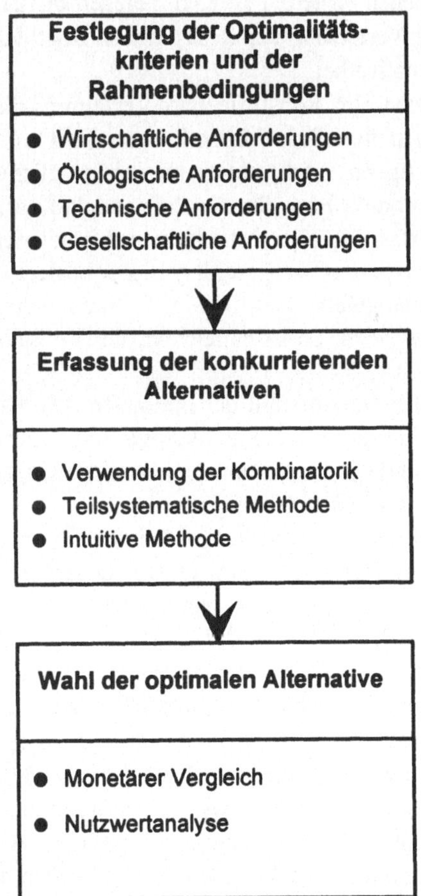

Abb. 3.8. Schritte des Entscheidungsprozesses für die Verfahrensauswahl [3.10]

Im ersten Schritt, nämlich der Festlegung der Anforderungen, werden verschiedenartige Anforderungen benannt, wie z.B.:

- geforderte Produktqualität,
- Anlagenkapazität,
- Rohstoffgrundlage,
- Energie- und Wasserversorgung,
- Wirtschaftlichkeit,
- erforderliche Betriebssicherheit,
- zulässige Umweltbeeinflussung usw.

In der Praxis werden die wirtschaftlichen Anforderungen als Optimalitätskriterien festgelegt, während die ökologischen Anforderungen als Restriktionen formuliert werden. Wenn die Anforderungen als Restriktionen wirken, z.B. als Begrenzung von Emissionen, können sie als harte K.o.-Kriterien oder als weiche Restriktionen verwendet werden. Die Verletzung der harten Restriktionen führt zum Ausschluß der Alternative. Die weichen Kriterien können dagegen bis zu einem definierten Grad verletzt werden. Die Verletzung der Restriktionen trägt dann zu einer schlechteren Bewertung der Alternative bei.

Theoretisch müßten alle Rohstoffe und Verfahren, die zu den Zielprodukten führen, erfaßt und auf ihre Brauchbarkeit untersucht werden. Da man jedoch in der Praxis über genügend Erfahrungen mit den möglichen Rohstoffen und Verfahren für das Zielprodukt bzw. für die Zielprodukte verfügt, verzichtet man auf die systematische Erfassung aller Alternativen. Konkurrierende Alternativen werden dann von den "Experten" vorgeschlagen. Zur besseren Übersicht der Verfahren kann man graphische Methoden, wie z.B. Stammbäume, graphentheoretische Hilfsmittel usw., anwenden. So ist es leichter, die Vollständigkeit der Alternativen zu überprüfen.

Verwendet man für die Auswahl der optimalen Alternative ein monetäres wirtschaftliches Optimalitätskriterium mit ökologischen Restriktionen, so werden die durch Berücksichtigung der Restriktionen vorselektierten Alternativen aufgrund des Optimalitätskriteriums miteinander verglichen.

Die Nutzwertanalyse ist eine weitere Methode für die Verfahrensauswahl. Sie stellt ein brauchbares Mittel dar, um verschiedenartige, schwer quantifizierbare Zielgrößen zu berücksichtigen (zur Nutzwertanalyse siehe z.B. [3.12]). Dabei empfiehlt es sich, die Zielgrößen (oder Einflußgrößen) in Gruppen zusammenzufassen. Für die Wirtschaftlichkeit wird eine monetäre Zielgröße, wie z.B. die Kosten, ausgewählt. Auch können technische Zielgrößen, wie der thermische oder exergetische Wirkungsgrad, die Zuverlässigkeit des Prozesses usw., stellvertretend für wirtschaftliche herangezogen werden. Unter Umständen werden schwer quantifizierbare wirtschaftliche Zielgrößen, wie z.B. Erweiterungsmöglichkeiten, Umstellungsmöglichkeiten auf andere Produkte usw., durch ein Bewertungssystem berücksichtigt. Der Umweltschutz wird durch technische Größen, wie z.B. Emissionswerte, CSB-Werte (chemischer Sauerstoffbedarf) usw., quantifiziert. Schwer quantifizierbare ökologische Anforderungen, wie Verwertungsmöglichkeiten von Nebenprodukten, heutige und zukünftige Beseitigungsmöglichkeiten von Abfallstoffen, spezifische behördliche Auflagen usw., werden ebenfalls in ein Bewertungssystem integriert.

Die Formulierung der Anforderungen kann dazu führen, daß bestimmte Einflußgrößen beschränkt werden, wie z.B. ein Höchstanlagekapitalbedarf oder ein Höchstwert für bestimmte Emissionswerte. Die Verletzung dieser Beschränkungen führt bei der Vorselektion zum Ausschluß der betreffenden Alternativen. Die restlichen Alternativen werden dann miteinander verglichen.

Als Beispiel für die Anwendung der Nutzwertanalyse sei hier die Wahl eines Verfahrens für die Chloralkali-Elektrolyse bei vogegebener Kapazität genannt. Die Wirtschaftlichkeit mit der Rentabilität als Optimalitätskriterium wird hier mit 60%, der Umweltschutz mit 40% gewichtet. Dabei wird jede Alternative mit Hilfe eines Kataloges von Einflußgrößen subjektiv bewertet. Als Einflußgrößen sind zu nennen: Emissionen des Quecksilbers, Umweltbelastung durch Asbest, Umweltbelastung der Abwässer usw. Die Bewertung der Einflußgrößen soll wie folgt erfolgen: die Rentabilität wird mit null bewertet, wenn sie gleich oder kleiner als null ist und mit 10, wenn sie gleich 20% oder größer ist. Der Umweltschutz wird ebenfalls subjektiv zwischen null und zehn bewertet. Durch Anwendung dieser Methode gelangt man zur einer quantitativen Bewertung der konkurrierenden Verfahren, so daß man diejenige Alternative mit der höchsten Punktzahl auswählt.

3.3.5 Optimierung chemischer Prozesse

Unter Optimierung versteht man das Aufsuchen der Bestlösung einer Zielfunktion durch die systematische Variation eines definierten Satzes von Variablen. Die Zielfunktion kann technischer, ökonomischer, sicherheitstechnischer oder ökologischer Natur sein. Jede Zielgröße ist von einer Reihe von Betriebs-, Konstruktions- oder Stoffvariablen (Steuervariablen) des jeweiligen Verfahrens abhängig. Eine Optimierung chemischer (Teil-) Prozesse setzt daher die Kenntnis einer Reihe reaktions- und verfahrenstechnischer Größen voraus, durch die eine modellhafte Beschreibung des Prozesses gewährleistet werden kann. In Tabelle 3.2 sind einige technische Zielgrößen aufgelistet, die im Rahmen der Optimierung in ihrem funktionellen Zusammenhang und Verlauf untersucht werden (weiteres hierzu siehe [3.13]).

Aufgrund der Komplexität verfahrenstechnischer Prozesse und der Interdependenzen der unterschiedlichen Zielgrößen wird die Optimierung schrittweise vorgenommen (Suboptimierung), wobei solche Teilprozesse ausgewählt werden, die für die Zielgröße des Gesamtsystems von besonderem Gewicht sind. Bei der Optimierung müssen als erstes die *Steuervariablen* identifiziert werden. Zweitens sind die Werte der Steuervariablen zu bestimmen, bei denen die Zielfunktion ein Minimum bzw. Maximum einnimmt. Als Beispiel für diese Vorgehensweise sei hier die Maximierung der Ausbeute für das Teilsystem eines Reaktors unter Berücksichtigung von Rücklaufmaßnahmen aufgeführt (siehe Abb. 3.9). Das Ziel der Optimierung ist auf den ersten Blick rein wirtschaftlicher Natur. Doch bei genauerer Betrachtung handelt es sich auch um ein Ziel des produktionsintegrierten Umweltschutzes.

Tabelle 3.2. Ausgewählte technische Zielgrößen chemischer Verfahren

Zielgrößenkategorie	Technische Zielgröße
Produktionszahlen	• Ausbringung
Verbrauchszahlen	• Rohstoff-, Hilfsstoff- und Betriebsstoffverbrauch • Energieverbrauch
Leistungsgrade	• Durchsatz • Verweilzeit • Rezyklierungsmenge • Filtratmenge
Stoffumwandlungsgrade	• Umsatzgrad • Selektivität • Ausbeutegrad • Raum-/Zeit-Ausbeute
Energieumwandlungsgrade	• Wirkungsgrad
Qualitätsgrößen	• Konzentrationsprofil • Reinheit • Elastizität • Farbe • Geruch • Lagerfähigkeit
Verlustgrößen	• Einsatz- und Hilfsstoffverluste • Energieverluste
Konstruktive Größen	• Gewicht • Oberfläche • Volumen • Wärmeaustauschfläche • Materialgüte

Die Rücklaufführung kann in Abhängigkeit von der jeweiligen Zusammensetzung des Stoffstromes mit einer Ausbeutesteigerung einhergehen. Jedoch muß dabei berücksichtigt werden, daß mit steigendem Rücklaufverhältnis auch die Rückführungskosten steigen. Diese Kosten setzen sich aus den kapitalabhängigen Kosten der Trenn- und Rückführungseinrichtung und den erforderlichen Energiekosten zusammen. Bei der Optimierungsaufgabe kann es daher zu einem Zielkonflikt zwischen der Ausbeutemaximierung und dem wirtschaftlichen Rücklaufverhältnis kommen. In der Regel wird die Entscheidung durch eine rein monetäre Bewertung getroffen, wobei an späterer Stelle auf den Themenkomplex der Bewertungsmöglichkeit bei Zielkonflikten eingegangen wird (siehe hierzu Kap. 7.4).

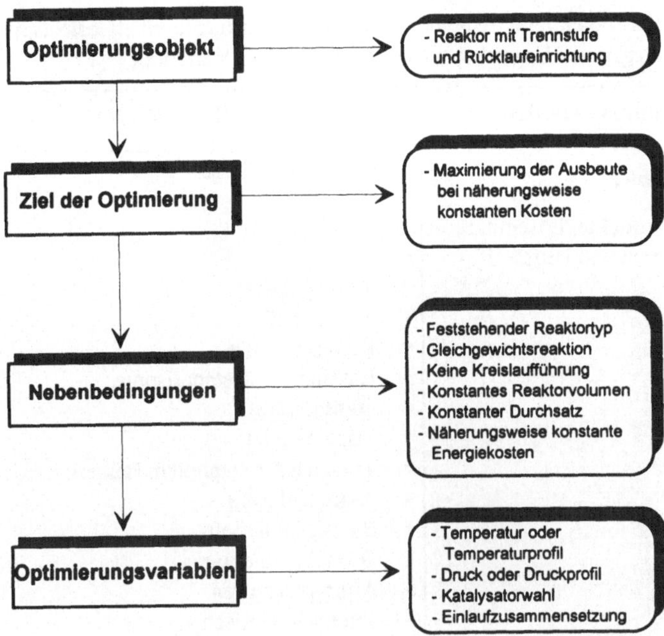

Abb. 3.9. Maximierung der Ausbeute bei ökologischen und wirtschaftlichen Anforderungen

3.4 Kriterien des produktionsintegrierten Umweltschutzes

Es ist nicht möglich, ein allgemeingültiges, quantifiziertes reaktions- und verfahrenstechnisches Anforderungsprofil des produktionsintegrierten Umweltschutzes für die chemische Industrie zu erarbeiten. Daher werden in Tabelle 3.3 die für den produktionsintegrierten Umweltschutz potentiellen reaktions- und verfahrenstechnischen Gesichtspunkte entsprechend der Steuervariablen-Konzeption (siehe Abb. 3.10) qualitativ aufgeführt und klassifiziert. Dabei wird kein Anspruch auf Vollständigkeit erhoben, da im Prinzip alle technischen und chemischen Größen einen Einfluß auf die ökologischen Auswirkungen eines Verfahrens haben können.

Tabelle 3.3. Potentielle reaktions- und verfahrenstechnische Gesichtspunkte des produktionsintegrierten Umweltschutzes bei chemischen Verfahren

Steuervariablen	Zu betrachtende Gesichtspunkte
Stoffvariablen (Edukte, Produkte, Lösemittel, Katalysatoren und Hilfsstoffe)	• **Humantoxizität:** * Reizwirkung * Sensibilisierung * Toxizität * Teratogenität * Mutagenität * Kanzerogenität * Biokinetik / Metabolismus • **Ökotoxizität** * Fischtoxizität * Toxizität für Daphnien, Bakterien, Algen • **Akkumulation** * Bioakkumulation * Geoakkumulation • **Abbauverhalten** * abiotisch, biotisch * anaerob, aerob * Metaboliten * Ozonabbau-Potential * Treibhauseffekt • **Sicherheitstechnik** * Zusammenlagerungsverbote * Zündtemperatur * Flammpunkt * Explosionsgrenze (obere/untere) * Spontanreaktion mit anderen Stoffen * Entsorgung durch biologischen Abbau, Verbrennung oder Deponierung • **rechtliche Bestimmungen**: WGK, MAK, TRK, TA-Luft-Klasse, Kennzeichnung GefStoffV, TRGS, Klassifizierung nach VbF, LC_{50}, LD_{50}, CSB-Wert, BSB_5-Wert, AOX, Eliminationsgrad usw. • **Mengeneinsatz der Roh-, Hilfs- und Betriebsstoffe** * Stoffeinsatz bezogen auf kg Produkt • **Rezyklierbarkeit/Regenerierbarkeit** * Rezyklierungsgrad und Rezyklatqualität * apparativer Aufwand * Energieeinsatz * Eigenschaften, Menge und Verwertungsmöglichkeiten der Reststoffe • **Herstellung der eingesetzten Stoffe** ökologische Belastungen durch die Produktion der eingesetzten Stoffe (Ansatz der Ökobilanz)

Tabelle 3.3. Potentielle reaktions- und verfahrenstechnische Gesichtspunkte des produktionsintegrierten Umweltschutzes bei chemischen Verfahren (Fortsetzung)

Steuervariablen	Zu betrachtende Gesichtspunkte
Reaktionstechnische Variablen (Vorbereitung, Reaktion, Aufarbeitung)	• **Reaktion** * Umsatz und Selektivität * Anzahl der Reaktions- und Zwischenstufen * Struktur der Reaktionsstufen (parallel oder linear) * Reaktionsbedingungen * Eigenschaften, Menge und Verwendungsmöglichkeiten der entstehenden Stoffe • **Energieeinsatz** * Erhöhung oder Senkung der Temperatur der Stoffströme * Aggregatzustandsänderungen (Kondensation, Verdampfung, Gefrieren, Schmelzen) * thermische Trennprozesse (Absorption, Desorption, Trocknung, Kristallisation) * Wahrung der Temperaturkonstanz chemischer Reaktionen * elektrolytische Reaktionen * Stofftransportvorgänge * Sonstiges
Verfahrenstechnische Variablen	• **Betriebsparameter** * kontinuierliche oder diskontinuierliche Betriebsweise * Verweilzeit * Rückführungsverhältnis * Druck-, Temperatur-, Zudosierungsverlauf * Stoff- und Wärmeströme * Rücklaufverhältnisse • **Charakteristiken der Anlagenkomponenten** * Ressourcenverbrauch (Energie, Hilfs- und Betriebsstoffe) * Emissionen * Einfluß auf die Ausbeute (z.B. bei Trennprozessen) * Reinigungs- und Wartungsaufwand (siehe unten)

Tabelle 3.3. Potentielle reaktions- und verfahrenstechnische Gesichtspunkte des produktionsintegrierten Umweltschutzes bei chemischen Verfahren (Fortsetzung)

Steuervariablen	Zu betrachtende Gesichtspunkte
Verfahrenstechnische Variablen	• **Reinigungsmaßnahmen** * Gründe der Reinigungsmaßnahmen * Anzahl der benötigten Reinigungsvorgänge * Eigenschaften, Menge der dafür eingesetzten Stoffe * Regenerierbarkeit der Reinigungsmittel und der dafür notwendige Energieaufwand • **Sicherheitsaspekte** * Instabilität beim An- und Abfahren * Instabilität beim stationären Betrieb * Apparateauslegung (Kühlung, Druckbeständigkeit, Meß- und Regeleinrichtungen) * Explosionsgefahr (z.B. in Leitungssystemen, durch entweichende Gase und Dämpfe)

Bei der exemplarischen Konkretisierung und Anwendung dieses Kriterienkatalogs auf bestehende Verfahren wird deutlich, daß die Schwierigkeit einer ökologischen Bewertung von chemischen Verfahren in der Notwendigkeit einer ganzheitlichen Betrachtungsweise liegt. So ist zu berücksichtigen, daß die Gesichtspunkte der Kategorie Stoffvariablen nicht getrennt von anderen Gesichtspunkten zu sehen sind. Beispielsweise kann das toxikologische Eduktprofil ungünstig sein, wie z.B. bei Vinylchlorid, jedoch führen die Handhabung des Edukts in einem geschlossenen System und die Austreibung von Monomerresten im Produkt zu der Notwendigkeit einer differenzierteren Bewertung des Produktionsprozesses der Polymerisation.

Zur Förderung des produktionsintegrierten Umweltschutzes im Rahmen der Reaktions- und Verfahrensentwicklung in der chemischen Industrie müssen die in Tabelle 3.3 aufgeführten Gesichtspunkte der Verfahren sowie die dabei eingesetzten und entstehenden Stoffströme systematisch berücksichtigt werden. Dafür muß gewährleistet sein, daß die Forschungs- und Entwicklungs-Abteilungen in einem Chemieunternehmen klare Umweltrichtlinien sowie die notwendigen Informationen und Instrumente zur Umsetzung des produktionsintegrierten Umweltschutzes besitzen.

3.5 Beispiele zur produktionsintegrierten Umweltschutz in der chemischen Industrie

3.5.1 Einleitung

Aus einem stoff- und energieorientierten Ansatz heraus kann eine Reihe von in Wechselwirkung stehenden Zielgrößen des produktionsintegrierten Umweltschutzes aufgestellt werden, die entweder zu minimieren oder zu maximieren sind. Um den Verlauf und die Einflußmöglichkeiten auf die Zielfunktionen zu analysieren, bedarf es der Identifikation der jeweiligen Steuervariablen. Diese lassen sich, wie im vorangegangenen Abschnitt dargestellt, in drei Klassen einteilen (siehe Abb. 3.10).

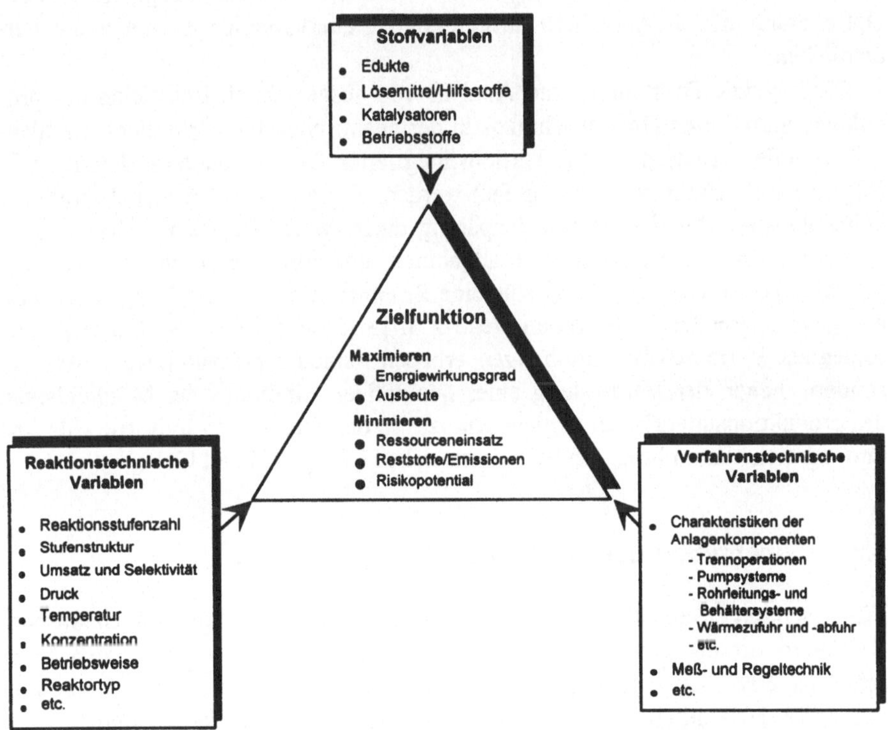

Abb. 3.10. Zielfunktionen und Steuervariablen des produktionsintegrierten Umweltschutzes bei chemischen Verfahren

Durch die in Abb. 3.10 dargestellte Einteilung der Steuervariablen lassen sich bei der Neuentwicklung bzw. Überarbeitung chemischer Prozesse die Einflußfaktoren identifizieren, durch deren Variation die Zielgrößen des produktionsintegrierten Umweltschutzes maximiert bzw. minimiert werden können. Diese Einteilung der Variablen in drei Klassen ist aufgrund der engen Wechselwirkungen zwischen ihnen nicht ganz unproblematisch. So ist z.B. die Lösemittelsubstitution von Methylenchlorid durch einen höhersiedenden Alkohol eine Veränderung der Stoffvariablen. Dies hat aber auch den Effekt, daß nun erstens ein anderes Lösungsverhalten der Feststoffkomponente vorliegt (reaktionstechnische Variable), zweitens unter Umständen eine andere Destillationsapparatur zur Lösemittelaufarbeitung (verfahrenstechnische Variable) eingesetzt werden muß und drittens mit einem erhöhten Explosionsrisiko zu rechnen ist. Aus diesem Grund wird die oben vorgenommene Klassifikation auch nur als Hilfsmittel für die Analyse der Beispiele des produktionsintegrierten Umweltschutzes und als Strukturierungshilfe bei der Erarbeitung eines qualitativen Anforderungsprofils genutzt. Die in den kommenden Abschnitten dargestellten Beispiele sollen die Möglichkeiten der Optimierung der in Abb. 3.10 aufgeführten Steuervariablen exemplarisch verdeutlichen.

Die folgende Darstellung und Analyse von ausgewählten Beispielen des produktionsintegrierten Umweltschutzes in der chemischen Industrie dient der Identifikation der Kriterien des produktionsintegrierten Umweltschutzes, die im nachfolgenden Abschnitt zusammengefaßt werden. Es wurden bei dieser Aufzählung keine Beispiele für die Energieeinsparung durch Wärmekopplung oder sonstige ausschließlich energiesparende Maßnahmen übernommen, dafür sei auf die Literatur verwiesen z.B. [3.14] (für eine Zusammenfassung zur Vorgehensweise energieeinsparender Maßnahmen siehe z.B. [3.15] und [3.16, S. 490 ff.]). Die folgenden Verfahrensbeschreibungen erheben keinen repräsentativen Anspruch, sondern dienen der Vermittlung eines qualitativen Eindrucks der Möglichkeiten des produktionsintegrierten Umweltschutzes in der chemischen Industrie (für eine umfangreiche Sammlung von Beispielen siehe [3.2], [3.17] und [3.18]).

3.5.2 Substitution der Syntheseroute von Ibuprofen

Ein besonderer Stellenwert bei der Optimierung bzw. Substitution chemischer Verfahren kommt dem Einsatz verbesserter Katalysatoren zu. So werden heute schon ca. 80% aller Chemieprodukte unter Einsatz von Katalysatoren hergestellt (davon ca. 80% durch heterogene Katalyse). Bei neueren Verfahren sind es sogar 90% [3.19]. Die konsequente Suche und der Einsatz von Katalysatoren ist vor allem in der Produktion von Industriechemikalien, petrochemischen Produkten und Massenprodukten zu beobachten. Im Bereich der Spezialitätenchemie und der pharmazeutischen Produktion werden Katalysatoren in einem viel geringeren Maße eingesetzt, was sicherlich ein entscheidender Grund für den höheren Anfall von Reststoffen pro kg Produkt ist (siehe Tabelle 3.4).

Tabelle 3.4. Durchschnittliches Mengenverhältnis von Reststoffen zum Produkt für unterschiedliche Sparten der Chemiebranche inklusiv der Petrochemie [3.20]

Branche	**kg Reststoffe/kg Produkt**
Petrochemie	ca. 0,1
Industriechemikalien	1-5
Spezialitätenchemie	5-50
Pharmazeutika	25-100

Ein wichtiger Grund, der zu diesem spartenspezifischen Einsatzverhältnis von Katalysatoren geführt hat, ist neben dem Zeit- und Kostenaufwand für die Katalysatorentwicklung auch die traditionelle organische Synthesekonzeption. Diese ist gekennzeichnet durch einen schrittweisen Aufbau des Zielmoleküls durch eine Anzahl klassischer Reaktionsschritte (sie wird z.B. in [3.21] oder [3.22] beschrieben). Ein zweiter Grund ist sicherlich auch die hohe Wertschöpfung in der Spezialitäten- und pharmazeutischen Chemie im Vergleich zu den Industriechemikalien und der Petrochemie. Dies führte in der Vergangenheit in diesen Chemiesparten dazu, daß die umweltrelevanten Kosten keine so große Rolle spielten. Angesichts der sich verschärfenden Rahmenbedingungen ist dies heute nicht mehr der Fall (siehe hierzu Kap. 2.2).

Bei den Reststoffen in der Spezialitätenchemie und in der pharmazeutischen Industrie handelt es sich meistens um große Mengen salzhaltiger Abwässer, verunreinigter Lösemittel und Sonderabfälle. Diese ökologisch problematischen Stoffströme stehen in direktem Zusammenhang mit der Anzahl von hier üblichen Reaktionsschritten, wie z.B. der Säure-Base-Neutralisation, der Extraktion, der Chromatographie, der Abspaltung von Schutzgruppen oder der Trocknung unter Verwendung anorganischer Salze usw.

Im folgenden wird das Beispiel der Substitution des Herstellungsverfahrens von Ibuprofen vorgestellt, durch welches die anfallenden Reststoffe im Sinne des produktionsintegrierten Umweltschutzes reduziert werden konnten.

Ibuprofen ist ein rezeptfreies Analgetikum, ein sogenanntes OTC-Präparat (OTC = Over The Counter), mit einer Jahresproduktion von 8 000 t. Für die Herstellung dieses Wirkstoffes existieren zwei ganz unterschiedliche Synthesewege, die aus Abb. 3.11 hervorgehen.

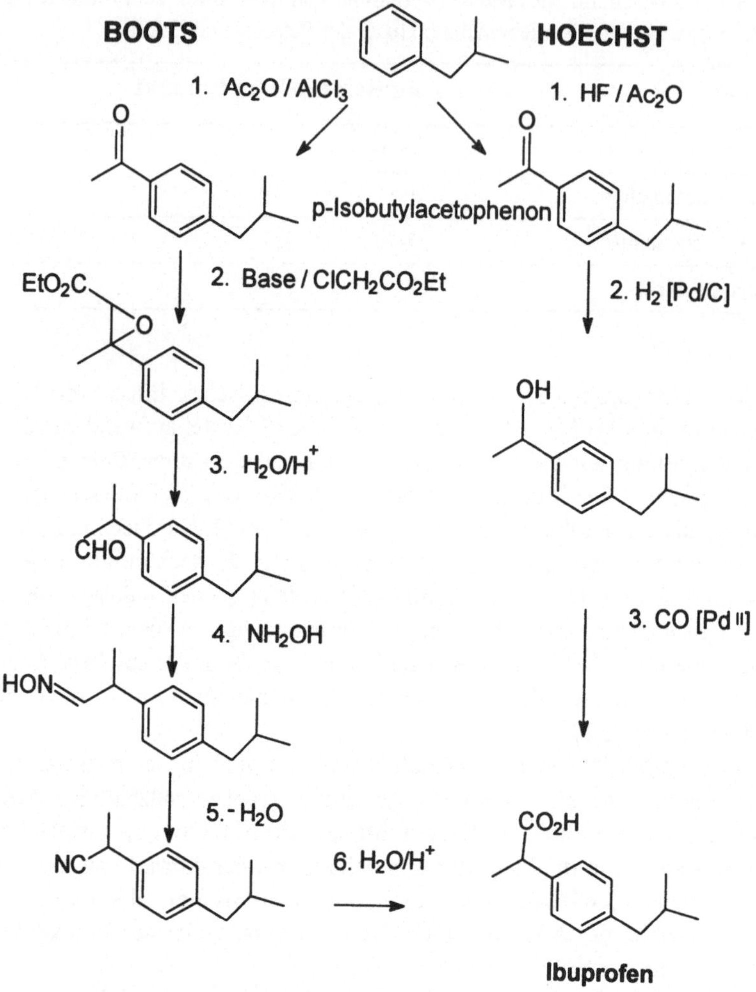

BOOTS

HOECHST

1. Ac_2O / $AlCl_3$

1. HF / Ac_2O

O

O

p-Isobutylacetophenon

EtO_2C

O

2. Base / $ClCH_2CO_2Et$

2. H_2 [Pd/C]

3. H_2O/H^+

OH

CHO

4. NH_2OH

3. CO [Pd II]

HON

5. - H_2O

CO_2H

NC

6. H_2O/H^+

Ibuprofen

Abb. 3.11. Industrielle Synthesewege von Ibuprofen [3.23]

Der klassische Syntheseweg des Pharmaunternehmens Boots, Entdecker des Wirkstoffes, umfaßt 6 Reaktionsschritte mit dem sich daraus ergebenden Ausbeuteverlust und der Bildung erheblicher Mengen anorganischer Salze. Eine elegantere Alternative bietet der durch die Hoechst AG entwickelte und eingesetzte Syntheseweg. Er umfaßt eine Friedel-Craft-Acylierung von Isobutylbenzol mit Fluorwasserstoff (HF) und Acetanhydrid zu dem beiden Synthеserouten gemeinsamen Zwischenprodukt p-Isobutylacetophenon, gefolgt von einer katalytischen Hydrierung und Carbonylierung. Die dabei anfallenden Salzmengen sind gering, und der verwendete Fluorwasserstoff wird zurückgewonnen und recycelt.

Die Vorteile des von der Hoechst AG eingesetzten Verfahrens im Sinne des produktionsintegrierten Umweltschutzes sind:

- höhere Gesamtausbeute,
- einfacher Syntheseweg und
- kein Anfall von sauren bzw. salzbeladenen Abwässern.

Es bleibt jedoch anzumerken, daß das Verfahren der Hoechst AG Fluorwasserstoff einsetzt, welches aufgrund seiner toxischen und aggressiven Eigenschaften aus Sicht des produktionsintegrierten Umweltschutzes problematisch ist. Zur Zeit werden daher Anstrengungen unternommen den Acylierungsschritt mittels einer heterogenen Katalyse durchzuführen, um das Recycling des Fluorwasserstoffes überflüssig zu machen.

3.5.3 Optimierung der Syntheseroute von Etinol

Etinol ist ein Zwischenprodukt zur Herstellung von Vitaminen und Lebensmittelfarben, das über 30 Jahre durch die Addition von Acetylen an ein Keton gewonnen wurde (siehe Abb. 3.12).

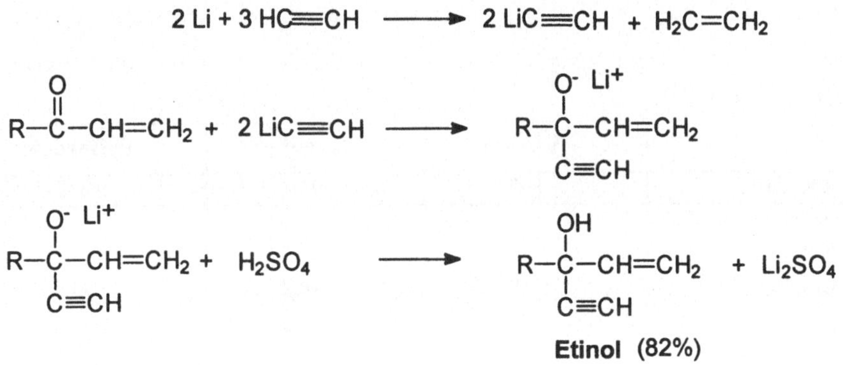

$$2\,Li + 3\,HC{\equiv}CH \longrightarrow 2\,LiC{\equiv}CH + H_2C{=}CH_2$$

$$R{-}C({=}O){-}CH{=}CH_2 + 2\,LiC{\equiv}CH \longrightarrow R{-}C(O^-\,Li^+)(C{\equiv}CH){-}CH{=}CH_2$$

$$R{-}C(O^-\,Li^+)(C{\equiv}CH){-}CH{=}CH_2 + H_2SO_4 \longrightarrow R{-}C(OH)(C{\equiv}CH){-}CH{=}CH_2 + Li_2SO_4$$

Etinol (82%)

Abb. 3.12. Klassische Synthese von Etinol [3.24, S. 1788]

Die Nachteile dieses Syntheseweges lassen sich wie folgt zusammenfassen (für eine genauere Beschreibung siehe [3.24, S. 1783-1791], [3.25, S. 378-385] und [3.18, S. 278-283]):

- pro kg Etinol entstehen 2 kg Abfall,
- geringe Ausbeute an Etinol, da das Keton in flüssigem Ammoniak nicht stabil ist, sondern zu Harz polymerisiert,
- Einsatz eines 20%igen Überschusses an Lithium notwendig (jährliche Kosten von 10 Mio. DM durch den Verlust des Lithiums im Abwasser),

- Belastung des Abwassers mit Harz und Lithiumsalzen,
- Emissionen von Acetylen und Ethylen und
- der Verlust von Ammoniak.

Versuche, billigere Alkalimetalle zu verwenden, das Lithium zu recyceln oder katalytische Verfahren zu verwenden, scheiterten. Das Verfahren konnte nur durch eine vollständige Überarbeitung optimiert werden. Dabei wurden folgende Verbesserungen eingeführt:

- Austausch des eingesetzten Ammoniaks gegen ein organisches Lösemittel nach der Bildung des Monolithiumacetylids ➔ Vermeidung der Harzbildung
- Hydrolyse durch Wasser anstelle von Schwefelsäure ➔ Bildung von Lithiumhydroxid, welches recycelt werden kann
- Kreislaufführung von Acetylen und Ammoniak und Verbrennung der Kohlenwasserstoffe soweit kein Recycling möglich ist ➔ Einsparung an Energie und Rohstoffen

Der finanzielle Aufwand für die nötigen Investitionen betrug ca. 7,8 Mio. DM. Diese brachten jedoch, wie sich aus Tabelle 3.5 ersehen läßt, auch erhebliche finanzielle Vorteile, so daß sich die Investition schnell amortisiert hatte.

Tabelle 3.5. Zusammenfassung der Vorteile des neuen Verfahrens zur Etinol-Herstellung nach [3.24, S. 1791]

	Vorher	**Nachher**	**Differenz**
Ausbeute	82%	95%	13%
Rohstoffeinsatz			
Keton	100	85,4	- 14,6
Lithium	100	14,2	- 85,8
Acetylen	100	48,2	- 51,6
Ammoniak	100	24,1	- 75,9
Schwefelsäure	100	0	- 100
Lösemittel	100	96,5	- 3,5
Reststoffe			
Polymerharze	100	17,6	- 82,4
Lithium-Salz	100	1,7	- 98,3
Acetylen	100	28	- 100
Lösemittel	100	96,5	- 100
Ammoniak	100	24,1	75,9

Das nicht recycelte Acetylen und die Lösemittel werden zur Energiegewinnung verbrannt, wodurch jährlich 220 t Heizöl eingespart werden.

3.5.4 Zeolite als Katalysatoren

Zeolite spielen heute schon eine wichtige Rolle bei der Substitution von Aluminiumtrichlorid, Bortrifluorid, Eisentrichlorid und Schwefelsäure in vielen petrochemischen Reaktionen, wie z.B. bei der Isomerisierung oder Alkylierung von Aromaten [3.26]. Diese Eigenschaften der Zeolite können auch in der Spezialitätenchemie von großem Nutzen sein, um bei Nitrierungen, Friedel-Craft-Reaktionen und Halogenisierungen die meist in stöchiometrischen Mengen eingesetzten protonischen oder Lewis-Säuren zu substituieren. Der Einsatz von Säuren ist ein Standardverfahren in der organischen Synthese, bei dem stark korrosive Reaktionsgemische entstehen, deren Aufarbeitung erhebliche Mengen an sauren bzw. salzbeladenen Abwässern mit sich bringen und die teilweise nur mit mangelhafter Selektivität ablaufen. In vielen Fällen konnte eine Substitution durch Zeolite durchgeführt werden [3.27, S. 157-174].

Ein weiteres Beispiel für die Einsatzmöglichkeiten von Zeoliten liegt im Bereich der Oxidation. Die Entwicklung von selektiven, unter möglichst "sanften" Bedingungen ablaufenden Oxidationsprozessen ist aus ökonomischer und ökologischer Sicht ein wichtiges Optimierungsziel (ein weiteres Beispiel für den Einsatz von Zeoliten zur "sanften" Hydrierung ist in Kap. 3.5.5 dargestellt). So gelang es den Mitarbeitern des Unternehmens Enichem, unter Einsatz eines Titansilicats (TS-1) selektive Oxidationen mit 30%igem Wasserstoffperoxid durchzuführen [3.28]. Die Reaktionen laufen bei Temperaturen zwischen 20-100°C in Lösemitteln wie Methanol, Aceton und Isobutanol mit Selektivitäten von 90-98% ab. In Abb. 3.13 sind einige der Reaktionen zusammengestellt.

Der großtechnische Einsatz von TS-1 beschränkt sich zur Zeit auf die Reaktion 1 (siehe Abb. 3.13). Enichem betreibt mit dem TS-1-Verfahren in Italien eine Anlage mit einer Kapazität von 10 000 jato Hydrochinon. Neben Hydrochinon entsteht als begrenzt absetzbares Kuppelprodukt Brenzcatechin. In Tabelle 3.6 sind die für den produktionsintegrierten Umweltschutz wichtigen Charakteristiken der aktuellen Oxidationsverfahren von Phenol aufgelistet. Das früher eingesetzte Verfahren der Reduktion von p-Chinon wird hier nicht aufgeführt.

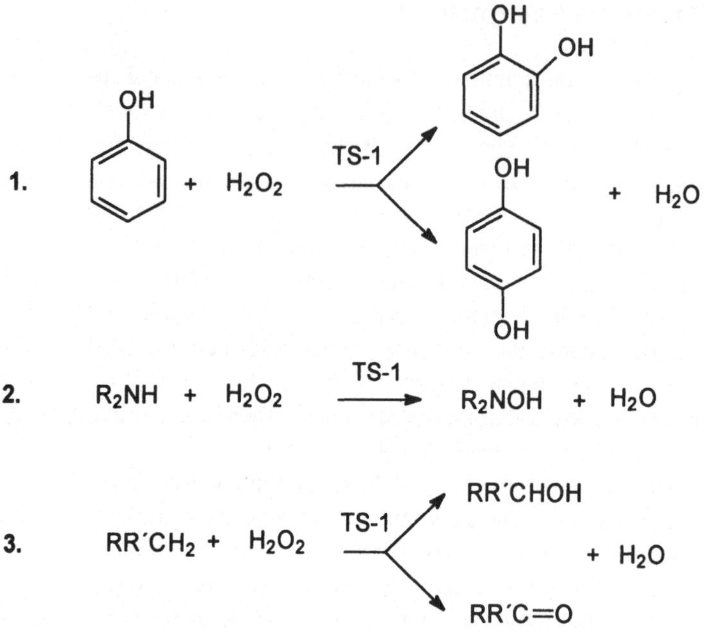

1. Phenol + H_2O_2 $\xrightarrow{TS-1}$ Brenzcatechin (1,2-Dihydroxybenzol) / Hydrochinon (1,4-Dihydroxybenzol) + H_2O

2. $R_2NH + H_2O_2 \xrightarrow{TS-1} R_2NOH + H_2O$

3. $RR'CH_2 + H_2O_2 \xrightarrow{TS-1} RR'CHOH \;/\; RR'C{=}O + H_2O$

Abb. 3.13. Einsatz von Titansilicaten bei Oxidationsreaktionen [3.27, S. 162]

Tabelle 3.6. Vergleich der Oxidationsverfahren von Phenol nach [3.27, S. 163]

	Rhône-Poulenc ($HClO_4$, H_3PO_4)	**Brichima** (Fe^{3+}/Co^{2+})	**Enichem** (TS-1)
Umsatz	5%	10%	25%
Ausbeute (H_2O_2)	70%	50%	70%
Selektivität (Diphenol)	90%	80%	88%
Brenzcatechin / Hydrochinon	1.4	2.3	1
Reststoffe	Salze, Abwasser, Sumpfprodukte	Salze, Sumpfprodukte	Sumpfprodukte

Die Vorteile des Enichem-Verfahrens im Sinne des produktionsintegrierten Umweltschutzes lassen sich wie folgt zusammenfassen:

- Substitution von korrosiven und umweltgefährlichen Stoffen durch eine heterogene Katalyse,
- Vermeidung von Reststoffen (Salzen),
- größerer Umsatz, dadurch geringere Rückführungsmengen,

- günstigeres Verhältnis von Kuppelprodukt zu Produkt und
- hohe Selektivität mit einem geringen Anfall von Sumpfprodukten.

Da diese Vorteile auch wirtschaftlicher Natur sind, wird sich das Verfahren wohl weiter durchsetzen.

3.5.5 Optimaler Reaktionsweg zur Synthese eines Zwischenproduktes von Vitamin E

Trimethylhydroquinon (THQM) ist ein Schlüsselprodukt zur Herstellung von Vitamin E. Die Firma Rhône-Poulenc S.A. setzte 15 Jahren lang ein eigenes Verfahren zur Herstellung von THQM ein. Der Prozeß basierte auf der Oxidation von 2,4,6-Trimethyphenol mit Chlor, wobei sich als instabiles Zwischenprodukt Quinol bildet, aus dem unter Wasserabspaltung THQM entsteht (siehe Abb. 3.14).

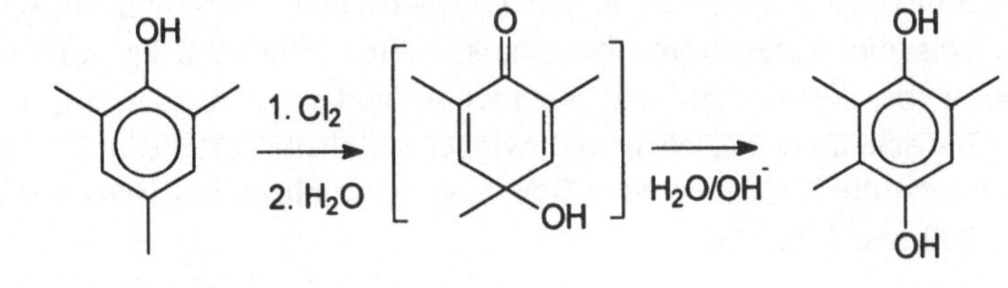

OH, 1. Cl_2, 2. H_2O, O, OH, H_2O/OH^-, OH, OH

2, 4, 6-Trimethylphenol Quinol THQM

Abb. 3.14. Rhône-Poulenc-Verfahren zur Herstellung von Trimethylhydroquinon (THQM) [3.29]

Dieses Verfahren ist aufgrund der Verfügbarkeit und des günstigen Preises der Rohstoffe sowie der einfachen Prozeßführung attraktiv. Ein großes Problem sind jedoch die Abwasserströme, die mit einer hohen Salzfracht (über 50 kg pro kg Produkt) sowie mit organischen, schwer abbaubaren Stoffen belastet sind.

Das Rhône-Poulenc-Verfahren ist durch einen von Mitsubishi Gaz Chem entwickelten neuen Prozeß ersetzt worden. Das Ausgangsmaterial ist hier 2,3,6-Trimethylphenol, welches mit Sauerstoff in Gegenwart eines auf Kupferchlorid/Lithiumchlorid basierenden Katalysators oxidiert wird. Das entstehende Trimethylbenzoquinon wird unter milden Reaktionsbedingungen (40°C bei Normaldruck) in Gegenwart eines speziellen Katalysators (Zeolit mit 1% Palladium) mit einer Selektivität von über 99% zu THQM hydriert (siehe Abb. 3.15).

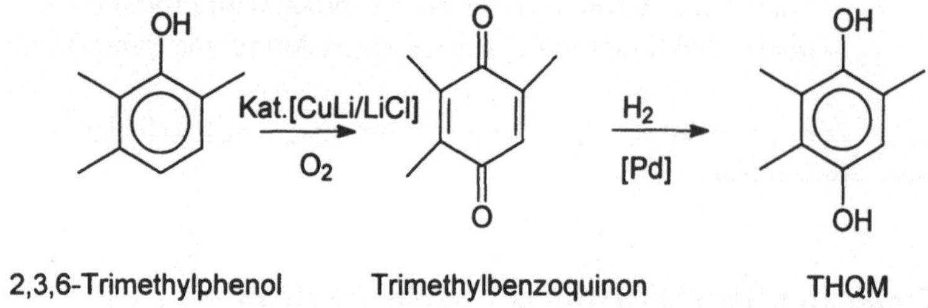

Abb. 3.15. Mitsubishi-Verfahren zur Herstellung von Trimethylhydroquinon (THQM) [3.29]

Die Besonderheit dieses Verfahrens liegt in der Oxidationsstufe, denn der verwendete Katalysator kann durch einfaches Dekantieren wiedergewonnen werden. Dies ist möglich, weil sich der Katalysator in einer wässerigen, das Edukt und das Produkt sich hingegen in einer organischen, wasserunlöslichen Phase befinden. Was die Abfallströme betrifft, so fallen "nur" 2,2 kg Abfall pro kg THQM an, wobei dieses Verhältnis noch weiter verbessert werden soll. Aufgrund dieser ökologischen, technischen und wirtschaftlichen Vorteile des Mitsubishi-Verfahrens setzt die Rhône-Poulenc S.A. dieses Verfahren in Lizenz zur Produktion von 1 000 jato THQM ein.

3.5.6 DuPont-Oxidationsverfahren von n-Butan zur Herstellung von Maleinsäureanhydrid und Tetrahydrofuran

Maleinsäureanhydrid (MSA) kann durch Oxidation von Benzol, n-Buten oder n-Butan hergestellt werden. Die Oxidation von n-Butan hat gegenüber der von Benzol und von n-Buten zwei entscheidende Vorteile:

1. keine Totaloxidation und Verlust von zwei C-Atomen wie bei der Oxidation von Benzol und
2. höhere Selektivität und geringerer Rohstoffpreis.

Die ersten Anlagen, die 1979 zur Oxidation von n-Butan in Betrieb genommen wurden, basierten auf dem Festbett-Röhrenreaktor mit Selektivitäten von 50-60% bei einem Umsatz von 10-15%. Ein Nachteil dieser Reaktoren entstand durch die Notwendigkeit, den verbrauchten Vanadiumpentoxid-Katalysator (V_2O_5) in kurzen Abständen zu erneuern. Aus diesem Grunde wurde der Oxidationsprozeß auf das Fließbettverfahren umgestellt.

Das Unternehmen DuPont hat hierfür ein eigenes optimiertes Fließbettverfahren entwickelt, bei dem der Katalysator *kontinuierlich* regeneriert wird und bei einem höheren Umsatz die Selektivität auf 75% gesteigert werden konnte. Die MSA-Produktion wurde bei dem DuPont-Verfahren zudem mit einem Hydrierungsschritt (Palladium/Rhodium-Katalysator) zur Herstellung von Tetrahydrofuran (THF) gekoppelt. In Abb. 3.16 ist das Fließschema der Anlage dargestellt.

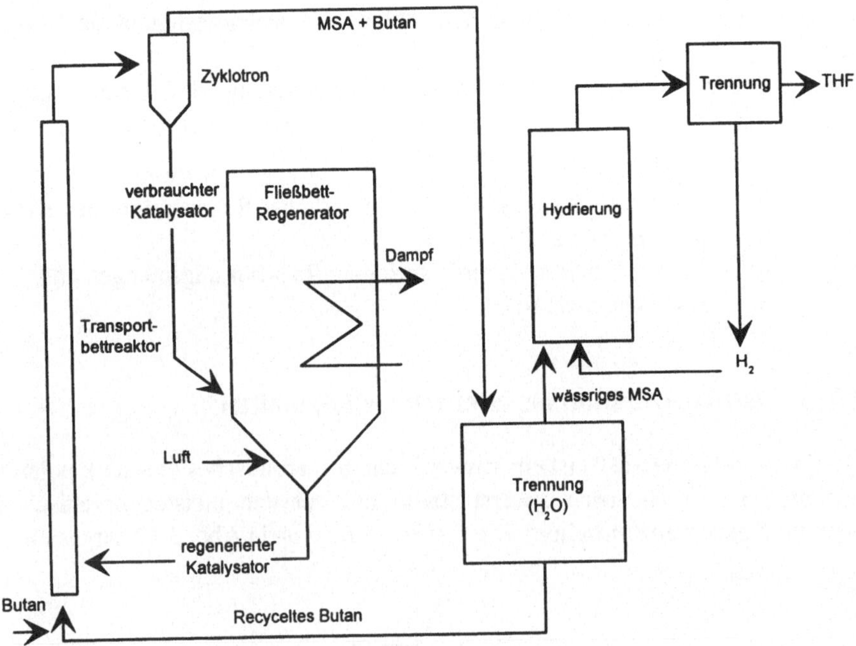

Abb. 3.16. Zweistufenverfahren zur Herstellung von THF durch Oxidation von n-Butan nach [3.30]

Der erste Schritt des Prozesses besteht in der Oxidation von n-Butan zu MSA in einem Transportbettreaktor in Gegenwart eines "verschleißarmen" V_2O_5-Katalysators. Der verbrauchte Katalysator wird vom Kopfprodukt abgetrennt, in einem Fließbettreaktor mit Luft regeneriert und in den Oxidationsreaktor zurückgeführt. Der MSA-Dampf wird von dem überschüssigen n-Butan mit Wasser abgetrennt und zu THF hydriert. Der überschüssige Wasserstoff wird zurückgeführt und das THF-Wasser-Gemisch destillativ aufgearbeitet. Durch kleinere Veränderungen der Betriebsparameter kann in der Anlage auch γ-Butyrolacton als Neben- oder Hauptprodukt hergestellt werden (siehe hierzu [3.31, S. 176 ff.]).

Die Schwierigkeit bei der großtechnischen Umsetzung dieses Verfahrens lag in der Entwicklung eines verschleißarmen V_2O_5-Katalysators, der über einen möglichst langen Zeitraum seine Selektivität und Aktivität behält. Die benötigte Verschleißfestigkeit ist aufgrund der extremen Reaktionsbedingungen, denen der Katalysator ausgesetzt ist, notwendig. So liegen in dem Transportbettreaktor die Gasgeschwindigkeiten bei 5-13 m/s, wohingegen die üblichen Gasgeschwindigkeiten in einem Fließbettreaktor bei ca. 1 m/s liegen.

Die herkömmlichen V_2O_5-Katalysatoren bestehen aus einer Matrix von 30-50 Gewichtsprozent Silicium mit V_2O_5. Bei dem von der Firma DuPont eingesetzten Katalysator handelt es sich dagegen um einen Vanadiumphosphat-Katalysator mit nur 5-10 Gewichtsprozent Silicium in Form einer porösen, schützenden Oberfläche. Das dafür angewandte Herstellungsverfahren beeinträchtigt die Aktivität des V_2O_5 weniger und ermöglicht eine höhere Verschleißfestigkeit der Katalysatorpartikel [3.32].

Die aus der Verfahrens- und Katalysatoroptimierung des Unternehmens DuPont entstehenden Vorteile im Sinne des produktionsintegrierten Umweltschutzes lassen sich wie folgt zusammenfassen:

- heterogene Katalyse mit kontinuierlicher Regeneration des Katalysatorsystems,
- höherer Umsatz, dadurch geringere Rückführungsmengen und
- eine hohe Selektivität.

3.5.7 N-Methylpyrrolidon als alternatives Lösemittel

N-Methylpyrrolidon (NMP) ist ein schwerflüchtiges, aprotisches und stark polares Lösemittel. Es ist chemisch äußerst stabil und mit den meisten organischen Lösemitteln unbegrenzt mischbar. Die Strukturformel ist in Abb. 3.17 dargestellt.

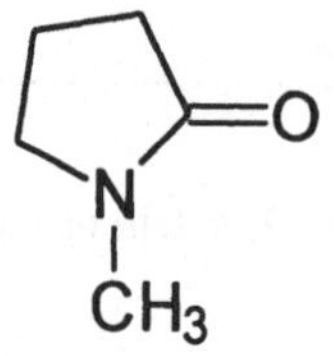

Abb. 3.17. Strukturformel von N-Methylpyrrolidon

Der weltweite Verbrauch von NMP liegt bei ca. 40-50 000 t, wobei sich die Hauptabnehmerregionen wie folgt verteilen:

Europa:	35%
Nordamerika:	40%
Fernost:	20%
Rest:	5%

NMP ist aus Sicht des produktionsintegrierten Umweltschutzes ein interessanter Einsatzstoff, da er bei Umwelt- und Sicherheitsgesichtspunkten ein sehr günstiges Profil aufweist (siehe Tabelle 3.7). Derzeitig wird NMP aufgrund seines guten Lösevermögens für unterschiedlichste Aufgaben eingesetzt, so z.B.:

1. als Extraktionsmittel,
2. als Reaktionsmedium und
3. als Entlackungs- und Reinigungsmittel.

Tabelle 3.7. Umwelt- und Sicherheitsprofil von N-Methylpyrrolidon [3.33]

Physikalische Daten	Einstufungen	Ökologie/Toxikologie
• Flammpunkt: 91°C • Zündtemperatur: 245°C • Explosionsgrenzen: 1,3 Vol% • Dampfdruck (20°C): 0,24 mm Hg • Dampfkonz. (20°C): 312 ppm ➔ nicht explosiv ➔ nicht selbstentzündlich	• TA Luft: III • WGK: 1 • VbF-Klassifizierung: keine • MAK: 80 mg/m^3 • Reizend: Xi	• biologisch leicht abbaubar (> 90%) • geringe Fisch-, Daphnien-, Algen- und Bakterientoxizität • nicht kanzerogen, mutagen, teratogen oder sensibilisierend

Aufgrund seiner vorteilhaften physikalischen, sicherheitstechnischen und ökologischen Eigenschaften stellt NMP ein günstiges Substitut für chlorierte und andere ökologisch bedenkliche Lösemittel dar (siehe hierzu [3.34, S. 19], [3.35, S. 15ff.]). Der Einsatz von NMP anstelle von organischen Stoffen mit einem Dampfdruck von mehr als 1 mbar (20°C) ist ein Beitrag, um die Emission flüchtiger organischer Verbindungen (VOC = Volatile Organic Compounds) zu vermindern. Dies soll am Beispiel der Reaktorreinigung exemplarisch dargestellt werden [3.36], [3.37]:

In einem 50-m^3-Reaktor zur Herstellung von Polymeren (Acrylnitril, Styrol, Acrylate) bildet sich über 9-10 Wochen ein Polymerring von 40-50 cm Dicke und 2-3 t Gewicht. Die Bildung verläuft nach der ersten Woche exponentiell und ist verbunden mit einer zunehmenden Schaumentwicklung, begleitet von einer Beeinträchtigung des Wärmeaustauschs. Neben den daraus resultierenden Kapazitäts-, Energie- und Ausbeuteverlusten ergeben sich zudem Fehlchargen durch Teilablösung des Rings. Aus diesem Grund mußte der Reaktor von Zeit zu Zeit aufwendig gereinigt werden, wobei sich der zeitliche Aufwand wie folgt zusammensetzte:

- 2 Tage Spülen und Vorbereiten für die Reinigung,
- 4-5 Tage-Reinigung mit Hochdruckwasserstrahl sowie
- 2 Tage Vorbereitungs- und Anfahrphase.

Durch den Einsatz von NMP als Reinigungsmittel ist es möglich die Stillstandzeiten drastisch auf 24 bis max. 48 Stunden zu reduzieren. Dabei werden für einen 50-m^3-Kessel ca. 5 t NMP benötigt, mit denen der Reaktor über sechs Stunden unter Rückfluß "ausgekocht" wird. Diese Reinigung des Reaktors wird bei Erreichen einer qualitätsgefährdenden Dicke des Ablagerungsringes durchgeführt (nach ca. 8-10 Produktionszyklen). In Tabelle 3.8 sind die durch den Einsatz von NMP als Reinigungsmittel erzielten positiven Effekte zusammengefaßt.

Tabelle 3.8. Vergleich zweier Reaktorreinigungsmethoden nach [3.36, S. 1]

Alte Reinigungsmethode		**Neue Reinigungsmethode**	
Kosten (pro Jahr):		Kosten (pro Jahr):	
Personal-, Material-, Entsorgungs- und Materialverlustkosten	430.000 DM	Personal-, Material-, Entsorgungs-, Recyclings- und Materialverlustkosten	265.000 DM
Kostendifferenz			Δ 165.000 DM
Zeitbedarf	8-9 Tage		1-2 Tage
Reinigungen pro Jahr	5		8-10
Reinigungsmittel	Wasser ➔ Abwasser		NMP ➔ Recycling durch Destillation
		Kapazitätserhöhung	500-700 jato
		zusätzlicher Deckungsbeitrag (pro Reaktor und Jahr)	1,5-2 Mio. DM

Die Regeneration von verunreinigtem NMP (Aufnahmefähigkeit 5-15 Gewichtsprozent) wird in einer konventionellen Vakuumdestillationsanlage bei 20-40 mm Hg bei 80-90°C durchgeführt. Im Falle eines Wasser/NMP-Gemisches kann das bei der Destillation anfallende Wasser mit Resten von NMP in einer konventionellen Kläranlage entsorgt werden. Das breite Anwendungsspektrum sowie die ökologisch und ökonomisch positiven Eigenschaften von NMP führen zu einem großen Wachstumspotential dieses Lösemittels.

3.5.8 Fazit

Es wurden bei der Beschreibung von Beispielen einige reaktions- und verfahrenstechnische Möglichkeiten zur Umsetzung des produktionsintegrierten Umweltschutzes in der chemischen Industrie aufgezeigt. Diese Möglichkeiten lassen sich beispielsweise für die Reststoffminimierung in Abb. 3.18 zusammenfassen.

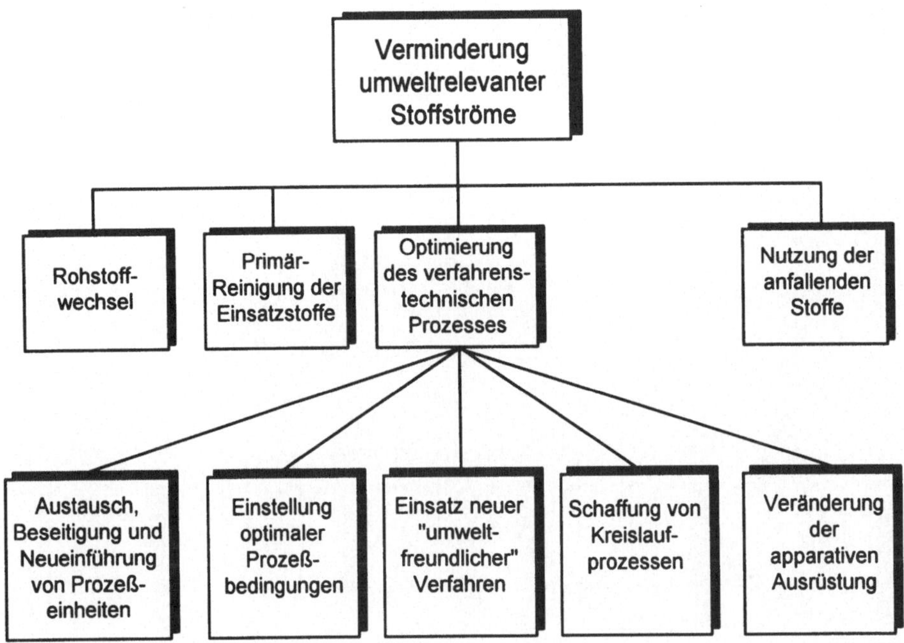

Abb. 3.18. Methoden zur Verminderung umweltrelevanter Stoffströme nach [3.38]

Alle sowohl in der Literatur als auch hier aufgeführten Beispiele haben jedoch eines gemeinsam: Es sind immer Beispiele, in denen ein bestehendes chemisches Verfahren entweder substituiert oder optimiert worden ist. So werden nie Verfahren beschrieben, die von vornherein den Kriterien des produktionsintegrierten Umweltschutz entsprechen. Der Grund dafür liegt auf der Hand, denn wie soll man medienwirksam ein "umweltfreundliches" Verfahren darstellen, wenn kein "umweltschlechtes" als Kontrast dazu vorhanden ist? Jedoch drängt sich erstens die Frage auf, warum es überhaupt in der Vergangenheit zu der Einführung umweltproblematischer Verfahren gekommen ist, und zweitens, welche organisatorischen Maßnahmen heute betriebsintern ergriffen werden müssen, um bei zukünftigen und bei der Überarbeitung bestehender Verfahren den produktionsintegrierten Umweltschutz effektiv und effizient zu fördern.

Hier liegen die maßgeblichen Ziele des Umweltmanagements in der chemischen Industrie, welche in Kap. 4 sowie den darauffolgenden Kapiteln beschrieben werden. Durch die Berücksichtigung der Kriterien des produktionsintegrierten Umweltschutzes von vornherein können die teuren und aufwendigen verfahrenstechnischen "Nachbesserungen" auf ein Mindestmaß reduziert werden. Hierfür müssen als erstes die betrieblichen Schlüsselfunktionen identifiziert werden, die maßgeblich die verfahrenstechnische Entwicklung bestimmen, und zweitens müssen Kriterien des produktionsintegrierten Umweltschutzes aufgestellt und im Rahmen des Umweltmanagementsystems instrumentalisiert werden.

4. Umweltmanagementsysteme in der chemischen Industrie

4.1 Managementsystemansatz

4.1.1 Funktionen des Managements

Vereinfacht läßt sich sagen, daß das oberste Ziel eines Unternehmens die Schaffung einer Situation ist, in der kurz- und langfristig ein größtmöglicher Gewinn realisiert und die Existenz des Unternehmens langfristig gesichert wird. Um dies zu erreichen, bedarf es einer einheitlichen Führung des Unternehmens, durch die die Kombination der Ressourcen, d.h. von Menschen, Material, Maschinen, Methoden und Kapital geplant, organisiert und kontrolliert wird. Diese Tätigkeit wird in der betriebswirtschaftlichen Literatur als *dispositive Arbeit* und die Gesamtheit der Führungskräfte als *dispositiver Faktor* bezeichnet. Es hat sich jedoch im deutschen Sprachgebrauch dafür der Begriff des *Managements* eingebürgert, der sowohl die Tätigkeit als auch die Institution bezeichnet.

Die Aufgaben des Managements können folgendermaßen zusammengefaßt werden:

- Ziele setzen,
- planen,
- entscheiden,
- realisieren und
- kontrollieren.

Dies ist ein iterativer Vorgang, der sich kontinuierlich wiederholt, um die Anpassung der betrieblichen Tätigkeiten an die sich ändernden Rahmenbedingungen zu gewährleisten. Die mit der Zeit gewonnenen Ergebnisse und Erfahrungen fließen in den Managementprozeß ein, so daß man diesen als ein Kreismodell darstellen kann (siehe Abb. 4.1).

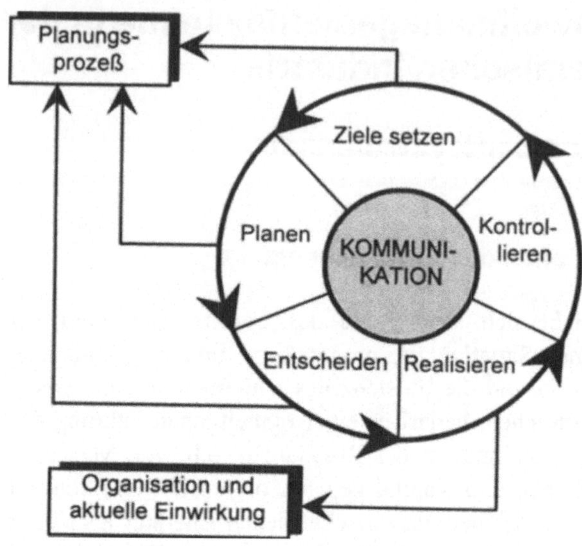

Abb. 4.1. Der Managementkreis nach [4.1, S. 43 ff.]

Um die Managementaufgaben zu erfüllen, bedarf es:

1. grundlegender betrieblicher Ziele,
2. betrieblicher Ressourcen und
3. einer betrieblichen Organisation (siehe auch [4.2]).

Auf die Zielvereinbarung und die Ressourcenzuteilung zur Zielerreichung wird im konkreten Fall der Umweltmanagementsysteme näher eingegangen werden. Der Aspekt der betrieblichen Organisation soll jedoch im Vorfeld zum besseren Verständnis der nachfolgenden Diskussion erläutert werden.

4.1.2 Begriffe und Aufgaben der betrieblichen Organisation

Organisationen sind zielorientierte soziale Gebilde mit einem definierten Mitgliederkreis. Durch effizientes Zusammenarbeiten der Organisationsmitglieder sollen gestellte Ziele möglichst rationell erreicht werden. Voraussetzung dafür ist die Strukturierung der Organisation und die Institutionalisierung von Regeln (für eine ausführlichere Darstellung der betriebswirtschaftlichen Organisationstheorien sei auf die Literatur verwiesen, z.B. [4.3]).

Eine primäre, aus dem unternehmerischen Handeln abgeleitete Organisationsform ergibt eine funktionelle Strukturierung des Unternehmens nach:

- Einkauf,
- Produktion,
- Materialwirtschaft,
- Verkauf,

- Forschung und Entwicklung,
- Personalwesen usw.

Dabei unterscheidet man zwischen *Hauptfunktionen* (z.B. Produktion), die an einem bestimmten Bereich des Unternehmens lokalisiert werden können, und *Querschnittsfunktionen* (z.B. Personalwesen, Umweltschutz, Qualitätswesen, Arbeitssicherheit), die bereichsübergreifend einen Einfluß ausüben.

Bei einer weiteren Analyse der betrieblichen Organisation kann unterschieden werden zwischen:

- Aufbauorganisation und Ablauforganisation sowie
- formeller und informeller Organisation.

Die Trennung in Aufbau- und Ablauforganisation besitzt dabei nur analytischen Charakter und dient der besseren Beschreibung der ganzheitlichen organisatorischen Problemstellung, da der Aufbau und der Ablauf eigentlich nur verschiedene Betrachtungsweisen desselben Gegenstandes sind [4.4, S. 208].

Die *Aufbauorganisation* definiert sich aus der Verknüpfung der organisatorischen Grundelemente *Stelle*, *Instanz* und *Abteilung*. Bei dieser organisatorischen Gestaltungsmaßnahme werden drei teilweise antagonistische Zielkategorien verfolgt:

- technisch-wirtschaftliche Ziele,
- individuell-soziale Ziele und
- flexibilitätsorientierte Ziele.

Die erste Zielkategorie betrifft die Erhöhung der Produktivität durch eine klare Abgrenzung von Aufgaben und Kompetenzbereichen sowie durch Entwicklung von Arbeits- und Informationsprozessen. Die zweite Zielkategorie befaßt sich mit der Schaffung von interessanten Arbeitsinhalten und eines innovativen Arbeitsklimas. Die dritte Zielkategorie soll die Anpassungsfähigkeit der Organisation an veränderte Bedingungen ermöglichen.

Der Gestaltungsprozeß, der zu einer betrieblichen Aufbauorganisation führt, ist geprägt durch folgende Teilprozesse:

- Aufgabenanalyse und
- Aufgabensynthese.

Die *Aufgabenanalyse* kann durch die gedankliche Analyse der Gesamtaufgabe nach folgenden Gestaltungsmerkmalen durchgeführt werden [4.4, S. 212]:

1. *analytische* Merkmale: Verrichtung, Sachmittel, Objekt (an dem die Aufgabe ausgeführt wird);
2. *formale* Merkmale: Rang (Entscheidung - Ausführung), Phase (Planung - Realisation - Kontrolle), Zweckbeziehung (unmittelbar marktinduzierte Zweckaufgaben - mittelbar zweckbezogene Verwaltungsaufgaben).

Das Ergebnis der Aufgabenanalyse ist eine eindeutige Liste von Teilaufgaben, die im Rahmen der *Aufgabensynthese* zu Aufgabengruppen zusammengefaßt und Aufgabenträgern zugeordnet werden. So wird ausgehend von der gegebenen Gesamtaufgabe des Betriebes eine Aufspaltung in so viele Teilaufgaben vorgenommen, daß die Kombination von Teilaufgaben die Bildung sinnvoller Stellen ermöglicht.

Das Gesamtergebnis ist die Schaffung von funktions- und anpassungsfähigen betrieblichen Teileinheiten, die jedoch durch ein aufbauorganisatorisches Leitungssystem miteinander verbunden sein müssen, um eine gesamtzielbezogene Koordination zu ermöglichen.

Nach der Art der hierarchischen Unterstellung kann man Einlinien- und Mehrliniensysteme unterscheiden. Das Einliniensystem entspricht dabei dem Prinzip der Auftragserteilung, wobei jede untergeordnete Einheit nur über eine Leitungsbeziehung mit einer übergeordneten Instanz verbunden ist. Mehrliniensysteme folgen dagegen dem Prinzip des kürzesten Weges, durch das eine schnellere Kommunikation und damit eine bessere Entscheidungsfähigkeit erreicht werden soll. Hierbei ist jede Organisationseinheit gleichzeitig mit mehreren übergeordneten Instanzen verbunden. Die in der chemischen Industrie real existierenden Aufbauorganisationen sind in der Regel eine Mischung aus beiden Systemen, deren Komplexität und Art sich an den zu erfüllenden Aufgaben orientieren. Neben der Linienorganisation existieren für dauerhafte zentrale Aufgaben auch sogenannte Stäbe, die unterstützende Funktionen gegenüber der Linienorganisation wahrnehmen. Für zeitlich befristete Aufgaben werden vorübergehend Organisationseinheiten gebildet, die meistens die zeitlich unbefristete Organisation überlagern (z.B. Projektgruppen, Ausschüsse, Komitees).

Unter *Ablauforganisation* versteht man dagegen die Gestaltung und Verkettung der einzelnen Arbeitsprozesse zur Erfüllung einer Aufgabe. Die Ablauforganisation wird dabei in der Regel nach den Arbeitsinhalten und der aufbauorganisatorischen Zuordnung strukturiert. Die Ablauforganisation läßt sich am besten in einem ersten Schritt graphisch, in Form von sogenannten Ablaufdiagrammen, unter Verwendung von definierten Sinnbildern darstellen (z.B. nach DIN 66001). In einem zweiten Schritt kann sie in Form von Verfahrensanweisungen und Arbeitsanweisungen dokumentiert werden.

Die als Gesamtergebnis festgelegte und dokumentierte Aufbau- und Ablauforganisation bildet die *formelle* Organisationsstruktur des Unternehmens. Neben dieser vorgegebenen Organisation entwickelt sich in der betrieblichen Praxis bewußt oder unbewußt eine *informelle* Organisation, die nicht mit der formellen Organisation übereinstimmen muß, personen- sowie situationsspezifisch ist und damit zeitlichen Änderungen unterliegt. Die Bildung einer informellen Organisation läßt sich kaum verhindern und muß a priori auch nicht negativ bewertet werden, da mit ihr die Inflexibilitäten der formellen Organisation bis zu einem gewissen Grad kompensiert werden können. In Organisationseinheiten, wie Forschung und Entwicklung, ist es sogar manchmal wünschenswert, informelle Strukturen bewußt zu fördern, da nur so die Informationsgrundlagen und die Motivation für innovatives Handeln entstehen können. Es muß jedoch verhindert werden, daß es zur Vorherrschaft der informellen Organisation kommt, unter deren Einfluß die Mitarbeiter ihre Aufgaben nicht mehr erfüllen wollen und können. Viele Unfälle in der chemischen Industrie lassen sich auf eine solche Vorherrschaft informeller Strukturen zurückführen, aufgrund derer die sicherheitsbezogenen Verhaltensregeln nicht mehr beachtet wurden, obwohl die Betroffenen sich ihrer bewußt waren.

4.1.3 Managementmodelle

4.1.3.1 Sinn und Zweck von Managementmodellen

Modelle sind immer eine vereinfachte Abbildung der komplexen Realität mit dem Ziel, die Schlüsselkomponenten des Betrachtungsobjektes sichtbar und damit beeinflußbar zu machen. Die Bildung von Modellen ist dabei ein typisch wissenschaftliches Vorgehen, bei dem in einem ersten Schritt das Modell definiert wird, um in einem nächsten Schritt die Funktionsfähigkeit des Modells anhand von Experimenten an der Realität zu überprüfen. Dieser "Beweis" der Richtigkeit eines Modells basiert dabei darauf, daß der Wissenschaftler seine tatsächlichen experimentellen Ergebnisse (aus der Realität) mit denen des Modells vergleicht.

Managementmodelle, auch als Führungsmodelle oder Führungsprinzipien bezeichnet, sind nicht nach solchen naturwissenschaftlichen Kriterien entstanden, sondern resultieren immer aus dem pragmatischen Anliegen, erfolgversprechende Führungsauffassungen verbal zu umschreiben. Dabei können Managementmodelle als vereinfachte, pragmatische, teilweise normativ gemeinte Darstellungen des Führungsgeschehens im Bereich der Menschenführung, der Führungstechnik und der Führungsinhalte verstanden werden [4.5, S. 762].

Die unterschiedlichen Schwerpunkte der historisch entwickelten Managementmodelle erklären sich dabei aus dem Menschenbild und der wirtschaftlichen Situation der jeweiligen Epoche. So wird der Mensch in den ingenieurwissenschaftlichen, ökonomischen Ansätzen am Anfang des Jahrhunderts rein unter mechanistischen Gesichtspunkten betrachtet. Erst nach dem zweiten Weltkrieg erweiterte sich diese Vorstellung durch die Integration verhaltenswissenschaftlicher Ansätze, was sich aus der Veränderung des vorherrschenden Menschenbildes erklären läßt. Genau dasselbe gilt für die systemtheoretischen und kybernetischen Einflüsse auf die Managementlehre ab den 50er Jahren. Die erfolgreiche Anwendung solcher Ansätze in den Naturwissenschaften führte zu ihrem späteren Einsatz in der Managementlehre (für eine ausführliche Darstellung der historischen Entwicklung des Managements siehe z.B. [4.2, S. 21 ff.]).

In der heutigen wirtschaftlichen und gesellschaftlichen Situation kann beobachtet werden, daß die traditionellen Managementansätze im Sinne von F. W. Taylor teilweise immer noch vorherrschen und sich die Managementlehre gleichzeitig meist weit weg von dem real existierenden Betriebsalltag bewegt. Die Einführung von betrieblichen Managementsystemen in den 90er Jahren für bestimmte Querschnittsaufgaben (Qualität, Umweltschutz und Sicherheit) ist daher eine sinnvolle Ausgangsbasis, um die negativen Auswirkungen der tayloristischen Vorstellungen zu reduzieren.

Um eine fundierte Darstellung der Managementsysteme zu ermöglichen, befassen sich die zwei folgenden Abschnitte mit zwei sehr unterschiedlichen Typen von Managementmodellen. Sowohl das erste Modell mit seiner stark pragmatischen Vereinfachung als auch das zweite Modell mit seiner komplexen ganzheitlichen Struktur haben einen entscheidenden Einfluß auf die derzeitige Entwicklung und Implementierung der Managementsysteme.

4.1.3.2 "Management-by"-Modelle

In den 60er Jahren wurde nach Orientierungshilfen gesucht, um die Führungsaufgaben zu systematisieren. Dabei wurden aus den empirischen Erkenntnissen der betriebswirtschaftlichen Praxis eine Reihe von Führungsprinzipien entwickelt und folgende Überlegungen angestellt:

1. Führungsprinzipien sollen als Regelkreise funktionieren, die selbständig arbeiten und deren Erfolg meßbar ist, so daß Führungskräfte für wichtige Führungsaufgaben freigestellt und von Routineaufgaben entlastet werden.
2. Führungsprinzipien sollen dem einzelnen Mitarbeiter mehr Selbständigkeit bei den Ausführungshandlungen zugestehen, dadurch kreative Kräfte bei den Ausführungshandlungen freisetzen und somit eine positive Leistungssteigerung im Hinblick auf die Optimierung des Unternehmenserfolges bewirken.
3. Führungsprinzipien sollen die unternehmerische Leistung und Anpassungsfähigkeit an veränderte Umweltbedingungen im Hinblick auf den langfristigen Erfolg des Unternehmens optimal aktivieren.

In der deutschsprachigen Literatur hat sich dafür der Begriff "Management-by"-Modelle weitestgehend durchgesetzt. Beispiele dieser Modelle sind (eine Übersicht über die "Management-by"-Modelle bietet z.B. [4.6, S. 420 ff.]):

- *Management-by-Objectives* (Führung durch Zielvereinbarung)
- *Management-by-Exception* (Führung nach dem Ausnahmeprinzip)
- *Management-by-Results* (Führung durch Ergebnisorientierung)
- *Management-by-Decision Rules* (Führung durch Entscheidungsregeln)
- *Management-by-System* (Führung nach Systemüberlegungen)
- *Management-by-Delegation* (Führung durch Aufgabendelegation)

Das erfolgreichste Modell war und ist hierbei das Management-by-Objectives [4.5, S. 762]. Der Grund hierfür liegt wahrscheinlich darin, daß Organisationen immer wieder der Versuchung unterliegen, in ein zielloses und chaotisches Handeln zu verfallen, wenn die Mitglieder dieser Organisation nicht gezwungen bzw.

motiviert werden, sich von Zeit zu Zeit auch Gedanken über die eigentlichen Ziele ihrer Aktivitäten zu machen (weiterführende Informationen hierzu siehe z.B. [4.7, S. 426-436]).

Die "Management-by"-Modelle versuchen durch eine Simplifikation der Situation und der personenspezifischen Charakteristiken, Handlungsvorgaben für die Erfüllung der Managementaufgaben zu generieren. Es ist hierbei nicht zu leugnen, daß durch die Anwendung dieser "Management-by"-Modelle häufig ein transparenteres und damit wahrscheinlich auch effektiveres Handeln des Managers resultiert. Die Gefahr hierbei ist eine zu starke Typisierung/Standardisierung von Menschen und Situationen, die aus der Vorstellung entspringt, mit diesen Führungsprinzipien eine Art Patentrezept zur Lösung aller Probleme zu besitzen. Dabei kann es dazu kommen, daß die eigentlichen problemspezifischen Ursachen nicht erkannt werden, weil z.B. die historische Entwicklung, die betrieblichen Rahmenbedingungen oder die individuellen Bedürfnisse der Mitarbeiter nicht ausreichend berücksichtigt werden.

4.1.3.3 St. Gallener Managementmodell

Die 70er Jahre brachten eine Erweiterung des betriebswirtschaftlichen Blickwinkels mit sich. Der Systemansatz mit verhaltenswissenschaftlichen Aspekten kombiniert, floß so in die Managementlehre ein. Aus dieser Entwicklung heraus wurde an der Hochschule in St. Gallen ein ganzheitliches, integriertes Managementmodell entwickelt, das durch Bleicher in den 90er Jahren weiter verfeinert wurde (siehe hierzu [4.8]).

Das Phänomen "Management" wird in dem St. Gallener Modell in zwei Dimensionen gegliedert [4.9, S. 19 ff.]:

1. Dimension: Ebenen des Managements:
   - *normative* Ebene,
   - *strategische* Ebene und
   - *operative* Ebene.
2. Dimension: Problembereiche:
   - Strukturen,
   - Aktivitäten und
   - Verhalten.

Das *normative Management* beschäftigt sich mit den generellen Zielen des Unternehmens, mit Prinzipien, Normen und Strategien, die darauf ausgerichtet sind, die Lebens- und Entwicklungsfähigkeit des Unternehmens sicherzustellen. Ausgehend von einer unternehmerischen Vision ist das unternehmenspolitische Handeln der zentrale Inhalt des normativen Managements. Die Unternehmenspolitik wird dabei durch die Unternehmensverfassung und durch die Unternehmenskultur getragen und legitimiert.

Das *strategische Management* leitet sich von den Missionen des normativen Managements in der Unternehmenspolitik ab. Im Mittelpunkt strategischer Überlegungen stehen neben den zu formulierenden und zu verfolgenden Programmen die grundsätzliche Gestaltung der Organisationsstrukturen und des Problemlösungsverhaltens der Entscheidungsträger. Während das normative Management die Grundlage für betriebliche Aktionen schafft, gibt das strategische Management die Richtung vor.

Das *operative Management* hat die Aufgabe, die aus dem normativen und dem strategischen Management resultierenden Vorgaben zu erfüllen. Dieser Vollzug ist durch leistungs-, finanz- und informationswirtschaftliche Prozesse zu realisieren. Zur wirtschaftlichen Effizienz des operativen Managements tritt die Effektivität des Führungshandelns im sozialen Zusammenhang des Mitarbeiterverhaltens.

Unter dem Aspekt der *Aktivitäten* werden aus der normativen Dimension heraus unternehmenspolitische Leitlinien entwickelt. Sie werden zu Vorgaben in der normativen Dimension, die im Rahmen des strategischen Managements zu Programmen weiterentwickelt und einem Handlungsträger zugeordnet werden. Aus diesen über längere Zeit hinweg bestehenden Programmen werden Einzelhandlungen in Form von Aufträgen für das operative Management abgeleitet. Die daraus entstehende Problematik der Abstimmung zwischen den einzelnen Managementebenen muß durch eine entsprechende Rückkopplung gewährleistet werden.

Im Bereich des normativen Managements wird das Handeln des Managements durch die *strukturellen* Vorgaben der Unternehmensverfassung legitimiert. Auf der strategischen Ebene werden diese Vorgaben durch die Festlegung der grundlegenden Organisationsstrukturen weiter konkretisiert. Auf der operativen Ebene werden dann die räumlich und zeitlich gebundenen Abläufe einzelner Prozesse festgelegt.

Diese abgegrenzten Einzelaspekte des Managementmodells dürfen dabei nur in enger Wechselwirkung zueinander gesehen werden. So ist ein Unternehmen nur dann erfolgreich, wenn sowohl eine horizontale als auch eine vertikale Integration der einzelnen Aspekte des Modells angestrebt werden. Hieraus resultiert auch die wichtigste Schlußfolgerung aus diesem Modell, die besagt, daß man bei dem Versuch, einzelne betriebliche Aspekte zu verändern, scheitern wird, wenn man nicht die Zusammenhänge zwischen den Managementebenen und den jeweiligen Problembereichen berücksichtigt. So kann beispielsweise der Veränderungsprozeß des operativen Managements nur dann erfolgreich sein, wenn auch das normative und das strategische Management mit verändert werden. Aus dieser Konzeption heraus ergibt sich das Managementmodell, wie in Abb. 4.1 dargestellt.

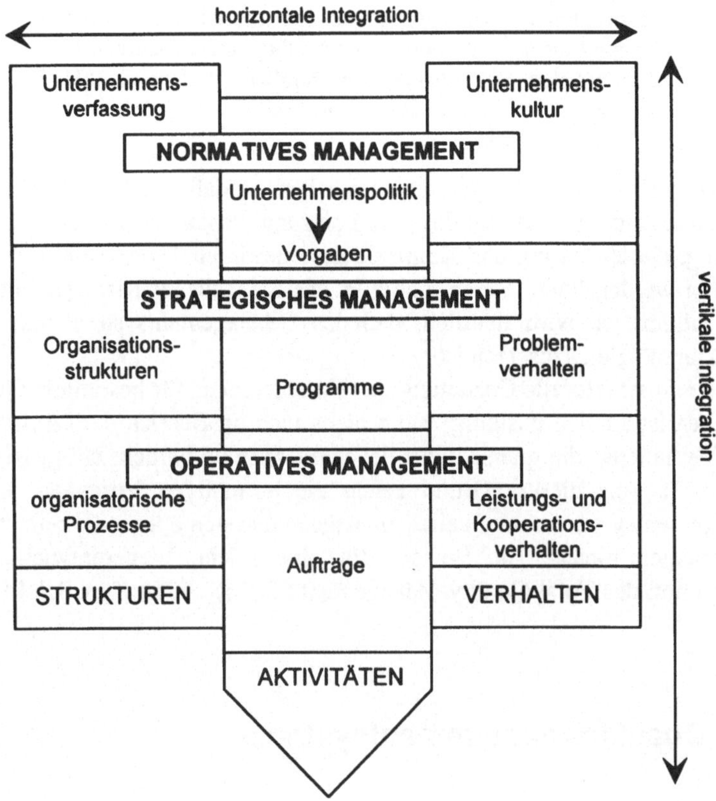

Abb. 4.2. St. Gallener Managementmodell

4.1.3.4 Grundlagen der Managementsysteme

Die primäre Konzeption der Managementsysteme resultiert aus den "Management-by"-Modellen. So würde ein Management-by-System für ein Führungskonzept stehen, welches durch die nachprüfbare Systematisierung *aller* Leitungs- und Kontrolltätigkeiten gekennzeichnet wäre. Dabei müßten die durchzuführenden Tätigkeiten in eindeutigen Anweisungen spezifiziert, Methoden zu deren Durchführung zur Verfügung gestellt und Regelkreise für Berichts- und Kontrollaufgaben installiert werden. Ein Management-by-System wäre also dafür da, eindeutige Strukturen bereitzustellen, mit denen Aufgaben nachvollziehbar erfüllt werden können.

Diese Vorstellung der nachvollziehbaren Festlegung der Aufbau- und Ablauforganisation findet sich explizit in der ISO 9000er und ISO 14000er Normenreihe sowie auch teilweise in EMAS (EG-Öko-Audit-Verordnung) wieder, so z.B. im Artikel 2:

e) "Umweltmanagementsystem": der Teil des gesamten übergreifenden Managementsystems, der die Organisationsstruktur, Zuständigkeiten, Verhaltensweisen, förmliche Verfahren, Abläufe und Mittel für die Festlegung und Durchführung der Umweltpolitik einschließt.

Aus dieser Definition geht aber auch hervor, daß das Managementsystem an sich nur als eine Art strukturelle Voraussetzung verstanden wird, durch welche die Planung, Durchführung und Kontrolle der relevanten Tätigkeiten nachvollziehbar gestaltet werden kann. Wenn man z.B. das St. Gallener Managementmodell zur Hilfe nimmt, so wird deutlich, daß das "Managementsystem" mit der Ebene "Strukturen" gleichzusetzen ist.

Die rein strukturelle Gestaltung des Unternehmens für bestimmte Querschnittsaufgaben ist an sich unsinnig, wenn nicht auch im Bereich der "Aktivitäten" und des "Verhaltens" die querschnittsrelevanten Aspekte berücksichtigt werden (siehe Abb. 4.2). Aus diesem Grund gehen die normativen Vorgaben für Umweltmanagementsysteme und Qualitätsmanagementsysteme über die rein strukturellen Forderungen hinaus. Ein Beispiel für eine solche Weiterentwicklung ist die Konzeption des Total Quality Management (TQM), die in Kap. 4.2.4 beschrieben wird.

4.2 Qualitätsmanagementsysteme

4.2.1 Einleitung

Die Erkenntnis, daß durch Qualitätsmanagementsysteme eine kontinuierliche Verbesserung der Qualität der Produkte sowie der Prozesse erreicht werden kann, hat sich in den letzten Jahren in allen Branchen durchgesetzt. Die anfängliche Skepsis, vor allem in Deutschland, gegenüber einer "Management-Norm", die keine quantitativen, technischen, sondern organisatorische Anforderungen enthält, ist heute einer gewissen "System-Euphorie" gewichen.

Der Erfolg der ISO 9000er Normenreihe für Qualitätsmanagementsysteme hat zu analogen Überlegungen im Bereich des Umweltschutzes geführt. Aus diesem Grunde wird in den folgenden Abschnitten die Thematik der Qualitätsmanagementsysteme für die chemische Industrie beschrieben, wobei zu bedenken ist, daß dies größtenteils analog auf die Umweltmanagementsysteme zutrifft bzw. zutreffen wird. Auf die Parallelen und die sich daraus ergebenden Konsequenzen wird zusammenfassend in Kap. 4.3.6 eingegangen.

4.2.2 Ausgangspunkte des Qualitätsmanagements

Die Gründe, die zur Einführung von Qualitätsmanagementsystemen geführt haben, können wie folgt zusammengefaßt werden:

- Die Qualitätsprüfung der Produkte führt zu überproportional steigenden Kosten, je größer die zu prüfende Menge ist.
- Je später die Ursachen für Qualitätsmängel erkannt werden, um so höher sind die Qualitätskosten.
- Die rechtlichen Konsequenzen von Qualitätsmängeln haben weitreichende Folgen für das Unternehmen (Schadensersatzansprüche aufgrund der Produkthaftung).
- Der heutige Konkurrenzkampf auf den internationalen Märkten ist nicht mehr vom Preisargument allein, sondern zunehmend durch die Qualität geprägt.
- Der Abnehmer ist selbst nicht in der Lage bzw. nicht willens, das Qualitätsmanagementsystem seiner Lieferanten zu überprüfen, verlangt jedoch einen solchen Nachweis vor Abschluß von Lieferverträgen aus betriebswirtschaftlichen und rechtlichen Gründen.
- Die internationalen wirtschaftlichen Verflechtungen erfordern einen allgemein anerkannten Standard für das betriebliche Qualitätsmanagement.

Aufgrund dieser Argumente, die sich in analoger Weise auf den Umweltschutz übertragen lassen, entstanden die normativen Regelungen zum Qualitätsmanagement.

4.2.3 DIN ISO 9000er Normenreihe

Der dringende Wunsch nach einer Vereinheitlichung der Normen für den Qualitätsbereich führte zu der internationalen Normenreihe ISO 9000 bis 9004, die von der DIN übernommen wurde. Dieses Regelwerk betrifft nicht die produktspezifische Qualität und ersetzt dadurch nicht die technischen Qualitätsanforderungen bzw. Spezifikationen, sondern ist eine Ergänzung zu diesen. Dabei ist die Grundidee der 9000er Normenreihe, daß eine kontinuierliche Verbesserung der Qualität nur dann erreicht werden kann, wenn alle qualitätsrelevanten Elemente des Produktlebenszyklus' unter Qualitätsgesichtspunkten systematisch analysiert und optimiert werden (siehe Abb. 4.3).

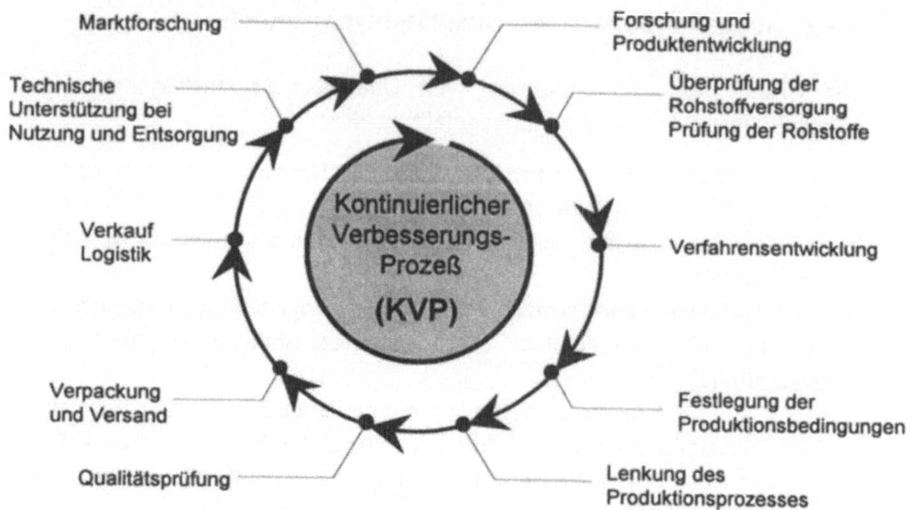

Abb. 4.3. Qualitätskreis nach ISO 9004 für die chemische Industrie nach [4.10]

Die 9000er Normenreihe besteht aus folgenden Normen:

- *ISO 9000*: gibt allgemeine Hinweise für die Auswahl der für die Zertifizierung zu verwendenden Norm,
- *ISO 9001-9003*: enthalten die Grundlage für eine Zertifizierung, wobei sie sich untereinander in der Anzahl der Qualitätssicherungselemente (QS-Elemente) unterscheiden,
- *ISO 9004*: stellt einen allgemeinen Leitfaden für Qualitätsmanagement und die QS-Elemente dar.

Die Normen 9001 und 9002 werden in der chemischen Chemie als Grundlage der Zertifizierung verwendet [4.11]. Die in den Normen enthaltenen QS-Elemente sind in Abb. 4.4 aufgeführt.

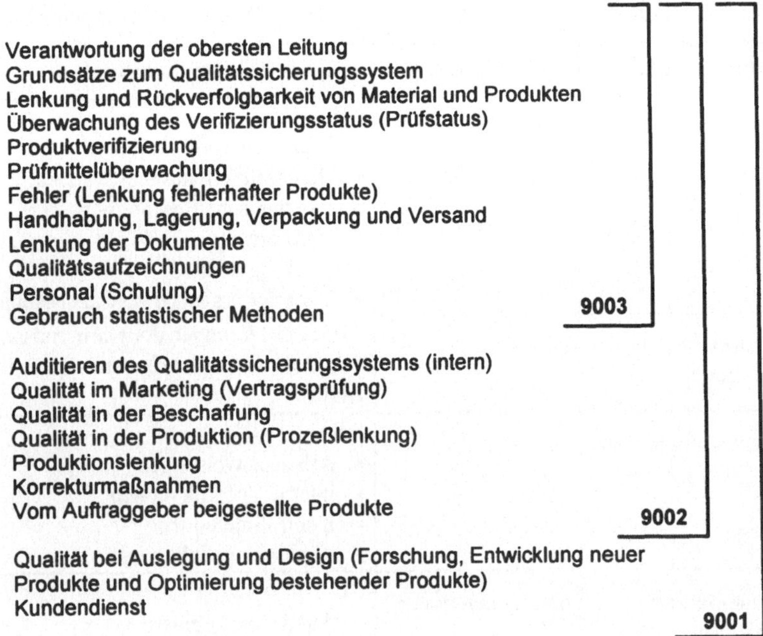

Abb. 4.4. Zuordnung der QS-Elemente zu den Normen ISO 9001-4

Das Unternehmen muß die Erfüllung der in den Normen beschriebenen Anforderungen für die einzelnen QS-Elemente ermöglichen, indem es in einer systematischen Form Grundsätze und Verfahren des betrieblichen Qualitätssicherungssystems mit einer Reihe von aufeinander abgestimmten Dokumenten beschreibt. Die Dokumentation ist das wichtigste Mittel zum Nachweis, daß ein organisiertes Qualitätssicherungssystem vorhanden ist. Dies kann in der Regel dadurch erfolgen, daß ein hierarchisches Dokumentationssystem entwickelt wird, bei dem die oberste Stufe aus dem Qualitätssicherungshandbuch (QS-Handbuch) besteht und das sich nach unten hin zu den Verfahrens- und Arbeitsanweisungen, den Ausbildungsdokumenten usw. verbreitert. In Tabelle 4.1 ist ein Beispiel für eine solche Dokumentenhierarchie dargestellt.

Der Nachweis eines betrieblichen Qualitätsmanagementsystems wird durch seine Zertifizierung erbracht. Dieses Zertifikat ist nur durch eine externe Überprüfung, einem sogenannten Audit, durch akkreditierte Auditoren zu erlangen. Bei dem Audit werden die Erfüllung der Anforderungen an die QS-Elemente und deren Wirksamkeit überprüft. Das Zertifikat ist international anerkannt und kann in der Firmenwerbung eingesetzt werden. Heute ist dies häufig eine notwendige Voraussetzung für vertragliche Vereinbarungen zwischen Lieferanten und Kunden.

Tabelle 4.1. Stufenförmiges Dokumentationssystem des Qualitätssicherungssystems [4.11]

Dokumente	Verteilung	Beschreibung
QS-Handbuch	intern oder extern	z.B.: • Qualitätspolitik • Beschreibung des QS-Systems • schematische Beschreibung der Verfahren • Organigramm • Liste der organisatorischen Maßnahmen
Organisatorische Maßnahmen	nur intern	Alle Anforderungen der Norm müssen in den Organisationsmaßnahmen behandelt werden.
Betriebsmaßnahmen	nur intern	z.B.: • Arbeitsanweisungen • interne Spezifikationen • Kontrollmethoden • Ausbildungsdokumente
Dokumente und Aufzeichnungen	intern oder extern	z.B.: • Analysenergebnisse • Regelkarten • Verträge • Auditaufzeichnungen • Berichte über Reviews durch die oberste Leitung

4.2.4 Total Quality Management

Der organisatorisch-strukturelle Aspekt hat in der Normenreihe ISO 9000-9004 einen übergroßen Stellenwert. Daher besteht die Gefahr, Qualität als eine „bürokratisch“ zu erfüllende Aufgabe zu sehen. Dies darf aber nicht der Fall sein, wenn ein Unternehmen sich kontinuierlich verbessern will und sich dabei immer wieder in Frage stellen muß. Dafür bedarf es eines gemeinschaftlichen Qualitätsverständnisses, welches über die Produktebene hinaus die Unternehmenskultur prägen und innovatives Verhalten der Mitarbeiter fördern muß. Aus dieser Notwendigkeit heraus wurde das klassische Qualitätsmanagement hin zu einem Total Quality Management erweitert.

Dabei ist Total Quality Management (TQM) als ein qualitätsorientiertes Führungsmodell zu verstehen, welches sich aus dem Bedarf heraus entwickelt hat, auf die vielfältigen Anforderungen des Marktes und der Gesellschaft flexibel und angemessen zu reagieren. Die zunehmende Bedeutung von Total Quality Management führte zu einer Definition dieses Begriffes durch die Internationale Normungsorganisation (International Standards Organization = ISO). Der Begriff Total Quality Management (auf deutsch: Umfassendes Qualitätsmanagement) ist in der DIN ISO 8402 - Normentwurf Stand März 1992 - wie folgt definiert:

„Total Quality Management: Auf der Mitwirkung aller ihrer Mitarbeiter basierende Führungsmethode einer Organisation, die Qualität in den Mittelpunkt stellt und durch Zufriedenstellung der Kunden auf langfristige Geschäftserfolge sowie auf Nutzen für die Mitglieder der Organisation und für die Gesellschaft zielt.“

Das heutige Qualitätsmanagement geht daher über die klassische Qualitätssicherung hinaus. "Qualität sichern bedeutet, von Anfang an Qualität einzuplanen." [4.12] Das bedeutet, daß der Qualitätsgedanke bei *allen* unternehmerischen Tätigkeiten berücksichtigt werden muß. Dafür können die bekannten Qualitätsinstrumente, wie z.B. die QFD-Methode (Quality Function Deployment) oder die Fehlermöglichkeits- und -einflußanalyse (FMEA) in der chemischen Industrie eingesetzt werden [4.10] (zu FMEA siehe Kap. 5.6). Es werden konkrete Qualitätsziele festgelegt und Maßnahmen geplant, um die Ziele zu erreichen. Dabei geht man über die rein stoff- und prozeßbezogenen Ebenen hinaus und integriert die Mitarbeiter durch Schulungen, Motivationsmaßnahmen und dem Betriebsvorschlagswesen in das betriebliche Qualitätsmanagement.

Wie aus dieser Definition deutlich wird, stellt Total Quality Management kein Instrument für das Management, sondern einen auf das umfassende Qualitätsdenken im Unternehmen ausgerichteten Führungsansatz dar. Jedes Unternehmen muß seine eigene unternehmensspezifische TQM-Konzeption entwickeln und umsetzen.

Die Qualitätsphilosophie, deren Basis der mehrdimensionale Qualitätsbegriff zur Verfolgung mehrdimensionaler Ziele ist, wird im Führungsmodell des TQM nach [4.13, S. 10] dargestellt. Hierin werden drei Grundbausteine in Anlehnung an die Bezeichnung Total Quality Management beschrieben (siehe Abb. 4.5):

- der umfassende Charakter,
- die Aspekte der Qualität und
- das Management im Sinne der Führung.

Die Führungsphilosophie TQM zeichnet sich besonders durch eine starke Mitarbeiterorientierung aus, durch die das Innovationspotential jedes einzelnen Mitarbeiters für die Qualitätsziele genutzt werden soll. In der Definition von [4.14, S. 251-252] Qualität = Technik + Geisteshaltung kommt die Bedeutung des Zusammenhangs von der Beherrschung bestimmter Verfahren und Techniken und entsprechender qualitätsorientierter Denk- und Verhaltensweisen besonders prägnant zum Ausdruck. Die Erfolge der japanischen Automobilhersteller, die diese Konzeption konsequent umgesetzt haben, zeigen, daß es sich dabei nicht nur um wirklichkeitsferne Theorie handelt (siehe z.B. [4.15]).

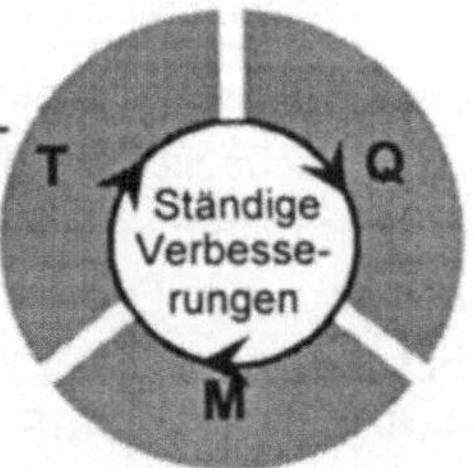

Abb. 4.5. Konzeptionelle Aspekte des Führungsmodells Total Quality Management [4.13, S. 10]

4.2.5 Qualitätsmanagementsysteme in der chemischen Industrie

Qualitätsaspekte haben in der chemischen Industrie schon immer eine entscheidende Rolle gespielt, was zur Bildung von eigenen Abteilungen zur Qualitätssicherung geführt hat. Die primäre Aufgabe dieser Organisation beruht auf der Ermittlung und Überprüfung qualitätsrelevanter Stoffkenngrößen (z.B. Verunreinigungsprofil, Partikelform, Farbe, Viskosität).

Die "klassischen", stoffbezogenen Qualitätssicherungsmaßnahmen umfassen:

- Prüfung und Freigabe aller Edukte und sonstiger auf die Produktion einwirkenden Stoffe nach vorher festgelegten Spezifikationen,
- Prüfung und Freigabe der Zwischenprodukte sowie
- Prüfung und Freigabe der Produkte.

Die Spezifikationen beschreiben die Anforderungen an die Eigenschaften aller Einsatzstoffe, Zwischenprodukte und Endprodukte. Die Ermittlung dieser Eigenschaften und die jeweiligen Toleranzgrenzen sind in betriebsinternen Prüfverfahren genau festgelegt. Die Ergebnisse der Prüfungen werden dokumentiert und über längere Zeit archiviert, um die Rückverfolgung von Qualitätsmängeln zu gewährleisten und etwaige Schadensersatzansprüche überprüfen zu können.

Neben der Einhaltung der Stoffspezifikationen gibt es auch verfahrenstechnische Spezifikationen. Um diese zweite Aufgabe zu erfüllen, werden Verfahrensanweisungen erstellt, in denen die Vorgehensweise, die Verantwortlichkeit und die zu erstellende Dokumentation bei Durchführung des chemischen Prozesses genau beschrieben sind. Die Qualitätssicherung überprüft das Soll/Ist-Verhältnis durch Auswertung der Schicht- bzw. Chargenprotokolle und durch Ermittlung und Überprüfung von qualitätsrelevanten Prozeßkenngrößen (z.B. Rücklaufverhältnis, Temperaturverlauf, Rührerdrehzahl).

Als Beispiel für das aktuelle Qualitätsverständnis in der chemischen Industrie wird an dieser Stelle das Qualitätsmanagement bei BASF näher erläutert, dessen Grundsätze in den nachstehenden Leitlinien zusammengefaßt sind[4.16]:

1. Qualitätsmanagement BASF, das Total Quality Managementkonzept (TQM) der BASF, ist wesentlicher Bestandteil unserer Unternehmenskultur. Es hat zum Ziel, alle Unternehmensleistungen ständig zu verbessern und damit den Anforderungen der Kunden und der Gesellschaft dauerhaft gerecht zu werden.
2. Alle Mitarbeiter im Unternehmen sind einbezogen.
3. Qualitätsmanagement ist Führungsaufgabe in allen Verantwortungsbereichen.
4. Organisatorische und personelle Maßnahmen werden durch wirksames Qualitätsmanagement so ausgerichtet, daß die Verwirklichung der Qualitätsziele sichergestellt ist.
5. Anstelle der nachträglichen Fehlerbehebung wird das Prinzip der Fehlervermeidung verwirklicht.
6. Ziele, Methoden und Ergebnisse des Qualitätsmanagements werden fortlaufend vermittelt, um das Bewußtsein und die Mitwirkung aller Mitarbeiter am Prozeß der ständigen Qualitätsverbesserung zu fördern.

Die BASF-Gruppe hat einzelne Organisationseinheiten für den Qualitätsbereich gebildet, deren Tätigkeitsbereiche in Tabelle 4.2 zusammengefaßt sind.

Tabelle 4.2. Organisationseinheiten und Aufgaben im Qualitätsmanagementsystem der BASF AG [4.16]

Kommission Q	**Steuerungsgruppe Qualitäts-management**
• Behandlung grundsätzlicher Fragen des Qualitätsmanagements • Beratung und Unterstützung der Einheiten bei der Einführung und Weiterentwicklung des Qualitätsmanagements • Festlegung von Maßnahmen zur Förderung der Verpflichtung und des Engagements aller Mitarbeiter für Qualität • Aktualisierung der Qualitätsmanagementrichtlinien • Vertretung der BASF AG nach außen in Fragen des Qualitätsmanagements	• Verwirklichung des Qualitätsmanagements • Definition, Vereinbarung und Umsetzung von Qualitätszielen • Bereitstellung von Ressourcen • Förderung der Einbeziehung und Eigenverantwortung aller Mitarbeiter • Optimierung technischer und administrativer Prozesse/Abläufe • Durchsetzung von Schulungskonzepten
Qualitätsbeauftragter	**Qualitätsbeauftragter Abteilung/Geschäftseinheit**
• Förderung des Qualitätsmanagements durch Information und Beratung • Aufrechterhaltung des wirksamen Qualitätsmanagements und dessen angemessene Dokumentation • Weiterentwicklung des Qualitätsmanagements • Vertretung des Bereiches oder der Gruppengesellschaft in Fragen des Qualitätsmanagements	• Beratung der Einheiten in Fragen des Qualitätsmanagements • Erstellen und Pflegen von Handbüchern und mitgeltender Unterlagen • Vorbereitung und Mitwirkung bei Qualitätsaudits
Arbeitsgremium Qualitätsmanagement	**Qualitätsmanagement BASF - Beratergruppe**
• Austausch und Weitergabe von Informationen und Erfahrungen zum Qualitätsmanagement • Koordinierung und Formulierung bereichsübergreifender Empfehlungen zum Qualitätsmanagement	• Beratung und Unterstützung der Ressorts und der zugeordneten Bereiche/Gesellschaften bei der Umsetzung des Qualitätsmanagements der BASF AG • Steuerung der Schulungsvorhaben zum Qualitätsmanagement • Angebot von Unterlagen und Werkzeugen zum Qualitätsmanagement der BASF AG

In Abb. 4.6 ist die Aufbauorganisation des Qualitätsmanagements bei der BASF AG graphisch dargestellt.

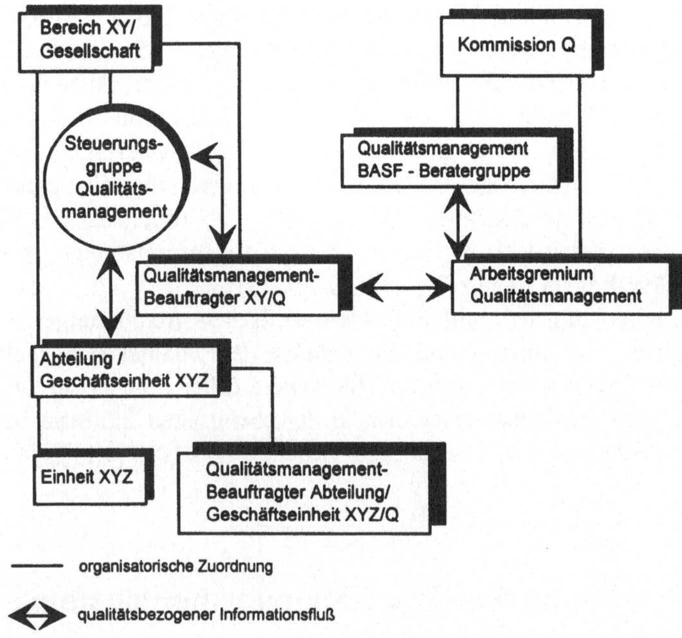

Abb. 4.6. Allgemeine Aufbauorganisation des Qualitätsmanagements bei der BASF-Gruppe nach [4.16]

Es wird an der weltweiten Einführung des Qualitätsmanagements bei der BASF AG gearbeitet. So befanden sich 1994 ca. 60% der Mitarbeiter der BASF-Gruppe in Europa und Afrika im Geltungsbereich eines Qualitätsmanagementsystems, wobei ungefähr die Hälfte dieser Mitarbeiter mit einem nach ISO 9000 ff. zertifizierten Qualitätsmanagementsystem arbeitete [4.17].

Ein Sonderfall im Bereich des Qualitätsmanagements in der chemischen Industrie stellt die pharmazeutische Industrie dar. In dieser Branche existieren strenge Qualitätsrichtlinien sowohl für die Forschung und Entwicklung als auch für die Produktion, die unternehmensübergreifend ganz konkrete Qualitätsmaßnahmen vorschreiben. So definiert die GLP-Richtlinie (Gute Laborpraxis) für die analytischen Laboratorien den internationalen Nachweisstandard für chemisch-physikalische Prüfungen und wird als Grundlage bei der Akkreditierung von Prüflaboratorien herangezogen. Dies ist in den meisten Ländern gesetzlich verankert, so z.B. für Deutschland in § 19 a-d des Chemikaliengesetz (siehe hierzu besonders den Anhang 1 *Grundsätze der Guten Laborpraxis* zum Chemikaliengesetz sowie die dazu erschienenen Rechtsnormen und Verwaltungsvorschriften).

Bei der Produktion von Arzneimitteln ist der Zugang zum Markt nur durch den kontinuierlichen Nachweis einer definierten und gleichbleibenden Qualität der synthetisierten Wirkstoffe zu erlangen. Das in dieser Sparte übliche Qualitätsverständnis beruht auf den Vorschriften von GMP (Good Manufacturing Practice, auf deutsch: Gute Herstellungspraxis für Arzneimittel). Sie wurde von der Weltgesundheitsorganisation WHO für die Produktion von Arzneimitteln und die

Sicherung der Qualität aufgestellt und wird kontinuierlich aktualisiert. Die GMP-Leitlinien enthalten sehr konkrete Anforderungen für die Produktion von Arzneimitteln hinsichtlich Einsatzstoffe, Personal, Räumlichkeiten, Ausrüstung, Dokumentation, Qualitätskontrolle, Beanstandungen, Produktrückruf und Selbstinspektion. Aufgrund der branchenspezifischen Qualitätsbestimmungen von GMP spielt die allgemeingültige 9000-er Normenreihe für die pharmazeutische Industrie als Normierungsvorlage keine Rolle, die Grundgedanken dieser beiden Regelwerken sind jedoch die selben (für weitere Informationen über die bestehenden GMP-Regeln siehe z.B. [4.18] und [4.19]).

Diese unternehmens- und branchenspezifischen Ausführungen sollten kurz exemplarisch den Umfang und die Aspekte des Qualitätsmanagements in der chemischen Industrie verdeutlichen (für weitere Erläuterungen zur Qualitätssicherung und zum Qualitätsmanagement in der chemischen Industrie sowie zu den verfahrenstechnischen Konsequenzen siehe z.B. [4.10], [4.11], [4.20], [4.21], [4.22]).

4.3 Grundlagen der Umweltmanagementsysteme

4.3.1 Historische Entwicklung

Angefangen hat die Entwicklung von Umweltmanagementsystemen mit der Durchführung von "Umweltaudits". Die ersten Umweltaudits fanden bereits Ende der 70er Jahre in den USA statt. Das Hauptziel dieser Audits war die Überprüfung der Übereinstimmung des betrieblichen Umweltschutzstandards mit den gesetzlichen Vorschriften. Diese sogenannten *Compliance-Audits* hatten sich aus der Notwendigkeit heraus entwickelt, die Erfüllung der ansteigenden Zahl von umweltrelevanten Vorgaben zu überprüfen und das zunehmende öffentliche Interesse an dem Risikopotential der jeweiligen betrieblichen Anlage zu befriedigen.

Die mit der Zeit sich entwickelnde Erkenntnis, daß besonders bei umweltgefährdenden Anlagen nicht die Ex-post-Feststellung einer Soll-Ist-Ergebnisabweichung, sondern die präventive Identifikation und Handhabung von umweltrelevanten Risiken im Vordergrund stehen müßten, brachte eine Veränderung der Vorgehensweise der Umweltaudits mit sich. Ab diesem Moment wurde klar, daß die Unternehmen einen Prozeß des *organisationalen Lernens* durchmachen müssen, um nachhaltig umweltbezogene Risiken zu erkennen und ihre Auswirkung zu vermindern bzw. zu vermeiden. Eine solche Konzeption führte zu einer erheblichen Erweiterung des einfach strukturierten Ansatzes des reinen Compliance-Audit. Es bedarf danach nicht nur der Prüfung der Funktionserfüllung, d.h. der Erfüllung gesetzlicher Vorgaben, sondern der Prüfung des generellen *Grades der Fähigkeit zur Funktionserfüllung*. An dieser Stelle wird die Parallele zum Qualitätsmanagement deutlich, denn auch da ist die Prüfung der Qualität des Produktes nicht mehr vorrangiges Ziel, sondern die Prüfung der Qualitätsfähigkeit der Prozesse, die dieses Produkt hervorbringen bzw. diesen Prozeß beeinflussen.

Diese Entwicklung führte die International Chamber of Commerce (ICC) im März 1989 zu einem ersten Positionspapier, in dem die managementorientierten Aspekte des Umweltschutzes konkret hervorgehoben wurden [4.23, S. 183-202] Dieses Positionspapier stellt den Beginn der Normierungsaktivitäten auf diesem Gebiet dar. Als Ausgangspunkt für die Erstellung von Normen zum Umweltmanagement und Umweltaudit diente die Normenreihe ISO 9000-9004 und die ISO 10011. Die britische Norm BS 7750 mit dem Titel „Specification for Environmental Management Systems" war 1992 das erste konkrete Ergebnis dieses Normierungsprozesses. Unter Einfluß dieser britischen Norm und der ISO 9000er Normenreihe wurde auf europäischer Ebene die „*Verordnung Nr. 1836/93 des Rates vom 29. Juni 1993 über die freiwillige Beteiligung gewerblicher Unternehmen an einem Gemeinschaftssystem für das Umweltmanagement und die Umweltprüfung*" verabschiedet. Sie trat am 13.7.93 in Kraft und ist seit Mitte April 1995 als nationales Recht in den EU-Mitgliedsstaaten umgesetzt. Sie wird im deutschsprachigen Raum oft als EG-Öko-Audit-Verordnung bezeichnet. Im folgenden wird die Verordnung mit der englischen Bezeichnung EMAS abgekürzt, dabei steht EMAS für "Eco Management and Audit Scheme" (siehe hierzu Kap. 4.3.3).

Die EMAS ist standort- und nicht unternehmensbezogen und hat die „Förderung der kontinuierlichen Verbesserung des betrieblichen Umweltschutzes" zum Ziel, wobei sich die grundlegenden Aspekte der Verordnung in folgenden Punkten zusammenfassen lassen:

1. Festlegung und Umsetzung einer standortbezogenen Umweltpolitik, eines Umweltprogramms und eines Umweltmanagementsystems,
2. systematische, objektive und regelmäßige Bewertung der Umweltleistung durch interne Betriebsprüfer und extern zugelassene Umweltgutachter sowie
3. Bereitstellung von Informationen über den betrieblichen Umweltschutz für die Öffentlichkeit.

Im Sommer 1993 wurde, parallel zu den europäischen Anstrengungen, auf internationaler Ebene das TC (Technical Committee) 207 der International Standards Organization (ISO), mit dem Ziel gegründet, einen internationalen Normenvorschlag für die Konzeption eines Umweltmanagementsystems zu entwikkeln. Mitte 1995 erschien dann der Entwurf einer deutschen Fassung der Norm ISO 14001 "Umweltmanagementsysteme", der sich stark an der ISO 9001 und an der EMAS orientiert.

Es ist davon auszugehen, daß den Normen zum Umweltmanagementsystem eine ähnlich wichtige Rolle wie den Qualitätsnormen zukommen wird. Die EMAS ist jedoch eine europäische Verordnung und keine international gültige Norm. Um den Unternehmen, die sich nach einer anderen normativen Vorschrift zum Umweltmanagement zertifizieren lassen, eine doppelte Überprüfung zu ersparen, hat die Europäische Union im Artikel 12 der Verordnung die Möglichkeit eingeräumt, andere Umweltnormen als gleichwertig anzuerkennen. Ob die derzeitige Fassung der ISO 14001 nach dem Artikel 12 der Verordnung anerkannt wird, ist zur Zeit noch nicht geklärt.

4.3.2 Ziele von Umweltmanagementsystemen

Es muß an dieser Stelle zwischen den Zielen der Organisationen, die Normen für das Umweltmanagement aufstellen, und den Zielen der Anwender unterschieden werden

Für die erste Gruppe kann man zwei grundlegende Ziele ausmachen. Als erstes soll ein Anreiz geschaffen werden, die *unternehmerische Umweltverantwortung* eigenständig wahrzunehmen. Von staatlicher Seite hofft man dadurch, das Vollzugsdefizit bei der Umsetzung der umweltrechtlichen Anforderungen zu verringern. Ein zweites Ziel ist die Schaffung eines *organisatorischen Standards* für den Umweltschutz, der ein Mindestmaß an Organisation garantiert.

Aus Sicht der Unternehmen, die ein Umweltmanagement aufbauen, gibt es hierfür vier Motivationsgründe:

1. *Risikominderung* (Rechtssicherheit, Erfüllung von Dokumentationspflichten, Minimierung des Schadensrisikos, Minimierung der Produkthaftung, Erkennung von Schwachstellen usw.),
2. *Wettbewerbsfähigkeit* (Imagegewinn und Schaffung von Publizität, Erschließung neuer Zukunftsmärkte, Flexibilität usw.),
3. *Kostenminimierung* (Erkennen von Einsparungspotentialen, Senkung der Entsorgungskosten, Verringerung der Versicherungsprämien, Deregulierung usw.),
4. *Verbesserung der Organisation* (Transparenz der Entscheidungen, klare Zuordnung der Zuständigkeiten, Förderung des Umweltbewußtseins, Motivation der Mitarbeiter usw.)

Der produktionsintegrierte Umweltschutz ist in seinen Zielen (siehe hierzu Kapitel 3.2.2) *komplementär* zu denen des Umweltmanagements. So hängen die oben genannten ersten drei Zielkategorien direkt von den Charakteristiken und der Menge der Stoffströme in der chemischen Industrie ab. Auch in den normativen Vorgaben wird dieser Zusammenhang zwischen Umweltmanagement und dem produktionsintegrierten Umweltschutz hervorgehoben, so z.B. für die im Rahmen der Umweltprüfung "zu behandelnden Gesichtspunkte" (siehe hierzu Kap. 4.4.3).

Aus der Sicht der chemischen Industrie wird die Einführung eines normierten Umweltmanagements jedoch kritisch bewertet, da die Kontrollaufgaben von den Behörden auf die Unternehmen verlagert werden. Dies ist vor allem für die chemische Industrie, die von allen Branchen sicherlich die meisten gesetzlichen Anforderungen zu erfüllen hat, eine sehr personal- und zeitaufwendige Aufgabe. Aus diesem Grunde wird vom VCI im Falle der Teilnahme der Mitgliedsfirmen an der EMAS eine "Deregulierung" verlangt, so z.B. während des "Presse-Forums 95" der Bayer AG, auf dem Vertreter des Unternehmens wiederholt die Forderung nach Deregulierung im Falle einer Teilnahme an der EMAS hervorhoben [4.24, S. 979-980]. Es existieren angesichts der Überlastung der Genehmigungsbehörden erste Überlegungen zur Deregulierung, die darauf abzielen, eine Vereinfachung des Genehmigungsverfahrens für die Standorte mit einem zertifizierten Umweltmanagementsystem zu ermöglichen.

4.3.3 Elemente des Umweltmanagementsystems am Beispiel der EMAS

Umweltmanagement wird hier verstanden als derjenige Teil des Managements, der unter der Zielsetzung des integrierten Umweltschutzes die unternehmerische Umweltpolitik festlegt und implementiert, und zwar entsprechend den grundlegenden Funktionen des Managements (Ziele setzen, planen, entscheiden, realisieren und kontrollieren). Dieser funktionellen Definition wird eine institutionelle beigestellt, die unter dem speziellen Begriff des *Umweltmanagementsystems* jenen Teil des gesamten Managementsystems versteht, der Organisationsstruktur, Zuständigkeiten, Verhaltensweisen, Verfahren, Abläufe und Ressourcen für die Festlegung und Durchführung der Umweltpolitik umfaßt. Abb. 4.7 zeigt in diesem Sinne die einzelnen Elemente des Umweltmanagementsystems (die in der EMAS beschriebenen Elemente sind kursiv gedruckt).

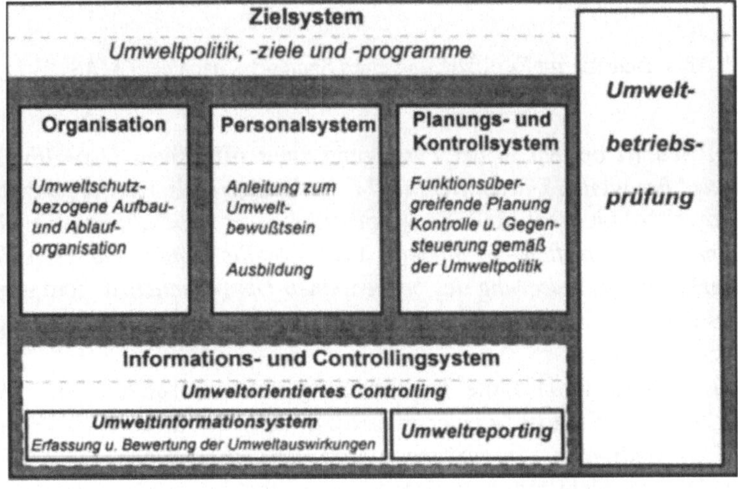

Abb. 4.7. Elemente der EMAS nach [4.25, S. 575]

Aus Artikel 3 sowie Artikel 8 bis 10 der EMAS ergeben sich konkrete Ablaufschritte für die Unternehmen, die sich an dem Gemeinschaftssystem beteiligen wollen. Die einzelnen Schritte sind zur besseren Übersicht in Abb. 4.8 graphisch dargestellt und werden im folgenden qualitativ beschrieben, um die Struktur und Funktionsweise von Umweltmanagementsystemen zu verdeutlichen.

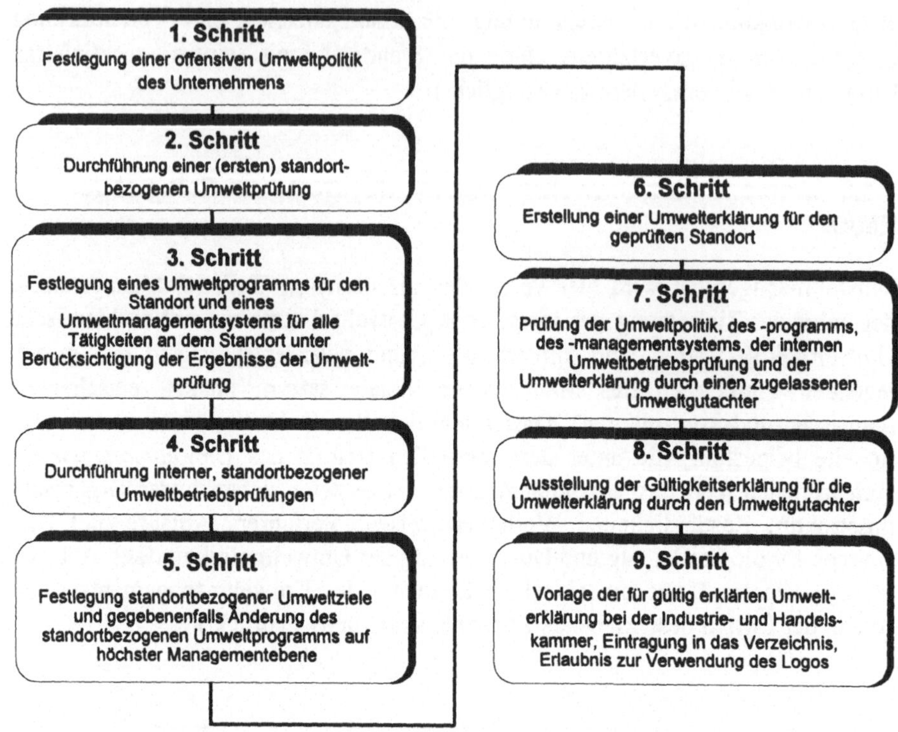

Abb. 4.8. Ablaufschritte zur Zertifizierung eines Standortes nach der EMAS

Der **1. Schritt** besteht in der Festlegung einer offensiven *Umweltpolitik*, die *"alle umweltbezogenen Gesamtziele und Handlungsgrundsätze"* beinhaltet, wobei diese Umweltpolitik nicht bloß die Verpflichtung zur *"Einhaltung aller einschlägigen Umweltvorschriften ..., sondern auch Verpflichtungen zur angemessenen kontinuierlichen Verbesserung des betrieblichen Umweltschutzes"* umfassen muß. Die Umweltpolitik ist in *"schriftlicher Form ... und auf höchster Managementebene"* festzulegen.

Der **2. Schritt** umfaßt die Durchführung einer *Umweltprüfung*. Mit dem Begriff Umweltprüfung ist *"eine erste umfassende Untersuchung der umweltbezogenen Fragestellungen, Auswirkungen und des betrieblichen Umweltschutzes"* gemeint. Dies ist nicht mit dem Begriff Umweltbetriebsprüfung zu verwechseln (siehe hierzu 4. Schritt). Die Gegenstände der Umweltprüfung ergeben sich aus dem Anhang I Abschnitt C der Verordnung. Es sind diejenigen Gesichtspunkte, die auch im Rahmen der Umweltpolitik, Umweltprogramme und Umweltbetriebsprüfung berücksichtigt werden müssen:

- *"Beurteilung, Kontrolle und Verringerung der Auswirkungen der gewerblichen Tätigkeit auf die verschiedenen Umweltbereiche,*
- *Energiemanagement, Energieeinsparung, Auswahl und Transport von Rohstoffen; Wasserbewirtschaftung und -einsparung,*

- *Vermeidung, Recycling, Wiederverwendung, Transport und Endlagerung von Abfällen,*
- *Bewertung, Kontrolle und Verringerung der Lärmbelästigung innerhalb und außerhalb des Standortes,*
- *Auswahl neuer und Änderung bestehender Produktionsverfahren,*
- *Produktplanung (Design, Verpackung, Transport, Verwendung und Endlagerung),*
- *betrieblicher Umweltschutz und Praktiken bei Auftragnehmern, Unterauftragnehmern und Lieferanten,*
- *Verhütung und Begrenzung umweltschädlicher Unfälle,*
- *Information und Ausbildung des Personals in bezug auf ökologische Fragestellungen,*
- *externe Information über ökologische Fragestellungen.*"

Der **3. Schritt** folgt aus dem durch die Umweltprüfung ermittelten Status quo. Basierend auf der Umweltpolitik des Unternehmens ist ein standortbezogenes *Umweltprogramm* und *Umweltmanagementsystem* zu schaffen. Im Umweltprogramm werden die "*konkreten Ziele und Tätigkeiten des Unternehmens, die einen größeren Schutz der Umwelt an einem bestimmten Standort gewährleisten sollen, einschließlich ... der ... getroffenen oder in Betracht gezogenen Maßnahmen und der gegebenenfalls festgelegten Fristen für die Durchführung dieser Maßnahmen*" beschrieben.

Der **4. Schritt** umfaßt die Durchführung einer standortbezogenen *Umweltbetriebsprüfung*. Durchgeführt wird diese "*durch Betriebsprüfer des Unternehmens oder durch für das Unternehmen tätige externe Personen oder Organisationen*". Voraussetzung für diese Tätigkeit als Betriebsprüfer ist die notwendige technische, umweltspezifische und rechtliche Fachkenntnis sowie die Unabhängigkeit von den geprüften Tätigkeiten.

Auf der Grundlage der Ergebnisse der Umweltbetriebsprüfung hat das Unternehmen Umweltziele festzulegen, "*die auf eine kontinuierliche Verbesserung des betrieblichen Umweltschutzes gerichtet sind*", sowie das Umweltprogramm dahingehend zu konkretisieren, "*daß die Ziele am Standort erreicht werden können*".

In einem **6. Schritt** können die Standorte eine *Umwelterklärung* erstellen. Diese stellt eine Art Umweltbericht dar, der "*für die Öffentlichkeit verfaßt wird und in knapper, verständlicher Form geschrieben*" werden soll.

In einem **7. Schritt** findet die Prüfung des Systems und der Umwelterklärung durch einen zugelassenen *Umweltgutachter* statt. Prüfungsgegenstand ist "*die Umweltpolitik, das Umweltprogramm, das Umweltmanagementsystem, die Umweltbetriebsprüfung und die Umwelterklärung*". Der Umweltgutachter hat einen Prüfungsbericht für die Unternehmensleitung anzufertigen, in dem die festgestellten Verstöße gegen die Verordnung und die gesetzlichen Grundlagen dokumentiert werden.

Entsprechend dem Ergebnis des 7. Schrittes wird in einem **8. Schritt** eine *Gültigkeitserklärung* der Umwelterklärung durch den Umweltgutachter ausgestellt, die in einem **9. Schritt** bei der Industrie- und Handelskammer vorgelegt werden kann. Sie berechtigt zu dem Eintrag des betreffenden Standortes in ein jährlich aktualisiertes Verzeichnis der validierten Unternehmen, das europaweit durch die EU-Kommission veröffentlicht wird. Die Unternehmen können ihre Teilnahme an diesem Gemeinschaftssystem für das Umweltmanagement und die Umweltbetriebsprüfung durch die Verwendung einer *Teilnahmeerklärung* nach außen hin dokumentieren. Diese Teilnahmeerklärung besteht aus einem genau vorgeschriebenen Textteil und einer Graphik. Sie stellt kein autorisiertes Umweltgütezeichen dar und "*darf weder in der Produktwerbung verwendet, noch auf den Erzeugnissen selbst oder auf Verpackungen angegeben werden*". Sie kann jedoch in der allgemeinen Öffentlichkeitsarbeit uneingeschränkt genutzt werden.

4.3.4 Responsible Care und die EMAS

Außer der branchenneutralen EMAS gibt es eine chemiespezifische Umweltschutzinitiative, die einige Elemente der normativen Vorgaben zu Umweltmanagementsystemen enthält .

Responsible Care ist eine weltweite Initiative der chemischen Industrie zur ständigen Verbesserung von Sicherheit, Gesundheitsschutz und Umweltschutz. Auf nationaler Ebene ist 1991 ein erstes Programm zu Responsible Care vom VCI verabschiedet worden. 1993 ist der Begriff offiziell mit der Bezeichnung "Verantwortliches Handeln" ins Deutsche übertragen worden. Die Beteiligung an dieser Initiative wird von den Chemieunternehmen durch ein Logo deutlich gemacht.

In dem 1995 vom VCI herausgegebenen "Leitfaden Verantwortliches Handeln" werden folgende sechs Schwerpunkte des Programms genannt [4. 26, S. 9]:

1. Umweltschutz,
2. Transportsicherheit,
3. Arbeitssicherheit,
4. Anlagensicherheit und Gefahrenabwehr,
5. Produktverantwortung und
6. Dialog.

Der Leitfaden zum Verantwortlichen Handeln enthält an mehreren Stellen konkrete Parallelen zur EMAS, die tabellarisch zusammengefaßt werden (siehe Tabelle 4.3).

Tabelle 4.3. Parallelen zwischen dem "Verantwortliches-Handeln"-Programm und der EMAS [4.26, S. 26]

"Verantwortliches Handeln"	**EMAS**
Systemvorgaben	
Leitlinien (mehr materielle Inhalte)	Umweltpolitik (im wesentlichen nur Umweltschutz)
(nicht vorgesehen)	Umweltprogramm
Vorgaben der Unternehmensleitung	Ziele und Zielsetzungen (Einhaltung der Gesetze und kontinuierliche Verbesserung des Umweltschutzes)
Maßnahmen zur Umsetzung	Maßnahmen zur Umsetzung
nur zum Teil systembezogene Vorgaben	Umweltmanagementsystem
Soll-Ist-Prüfung (nur der festgelegten Vorgaben)	Umweltbetriebsprüfung (Audit) (der Ziele, Vorgaben, Gesetze und des Umweltmanagementsystems)
keine externe Prüfung	externe Prüfung
Inhalte	
Dialog (breiter ausgeprägt)	Dialog nur im Bereich Umweltschutz (die folgenden Ziffern beziehen sich auf Anhang I Abschnitt C der EMAS) Ziffer 12 Information der Öffentlichkeit Ziffer11 Information der Mitarbeiter
Anlagensicherheit und Gefahrenabwehr (breiter ausgeprägt)	Ziffer 9 Unfallbegrenzung Ziffer 10 Notfallplanung
Arbeitssicherheit	(keine Präzisierung)
Umweltschutz (nicht in dem Umfang konkretisiert)	Ziffer 1 Verminderung von Umweltauswirkungen Ziffer 2 Energiemanagement Ziffer 3 Rohstoffmanagement Ziffer 4 Abfallmanagement Ziffer 5 Lärmverminderung Ziffer 6 Änderung von Produktionsverfahren Ziffer 8 Umweltschutz bei Lieferanten
Transportsicherheit	(keine Präzisierung)
Produktverantwortung (breiter ausgeprägt)	Ziffer 7 Nur Produktplanung

Aus Tabelle 4.3 wird ersichtlich, daß das "Responsible-Care"-Programm zwar einige besonders chemiespezifische umweltrelevante Aspekte, wie z.B. Transportsicherheit und Anlagensicherheit, konkreter berücksichtigt, ansonsten jedoch längst nicht so anspruchsvoll wie die EMAS ist. Entschließt sich die Chemiebranche zur Umsetzung der EMAS bzw. wird dies zur Pflicht, spielt dieses branchenspezifische Programm wahrscheinlich keine Rolle mehr.

4.3.5 Elemente des Umweltmanagementsystems am Beispiel der ISO 14001

Die Norm ISO 14001 *"Umweltmanagementsysteme - Spezifikationen und Leitlinien zur Anwendung"* ist auf den unternehmensspezifischen Aufbau und die Zertifizierung von Umweltmanagementsystemen ausgerichtet. Sie enthält die Anforderungen an ein betriebliches Umweltmanagementsystem, welches dem Unternehmen ermöglichen soll, sich langfristig und kontinuierlich im Umweltschutzbereich zu verbessern. Es handelt sich hierbei um eine internationale Norm, die analog zur ISO 9001 weltweit die Grundlage zur Zertifizierung von betrieblichen Umweltmanagementsystemen darstellt.

Die wesentlichen Elemente eines Umweltmanagementsystems nach ISO 14001 sind hierbei:

- Umweltpolitik,
- Planung,
- Durchführung,
- Überwachung und Korrekturmaßnahmen sowie
- Überprüfung durch die oberste Leitung.

Alle diese Elemente werden in der Norm und dem informativen Anhang A nochmals untergliedert und beschrieben, so daß hier nur eine Zusammenfassung der wichtigen Aspekte gegeben wird.

Der Inhalt der *Umweltpolitik* ist unter Punkt 4.1 der ISO 14001 folgendermaßen beschrieben:

> Die Umweltpolitik ist ein schriftliches Dokument, indem langfristig die Absichten und Grundsätze des Unternehmens hinsichtlich des Umweltschutzes festgelegt sind.

Das Element *Planung* ist unter Punkt 4.2 der ISO 14001 beschrieben. Es umfaßt die Unterpunkte:

- umweltspezifische Aspekte (Ermittlung der durch das Unternehmen und seiner Produkte hervorgerufenen Umwelteinwirkungen),
- rechtliche und andere Anforderungen (Aufstellung aller zutreffenden Umweltgesetze und sonstiger rechtlicher Verpflichtungen),
- Umweltziele (Festlegung von konkreten umweltbezogenen Zielen),

- Umweltmanagementprogramm (betriebliche Programme zur Verwirklichung der Umweltziele, Festlegung von Zeitplänen und Verantwortlichkeiten).

Das Element Umsetzung und Durchführung ist unter Punkt 4.3 der ISO 14001 beschrieben. Dieses Element befaßt sich mit folgenden Aufgabenbereichen:

- Organisationsstrukturen und Verantwortlichkeiten,
- Schulung,
- Kommunikation (unternehmensintern und -extern),
- Dokumentation des Umweltmanagementsystems,
- Handhabung der Dokumente (Zuordnung, Überprüfung und Aktualisierung der Dokumente),
- Kontrolle der umweltrelevanten Abläufe (Sicherstellung der Einhaltung der entsprechenden Verfahrensanweisungen),
- Notfallvorsorge und Maßnahmenplanung.

Das Element Überwachung und Korrekturmaßnahmen ist unter Punkt 4.4 der ISO 14001 beschrieben. Dabei spielen folgende Aspekte eine Rolle:

- Überwachung und Messung umweltrelevanter Größen,
- Festlegung von Maßnahmen bei unplanmäßigem Betrieb und Notfällen,
- Dokumentation,
- Planung und Durchführung von internen Umweltmanagementsystem-Audits.

Das Element Bewertung durch die oberste Leitung ist unter Punkt 4.5 in der ISO 14001 folgendermaßen beschrieben:

> Die oberste Führung des Unternehmens muß überprüfen, ob das Umweltmanagementsystem funktioniert und etwaige Änderungen vornehmen, um die Funktionsfähigkeit zu verbessern.

Die ISO 14001 besteht aus dem verbindlichen Normentext und drei informativen Anhängen. Hierbei ist vor allem der *Anhang A Anleitung zur Anwendung* besonders wichtig. Dieser Anhang enthält Zusatzinformationen zu den einzelnen Abschnitten des Normentextes, mit dem Ziel diesen besser verständlich zu machen. Der Anhang B enthält die Bibliographie und der Anhang C die tabellarische Darstellung der Zusammenhänge zwischen der ISO 9001 und der ISO 14001.

Es bestehen zwischen der EMAS und der ISO 14001 einige wichtige Unterschiede. Dies beginnt schon mit der Struktur der EMAS, denn im Gegensatz zur ISO 14001, die aus einem bindenden Normentext und informativen Anhängen besteht, sind die Anhänge der EMAS verbindlich. Des weiteren können die wichtigsten Unterschiede folgendermaßen zusammengefaßt werden:

- Die EMAS ist standortbezogen, die ISO 14001 ist es nicht. Dies bedeutet, daß sich nach der EMAS nicht Unternehmen zertifizieren lassen, sondern nur die jeweiligen Standorte.
- Es ist den Unternehmen, die nach der EMAS zertifiziert sind, nicht gestattet, damit Produktwerbung zu betreiben oder entsprechende Hinweise auf den Erzeugnissen und Verpackungen anzubringen. Die ISO 14001 enthält keine solchen Einschränkungen.
- Die EMAS fordert die nachweisliche Einhaltung *aller* umweltrechtlichen Anforderungen, die das Unternehmen betreffen. Die ISO 14001 fordert dies nicht.
- Die ISO 14001 enthält diverse Textpassagen (z.B. *4.2.3 Zielsetzungen und Einzelziele*), bei denen die "mildernde" Berücksichtigung der betriebsspezifischen finanziellen und technologischen Rahmenbedingungen gewährleistet wird. Die EMAS enthält keine solchen "mildernden" Umstände.
- Die sogenannte "Umweltbetriebsprüfung" der EMAS, die formal gleichzusetzen ist mit dem Umweltmanagementsystem-Audit der ISO 14001, umfaßt nicht nur die Auditierung der Strukturen des Umweltmanagementsystems, sondern auch die Überprüfung der Einhaltung aller Umweltschutzgesetze.
- Um nach der EMAS zertifiziert zu werden, müssen die Unternehmen jährlich sogenannte "Umwelterklärungen" auf der Basis der Ergebnisse der Umweltbetriebsprüfungen erstellen und der Öffentlichkeit zugänglich machen.
- Verstößt ein nach EMAS zertifiziertes Unternehmen gegen einschlägige Umweltvorschriften, so kann das Zertifikat aberkannt werden. ISO 14001 enthält keine solche Regelung.

4.3.6 Verknüpfung von Qualitäts-, Sicherheits- und Umweltmanagementsystemen in der chemischen Industrie

Qualität, Sicherheit und Umweltschutz sind drei Zielkategorien, die in der chemischen Industrie in besonderer Art miteinander verknüpft sind und bei den meisten operativen Tätigkeiten eine gemeinsame Rolle spielen. So ist die plötzliche Temperaturerhöhung bei einer zu schnellen Zudosierung des Reaktionspartners in einen Reaktor primär ein sicherheitstechnisches Problem, da der plötzliche Temperaturanstieg beispielsweise zu einer ungewollten Reaktionsbeschleunigung und damit eventuell zu einem Überdruck führen kann, der, wie im Falle der Hoechst AG, über ein Überdruckventil abgelassen werden muß. Zweitens handelt es sich hierbei auch um ein Qualitätsproblem, denn selbst wenn das Öffnen des Sicherheitsventils nicht notwendig ist, kann die Temperaturschwankung zu einer Verschlechterung der Produktqualität führen. Dadurch können unter Umständen die Produktspezifikationen nicht erreicht werden, so daß die Qualitätssicherung keine Freigabe zur Weiterverarbeitung bzw. zum Verkauf der (Zwischen-) Produkte erteilen kann. In diesem Fall stellt die Fehlcharge ein umweltrelevantes Problem dar, denn sie muß als Abfall entsorgt werden.

Diese *Verflechtung* von sicherheitstechnischen, qualitäts- und umweltrelevanten Gesichtspunkten wird in dem Leitfaden zur Umsetzung der ISO 9000er Normenreihe der europäischen Vereinigung der chemischen Industrie CEFIC unterstrichen:

> "Diese Leitlinien zur Normenreihe ISO 9000 ff. sind erstellt worden, um ... eine solide Grundlage für die weitere Optimierung in den Bereichen von Gesundheit, Sicherheit und Umweltschutz zu schaffen." [4.11, S. 10]

Die Umsetzung der Sicherheits-, Qualitäts- und Umweltziele geschieht zunehmend in Form von Managementsystemen. Aufgrund der unterschiedlichen historischen und rechtlichen Entwicklung dieser einzelnen Zielkategorien sind die Managementsysteme auf Unternehmens- und Werksebene voneinander getrennt. Prinzipiell können jedoch die Managementsysteme völlig oder teilweise miteinander gekoppelt werden. Zu empfehlen ist jedoch eine teilweise Kopplung, bei der die Verknüpfung nur auf der operativen Ebene stattfindet. Das bedeutet, daß auf der Ebene der Arbeitsanweisungen sicherheits-, qualitäts- und umweltschutzrelevante Aspekte gemeinsam behandelt werden, daß jedoch auf der strategischen Ebene eine Trennung der Handbücher und der jeweiligen Umwelt-, Qualitäts- und Sicherheitspolitik bestehen bleibt.

Für die Unternehmen, die an einer Kopplung von Umweltmanagement- und Qualitätsmanagementsystemen interessiert sind, geben die zwei Tabellen der ISO 14001 eine gute Hilfestellung. Die erste Tabelle zeigt die Zusammenhänge zwischen ISO 14001 und ISO 9001 und die zweite zwischen ISO 9001 und ISO 14001. Die International Standards Organization hat zwei Tabellen erstellt, um entsprechend der jeweiligen Gliederung der Normen diesen Vergleich durchzuführen.

An einem kurzen Beispiel soll dies erläutert werden. Mit Hilfe der Tabellen der ISO 14001 kann ein Unternehmen, das dabei ist ein Qualitätsmanagementsystem aufzubauen, die Arbeitsanweisungen zu dem Qualitätselement "Schulung" der ISO 9001 überarbeiten und erweitern. Das entsprechende Element in der ISO 14001 ist laut Tabelle 2 "Schulung, Bewußtseinsbildung und Kompetenz". Es muß nun überprüft werden, welche zusätzlichen umweltschutzbezogenen Inhalte in die Qualitätsarbeitsanweisung eingearbeitet werden müssen, um den Anforderungen des Umweltmanagements gerecht zu werden. Die um die Umweltgesichtspunkte erweiterte Arbeitsanweisung wird dann als Dokument des Umweltmanagementsystems in das Verzeichnis des Umweltschutzhandbuches aufgenommen

Aufgrund der besonderen simultanen sicherheits-, qualitäts- und umweltschutzrelevanten Auswirkungen der betrieblichen Tätigkeiten in der chemischen Industrie wurden für den Bereich der Sicherheit und des Umweltschutzes in einigen Unternehmen *gemeinsame* Managementsysteme geschaffen. Beispiele hierfür sind Managementsysteme bei den Unternehmen der Schering AG, Sandoz AG und der Hoffmann-La Roche AG. Eine zusätzliche Vereinigung mit dem Qualitätsbereich ist aus der Chemiebranche bis jetzt noch nicht bekannt geworden. Die

Überschneidungen von Umwelt- und Sicherheitsmanagementsystemen sind für die chemische Industrie in Abb. 4.9 dargestellt.

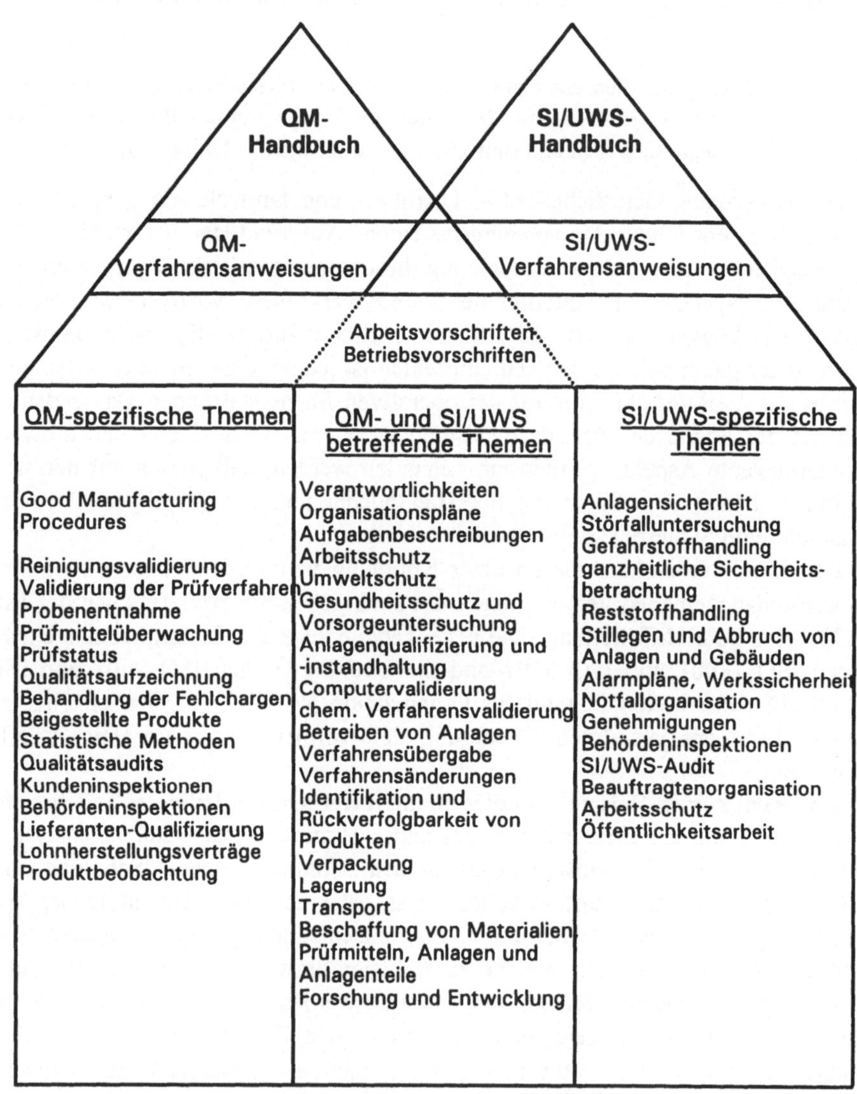

Abb. 4.9. Überschneidung von Sicherheits-, Umweltschutz- und Qualitätsmanagementsystemen für die chemische Industrie

4.4 Aufbau und Implementierung von Umweltmanagementsystemen

4.4.1 Einleitung

Der Aufbau und die Implementierung eines betrieblichen Umweltmanagementsystems läßt sich in Anlehnung an die Elemente der ISO 14001 und der EMAS in die in Tabelle 4.4 dargestellten fünf Phasen unterteilen.

Tabelle 4.4. Inhalte und Aufgaben der einzelnen Aufbauphasen eines Umweltmanagementsystems

	Aufbauphase	Inhalte/Aufgaben
I	Projektanstoß	• Verpflichtung der Unternehmensführung • Festlegung der Umweltpolitik • Bildung der Projektgruppe • Projektplanung
II	Umweltprüfung	• Erfassung der Anforderungen an das Unternehmen • Erfassung und Bewertung der betrieblichen Umweltaspekte • Erfassung und Bewertung des Ist-Zustandes der Organisation • Erfassung und Bewertung von potentiellen sowie vergangenen Abweichungen der Betriebsbedingungen, Notfällen und Unfällen
III	Ziele und Programme	• Ableiten von Zielen • Festlegung von Zielen • Festlegung von Programmen zur Umsetzung der Ziele
IV	Maßnahmenumsetzung	• Festlegung der betrieblichen Organisation zur Einhaltung der Umweltpolitik und zur Erreichung der Ziele • Erhebung des Schulungsbedarfs und Durchführung der Schulungen • Festlegung von Maßnahmen bei Notfällen • Erstellung und Pflege der Dokumentation
V	Maßnahmenüberprüfung	• Erfassung von Abweichungen • Planung und Durchführung von Audits • Bewertung durch die Unternehmensführung

Im folgenden werden die genannten Phasen genauer charakterisiert, wichtige Aufgaben hervorgehoben und Hilfsmittel für deren Durchführung vorgestellt.

4.4.2 Aufbauphase I: Projektanstoß

4.4.2.1 Vorstudie und erste Schritte

Der Aufbau eines Umweltmanagementsystems ist für die chemische Industrie aufgrund der branchenspezifischen Regelungsdichte eine sehr aufwendige und langwierige Aufgabe. Bevor mit einem solchen Projekt begonnen wird, sollte sich daher die Unternehmensleitung im Rahmen einer Vorstudie über den Umfang und den Ablauf eines solchen Projektes informieren.

Im Rahmen einer solchen Vorstudie können z.B. folgende Fragen untersucht werden:

- Welche Bedeutung haben Umweltthemen für das Unternehmen?
- Welche Vorteile können aus einem Umweltmanagementsystem für das Unternehmen resultieren?
- Welche unternehmensinternen Erfahrungen und Grundstrukturen bestehen mit (Sicherheits-, Qualitäts-, Umwelt-) Managementsystemen?
- Welcher personelle, finanzielle und zeitliche Aufwand ist für die einzelnen Aufbauphasen notwendig?
- In welchem Zeitraum soll das Projekt realisiert werden?
- Welche Mitarbeiter können die Projektplanung und -koordination übernehmen?
- Sollen externe Berater beteiligt werden und wenn ja, in welchem Umfang? usw.

In einer solchen Vorstudie sollen und können keine präzisen Informationen ermittelt werden, sondern es ist ihre Aufgabe eine Wissensgrundlage für die Entscheidungsfindung der Unternehmensleitung zu schaffen.

Auf der Basis der Vorstudie muß die Unternehmensleitung entscheiden, ob sie ein Umweltmanagementsystem einführt. Bei einer positiven Entscheidung kann das Umweltmanagementsystem erst einmal auf ausgewählte Unternehmensbereiche beschränkt werden, um auf der einen Seite die geeignete Vorgehensweise zum Aufbau und zur Implementierung zu entwickeln und auf der anderen Seite die unbeteiligten Unternehmensbereiche von dem langfristigen ökologischen und ökonomischen Nutzen eines solchen Projekts zu überzeugen.

Die Entscheidung über die grundsätzliche Bereitschaft und die Vorgehensweise des Aufbaus eines Umweltmanagementsystems sollte von der Unternehmensleitung in einer schriftlichen Verpflichtung festgehalten werden, die als Ausgangsbasis für die Umweltpolitik genutzt und betriebsintern den Mitarbeitern mitgeteilt werden kann. Sie dient dazu, den Stellenwert des Projektes zu betonen.

4.4.2.2 Festlegung der Umweltpolitik

Der nächste Schritt besteht in der Erarbeitung der Umweltpolitik des Unternehmens. Der Umweltpolitik kommt eine zentrale Rolle beim Aufbau und vor allem bei der Funktionsfähigkeit des Umweltmanagements zu. Sie bringt die Selbstverpflichtung zum Umweltschutz sowohl gegenüber der Öffentlichkeit und den Kunden als auch gegenüber den eigenen Mitarbeitern zum Ausdruck.

In Hinblick auf die Umweltpolitik kann die Chemiebranche auf schon bestehende Leitlinien und das internationale Responsible-Care-Programm zurückgreifen (siehe hierzu Kap. 4.3.4).

Anhand eines international tätigen Pharmaunternehmens sollen die Leitlinien für Sicherheit und Umweltschutz exemplarisch dargestellt werden. Diese legen die grundsätzliche Position des Unternehmens hinsichtlich der Thematik der Sicherheit und des Umweltschutzes dar [4.27, S. 6-7]:

Leitsatz 1 Ziel

Unser Ziel ist es, sichere Produkte auf hohem Qualitätsniveau herzustellen und im Wettbewerb erfolgreich zu vermarkten. Dabei darf der wirtschaftliche Nutzen keinen Vorrang haben vor der Gesundheit und Sicherheit des Menschen sowie dem Schutz der Umwelt und der Kulturgüter.

Leitsatz 2 Verantwortung

Zu unserer Verantwortung gehört es, Unfälle zu verhüten, vor Berufskrankheiten zu schützen, Arbeitsplätze menschengerecht zu gestalten, anwendungssichere Produkte zu entwickeln, mit allen Ressourcen sparsam umzugehen und Umweltbelastungen weitgehend zu vermeiden.

Leitsatz 3 Führungsaufgabe

Arbeits-, Gesundheits- und Umweltschutz sind für uns Führungsaufgaben. Unsere Führungskräfte tragen die besondere Verantwortung dafür, ihre Mitarbeiterinnen und Mitarbeiter im Sinne dieser Aufgabe zu schulen und zu motivieren.

Leitsatz 4 Handlungsgrundlagen

Grundlage unseres Handelns sind Gesetze und Verordnungen sowie unsere darüber hinausgehenden Leitsätze und Richtlinien.

Leitsatz 5 Sicherheit der Anlagen

Bei der Planung, der Errichtung und beim Betrieb unserer Anlagen bemühen wir uns um höchstmögliche Sicherheit. Unsere Anlagen werden von besonders geschulten Mitarbeitern bedient, überwacht und regelmäßig gewartet.

Leitsatz 6 Risikobegrenzung

Beim begründeten Verdacht auf eine Störung, die zu einer Gefahr für Mensch und Umwelt werden kann, legen wir die betroffene Anlage im erforderlichen Umfang still. Erst wenn die Störung beseitigt ist, wird die Anlage wieder in Betrieb genommen.

Leitsatz 7 Vorsorge für Gesundheit

Bei der Gestaltung von Arbeitsplätzen in Betrieben, Büros und Laborgebäuden wollen wir neben technischen und wirtschaftlichen Erfordernissen das körperliche, seelische und soziale Wohlbefinden unserer Mitarbeiter berücksichtigen.

Leitsatz 8 Vermeidung von Umweltbelastungen

Bei der Entwicklung von Produkten und Verfahren nutzen wir die wissenschaftlichen, technischen und wirtschaftlichen Möglichkeiten, um Belastungen der Umwelt zu vermeiden. Hierzu streben wir an, Emissionen in Abluft und Abwasser sowie die Entstehung von Reststoffen zu vermindern. Dennoch entstehende Reststoffe werden soweit wie möglich verwertet oder sachgerecht entsorgt.

Leitsatz 9 Kooperationen

Wenn wir Leistungen von anderen Unternehmen in Anspruch nehmen, überzeugen wir uns von der Sachkenntnis und der Zuverlässigkeit unserer Partner.

Leitsatz 10 Informationspolitik

Wir bekennen uns zu einem offenen Dialog mit Mitarbeiterinnen und Mitarbeitern und mit der Öffentlichkeit, um so das Vertrauen in unser verantwortungsvolles Handeln zu festigen.

4.4.2.3 Bildung einer Projektgruppe

Der nächste Schritt besteht in der Bildung einer Projektgruppe für den Aufbau des Umweltmanagementsystems. Da im Falle eines unternehmensweiten Umweltmanagementsystems alle Betriebsbereiche von den anstehenden Aufgaben betroffen sind, wird in der Regel auch jeder Betriebsbereich in der Projektgruppe vertreten sein. Solche Betriebsbereiche sind z.B.:

- Einkauf/Beschaffung,
- Produktion,
- Vertrieb/Marketing,
- Rechnungswesen,
- Umweltschutz,
- Logistik,
- Forschung und Entwicklung,
- Personalwesen,
- Arbeitsschutz und
- Qualitätssicherung.

Für das gesamte Projekt bietet sich die Vorgehensweise des Projektmanagements an (siehe Kap. 6.3.3). So werden meistens in den einzelnen Unternehmensbereichen selbst wiederum Untergruppen gebildet, die im Laufe des Projekts mit projektrelevanten Aufgaben betraut werden und die Rückmeldungen an die Projektleitung geben können. Die selbe Vorgehensweise gilt für den Fall, wenn nur in bestimmten Unternehmensbereichen ein Umweltmanagementsystem aufgebaut werden soll.

Die Aufgaben der Projektgruppe sind:

- Planung und Einschätzung des bei den einzelnen Aufgaben anfallenden Aufwandes,
- Zuteilung der Aufgaben an die Mitarbeiter,
- Unterstützung der Mitarbeiter bei der Durchführung dieser Aufgaben und
- Kontrolle der Durchführung.

Der Projektleiter wird folgende Funktionen übernehmen:

- Koordination der Tätigkeiten in der Projektgruppe,
- zentrale Ansprechperson für den Aufbau des Umweltmanagementsystems und
- Berichterstattung an die Unternehmensleitung.

Die Projektleitung und die betrieblichen Kontrollinstanzen spielen beim Gelingen eines solchen Projektes eine wichtige Rolle. Hierfür kann auf das in Kap. 7.3.6 besprochene *Promotorenmodell* zurückgegriffen werden. Danach besteht das Kontrollgremium aus wichtigen *Machtpromotoren*, die von dem Sinn und Zweck des gesamten Projekts überzeugt sind und sich daher auch für das Gelingen desselben einsetzen werden. Der Projektleiter übernimmt beim Aufbau eines Umweltmanagementsystems die Schlüsselfunktion des obersten *Prozeßpromoters*, indem er durch den zielorientierten Einsatz und die Unterstützung der Machtpromotoren und durch seine Überzeugungskraft die unterschiedlichen *Fachpromotoren* dazu bewegt, sich für das Projekt zu engagieren. Die Fachpromotoren sind dabei die Mitarbeiter, die aufgrund ihres technischen, wissenschaftlichen und organisatorischen Know-how das Gelingen des Projekts überhaupt ermöglichen. Ohne Erfahrung, innerbetriebliche Akzeptanz und psychologisches Geschick wird der Projektleiter die Fachpromotoren und auch die Machtpromotoren nicht langfristig für das Gelingen des Projektes motivieren können. Neben diesen grundlegenden Aspekten sind auch einige weitere Anforderungen hervorzuheben, die zwar häufig als trivial empfunden werden, deren Mißachtung jedoch immer wieder zum Scheitern von solchen Projekten führen:

- Weisungsbefugnisse und Entscheidungskompetenzen müssen von vornherein geklärt werden,
- jede Sitzung der Projektgruppe muß protokolliert werden,
- die Sitzungen müssen regelmäßig stattfinden (z.B. einmal im Monat),
- die Planung der einzelnen Aufbauphasen wird durch die Projektgruppe durchgeführt, dabei sind Arbeitspakete zu definieren, für die der jeweilige Aufwand (Zeit, Personal, Geld) und der Endtermin festzulegen sind,
- die Beteiligung von externen Experten an der Projektgruppe wird untersucht,
- es sind ausreichende betriebliche Ressourcen einzuplanen,
- die Unternehmensleitung ist über den Fortgang des Projektes regelmäßig zu informieren.

4.4.2.4 Festlegung von Arbeitspaketen

Der Aufbau eines Umweltmanagementsystems muß in abgrenzbare Arbeitspakete eingeteilt werden, die von den verantwortlichen betrieblichen Einheiten weiter unterteilt werden können. Hierbei sind folgende Aspekte nachvollziehbar festzulegen:

- Aufgabeninhalte,
- Verantwortlichkeiten,
- mitwirkende betriebliche Funktionen,
- Zeitraum für die Aufgabenerfüllung und
- geplanter Aufwand.

Die einfachste und beste Darstellungsmethode für die Projektplanung ist die tabellarische Darstellung, die beliebig erweitert werden kann (siehe Tabelle 4.5).

Tabelle 4.5. Beispiel einer tabellarischen Planung der Arbeitspakete

Aufgabe	Verantwortlichkeit	Mitarbeit	Zeitraum	Aufwand
Überprüfen des Schulungsbedarfs	Leiter des Personals	alle Führungskräfte	01.05.97 - 01.07.97	keine Planungsdaten
Überprüfen der Auswirkung möglicher Störfälle in der Destillationsanlage	Leiter Produktion	-	15.05.97 - 01.06.97	1 Tag
......	....	.....	.....	.....

Neben der Festlegung der Inhalte und des Zeitraums der einzelnen Aufgaben ist es notwendig, den jeweiligen *Aufwand* (Zeit, Personal, Geld) zur Durchführung der einzelnen Aufgaben abzuschätzen. Dieser Aufwand ist abhängig von:

- der Größe des Unternehmens,
- den Produktionsverfahren und den eingesetzten Stoffen,
- den relevanten Gesetzen,
- der Ist-Situation der betrieblichen Organisation,
- der Ist-Situation der betrieblichen Dokumentation und
- den Personalkosten.

Der *Personalaufwand* für den Aufbau eines Umweltmanagementsystems unterteilt sich dabei in die eigenen Personalkosten und die Kosten für externe Berater. Hierbei ist zu berücksichtigen, daß die Beratungskosten vollständig variable Kosten sind, wohingegen die eigenen Personalkosten nur teilweise als variabel angesehen werden können.

Wenn einzelne Aufgabenpakete definiert worden sind, kann der Personalaufwand geschätzt werden, indem der Projektleiter versucht, folgende Fragen zu beantworten:

- Wer muß bei der Bearbeitung des Aufgabenpaketes beteiligt werden?
- Welche Informationen und Dokumente sind notwendig? Sind diese vorhanden?
- Wieviel Zeit wird für die Bearbeitung benötigt? (Hier sollte auf Erfahrungen des Qualitätsmanagements und auf schon abgearbeitete Arbeitspakete beim Aufbau des Umweltmanagementsystems zurückgegriffen werden.)
- Ist es möglich, daß die beteiligten Mitarbeiter das Aufgabenpaket neben ihren sonstigen Aufgaben erledigen können? Wenn nicht: Welcher zusätzliche Zeitaufwand wäre nötig und was für Kosten (z.B. für externe Fachkräfte und Überstunden) würden entstehen?
- Wie hoch sind durchschnittlich die Personalkosten der beteiligten Mitarbeiter? usw.

Der betriebsinterne Personalaufwand kann monetär ausgedrückt werden, wenn man die geschätzte Stundenanzahl mit einem Durchschnittsstundensatz multipliziert. Die Erfahrung hat jedoch gezeigt, daß es in den meisten Fällen besser ist, nur den zeitlichen Personalaufwand aufzuführen und auf eine Berechnung der monetären Personalkosten zu verzichten, da diese für das Projekt nicht als variable Kosten anzusehen sind.

Das folgende Beispiel soll einen Eindruck vom Aufwand für den Aufbau eines Umweltmanagementsystems geben. Es handelt sich hierbei um einen mittelständischen Betrieb mit 30 Mitarbeiter, der Spezialchemikalien für den Zahnarztbedarf herstellt. Es wurde in Zusammenarbeit mit einem Beraterteam eine Vorstudie erstellt und der Zeitaufwand für die Bearbeitung der einzelnen Elemente der ISO 14001 geschätzt (siehe Tabelle 4.6).

Tabelle 4.6. Beispiel für den internen und externen Zeitaufwand für den Aufbau eines Umweltmanagementsystems bei einem mittelständischen Chemieunternehmen

Aufbauphase		**eigene Einsatztage Mitarbeiter**	**Einsatztage von Beratern**
Aufbauphase I	Vorstudie	3	1
Aufbauphase II	Umweltprüfung	30	10
Aufbauphase III	Ziele und Programme	5	7
Aufbauphase IV	Maßnahmenumsetzung	55	12
Aufbauphase V	Maßnahmenüberprüfung	15	4
Gesamtzahl der Einsatztage		108	34

4.4.3 Aufbauphase II: Umweltprüfung

4.4.3.1 Anforderungen

Die Umweltprüfung ist die wichtigste Voraussetzung für den Aufbau eines Umweltmanagementsystems nach ISO 14001 oder EMAS. Sie dient zur Feststellung des umweltbezogenen Ist-Zustandes des Unternehmens. Zu den Inhalten und der Vorgehensweise gibt der Anhang A der ISO 14001 Auskunft (siehe hierzu den Punkt *A.4.2.1 Umweltaspekte*) und der Anhang I der EMAS (siehe hierzu den Punkt *3. Auswirkungen auf die Umwelt*). Hierin werden folgende vier Hauptabschnitte einer Umweltprüfung definiert:

1. Forderungen aus gesetzlichen Bestimmungen,
2. Ermittlung der bedeutenden Umweltaspekte (bei normalen Bedingungen, bei Abstell- und Anfahrbedingungen und bei Notfällen),
3. Überprüfung der bestehenden Umweltmanagementpraktiken und -Verfahren,
4. Bewertung der Erfahrungen aus Untersuchungen vorangegangener umweltrelevanter Vorfälle.

Die Umweltprüfung muß zudem genutzt werden, den umweltrelevanten Ist-Zustand der Organisation zu erfassen. Diese Erkenntnisse sind notwendig, um die Forderung des Abschnittes *4.3.1 Organisationsstruktur und Verantwortung* der ISO 14001 und der Abschnitte *2. Organisation und Personal* sowie *4. Aufbau- und Ablaufkontrolle* des Anhangs I der EMAS zu erfüllen

4.4.3.2 Vorgehensweise

Eine Umweltprüfung ist besonders für die chemische Industrie eine sehr aufwendige Aufgabe, zu deren effizienten Bewältigung adäquate Instrumente und Techniken eingesetzt werden müssen. Es bietet sich hierfür eine kombinierte Vorgehensweise aus Fragebogen, Interview und graphischer Darstellung der Produktionsprozesse an.

Man kann die Umweltprüfung selbständig oder mit Beteiligung externer Fachkräfte durchführen. Wenn man die Umweltprüfung ohne eine externe Unterstützung durchführt, kann es zu einer mangelhaften Objektivität kommen, die die wirkliche Umweltsituation des Unternehmens verschleiert. Es wird daher empfohlen, externe Berater bzw. bereichsfremde Fachkräfte zu beteiligen.

Wenn sich ein Unternehmen entschlossen hat, eine Umweltprüfung selbständig durchzuführen, sollte diese in folgender Reihenfolge ablaufen:

1. Bestimmung eines Verantwortlichen,
2. Beschaffung oder Erarbeitung von Checklisten,
3. zeitliche und inhaltliche Planung der Umweltprüfung für die einzelnen Unternehmensbereiche,
4. Informationsveranstaltung für die betroffenen Unternehmensbereiche,
5. Auswahl der mitwirkenden Mitarbeiter,
6. Durchführung der Umweltprüfung,
7. Dokumentation des Ist-Zustandes,
8. Beschaffung von Zusatzinformationen und Vergleichsdaten (z.B. durch externe Fachkräfte),
9. Datenauswertung und Bewertung des Ist-Zustandes,
10. Abschlußbericht.

Dabei sind Checklisten das wichtigste Instrument für die Durchführung der Umweltprüfung. Es sollten daher für die unterschiedlichen Betriebsbereiche und Themenstellungen Checklisten erstellt werden. Diese Checklisten können dann auch bei zukünftigen Umweltmanagementsystem-Audits eingesetzt werden. Die Gliederung solch einer Checklistensammlung sollte sich konsequenterweise an den einzelnen Elementen der ISO 14001 bzw. der EMAS orientieren. Die Fragen kann man an die Gegebenheiten der einzelnen Unternehmensbereiche anpassen. So sind z.B. zu einem spezifischen Element der ISO 14001 in dem Unternehmensbereich "Produktion" andere Fragen zu stellen als in dem Unternehmensbereich "Lager und Transport".

Der Ausschnitt einer Checkliste in Tabelle 4.7 zeigt eine in der Praxis erfolgreich angewendete Checklistenstruktur auf.

Tabelle 4.7. Ausschnitt einer Checkliste

<table>
<tr><td colspan="2">Umweltschutz-Checkliste</td><td colspan="3">Datum:</td></tr>
<tr><td>Checkbereich:</td><td>2. Produktion/Produkte</td><td colspan="3">Bearbeiter:</td></tr>
<tr><td>UM-Element:</td><td>Arbeitssicherheit/Arbeitsschutz</td><td colspan="3">Unternehmensbereich:</td></tr>
<tr><td></td><td colspan="4">Gesprächspartner:</td></tr>
<tr><td colspan="2" rowspan="2">Fragen:</td><td colspan="3">Schlußfolgerung</td></tr>
<tr><td>i. O.</td><td>Detail-recherche</td><td>Handlungs-bedarf</td></tr>
<tr><td>2.4.1</td><td>Sind alle notwendigen Warnschilder, Signaleinrichtungen und Hinweistafeln vorhanden und werden diese regelmäßig gewartet bzw. saubergehalten?
a. Ja
b. Weitgehend
c. Das nehme ich an
d. Nein, ich kenne Defizite
e. Das kann ich nicht beurteilen
f. ....</td><td></td><td></td><td></td></tr>
<tr><td>2.4.2</td><td>Sind die notwendigen Geräte, Ausrüstungen oder Chemikalien, die zur Schadensbekämpfung im Störfall einzusetzen sind, vorhanden?
a. Ja
b. Weitgehend
c. Das nehme ich an
d. Nein, ich kenne Defizite
e. Das kann ich nicht beurteilen
f. ....</td><td></td><td></td><td></td></tr>
<tr><td>2.4.3</td><td>Gibt es Detailpläne, in denen die Lage der wichtigsten Absperrarmaturen, Notausschalter, Hydranten, Lagerorte von Medikamenten, Notduschen usw. aufgeführt ist?
a. Ja
b. Nein
c. Nur unvollständig
f. ....</td><td></td><td></td><td></td></tr>
<tr><td>2.4.4</td><td>Gibt es Detailpläne, in denen die Zufahrtswege für die Feuerwehr, Notarzt usw. aufgeführt sind?
a. Ja
b. Nein
c. Nur unvollständig
f. ....</td><td></td><td></td><td></td></tr>
<tr><td>2.4.5</td><td>usw.</td><td></td><td></td><td></td></tr>
</table>

4.4.3.3 Auswertung

Die Ergebnisse der Umweltprüfung werden im Hinblick auf folgende Ziele ausgewertet:

- Identifikation ökologischer Schwachstellen,
- Erarbeitung von technologischen und organisatorischen Lösungsalternativen,
- Einschätzung des zeitlichen und finanziellen Aufwandes zur Realisierung der einzelnen Lösungsalternativen,
- Einschätzung der Möglichkeiten zur Erfüllung der Anforderungen der ISO 14001 bzw. der EMAS,
- Aufstellung von Umweltzielen im Rahmen des Umweltmanagements und
- Festlegung von Umweltprogrammen zur Umsetzung der Umweltziele.

Einige der erfaßten Umweltdaten können quantitativ ausgewertet werden (z.B. mit Kennzahlen, siehe hierzu Kap. 5.4). Es handelt sich dabei beispielsweise um:

- Abwasserwerte,
- Emissionswerte,
- Konzentrationen von Schadstoffen am Arbeitsplatz,
- Verbrauch von Energie und Rohstoffen,
- Abfallaufkommen,
- Kosten für die Beseitigung von Abfällen,
- Anzahl der Unfälle am Arbeitsplatz usw.

Andere Daten sind nicht quantitativer Natur, wie z.B.:

- Kennzeichnung von Gefahrstoffen,
- Ausbildung der Mitarbeiter,
- Zustand einzelner Anlagenteile,
- betriebliche Pläne für Notfallsituationen,
- Transparenz der Verantwortlichkeiten für sicherheits- und umweltschutzrelevante Aufgabenbereiche usw.

Aus diesen Daten der Umweltprüfung, wie auch später aus den Daten der periodisch durchzuführenden Umweltmanagementsystem-Audits, müssen Prioritäten für die Zukunft abgeleitet werden.

4.4.4 Aufbauphase III: Umweltziele und -programm

Im Rahmen eines Umweltmanagementsystems nach ISO 14001 bzw. EMAS müssen Umweltziele aufgestellt werden, die auf der Umweltpolitik beruhen und zu einer Verbesserung der umweltbezogenen Situation des Unternehmens führen (zur

Umweltpolitik siehe Kap. 4.4.2.2). Hinter den normativen Anforderungen zu diesem Thema steht die Überlegung, daß nur durch die Aufstellung konkreter Ziele auch tatsächlich eine Verbesserung des Umweltschutzes zu erreichen ist. Bei der Festlegung der Ziele können die Unternehmen ihre technologischen Optionen und ihre finanziellen, betrieblichen und geschäftlichen Rahmenbedingungen berücksichtigen. Meistens sind dies quantitative Vorgaben, die schriftlich fixiert werden, wie z.B.:

Umweltziele 1997-1998

Umweltziel I	• Substitution aller halogenhaltigen Lösemittel im gesamten Produktionsbereich
Umweltziel II	• Verringerung des Abfalls im Bereich der Polyurethanproduktion um 10%
Umweltziel III	• Verringerung des Frischwasserbedarfs um 15%
Umweltziel IV	• Verbesserung des betrieblichen Vorschlagswesens im Bereich des Umweltschutzes
Umweltziel V	• Projektierung und Baubeginn einer Abwasserreinigungsanlage

Im Rahmen der ISO 14001 wird explizit die Aufstellung von sogenannten Umweltmanagementprogrammen gefordert, um die Umsetzung der Umweltziele zu gewährleisten (siehe hierzu den Abschnitt *4.2.4 Umweltmanagementprogramme* der ISO 14001 bzw. *5. Umweltprogramm für den Standort* des Anhangs I der EMAS). Das Umweltprogramm enthält die geplanten Umweltmaßnahmen und soll sicherstellen, daß die aus der Umweltpolitik und der Ist-Situation des Unternehmens abgeleiteten Umweltziele erreicht werden können. Um ein Umweltmanagementprogramm aufzustellen, ist es u.a. notwendig, folgende Fragen zu beantworten:

1. Wer ist verantwortlich für die Zielerfüllung?
2. Welche Aufgaben müssen erfüllt werden bzw. welche Maßnahmen müssen ergriffen werden, um das Umweltziel zu erreichen?
3. Wie ist der Zeitplan?
4. Welcher zeitliche, personelle und monetäre Aufwand ist notwendig, um die einzelnen Aufgaben und Maßnahmen zur Zielerreichung zu erfüllen?
5. Welche Mitarbeiter sind bei den einzelnen Maßnahmen und Aufgaben zu beteiligen?

Erfahrungsgemäß ist ein Umweltmanagementprogramm schriftlich zu dokumentieren, wobei man folgende Gliederung verwenden kann:

1. Zielbeschreibung,
2. Beschreibung der Ausgangssituation,
3. Aufgabenstellung sowie

4. Vorgehensplan (Beschreibung der Aufgaben/Maßnahmen/Tätigkeiten; Zuordnung der Verantwortlichkeiten; Aufwandseinschätzung; Zeitplan).

Um die Erstellung eines Umweltmanagementprogramms zu vereinfachen, können entsprechende Formulare verwendet werden. Von Vorteil ist auch die fortlaufende Numerierung der Programme und die zentrale Dokumentation aller Veränderungen, Ergebnisse und Daten, die in Zusammenhang mit dem Umweltprogramm stehen.

4.4.5 Aufbauphase IV: Maßnahmenumsetzung

4.4.5.1 Festlegung der Organisationsstruktur

Eine grundlegende Aufgabe des Managements ist es, aufbau- und ablauforganisatorische Strukturen zu schaffen. Dazu gehört die Aufbau- und Ablauforganisation für ein Umweltmanagementsystem. Die normativen Anforderungen der ISO 14001 und der EMAS bestehen hierfür in:

1. Ernennung eines Beauftragten für das Umweltmanagementsystem,
2. Festlegung der umweltrelevanten Abläufe und
3. Festlegung der wesentlichen Verantwortlichkeiten im Rahmen des Umweltmanagementsystems.

Um die umweltrelevanten Abläufe und Verantwortlichkeiten festzulegen, ist es notwendig, die Ist-Situation der Organisation zu erfassen. Dabei sollten als erstes die besonders umweltrelevanten betrieblichen Aufgabenbereiche identifiziert werden (z.B. Bedienung des Reaktors, Lager, Entsorgung von Abfällen), für diese müssen dann Antworten auf folgende Fragen gefunden werden:

- Welche umweltrelevanten Tätigkeiten/Aufgaben sind vorhanden?
- Wer ist verantwortlich?
- Wer ist mit der Durchführung betraut?
- Bestehen rechtliche Regelungen für diese Aufgaben?
- Wie ist die Durchführung betriebsintern reglementiert?
- Wo ist sie dokumentiert?
- Wer bekommt bei normalen Betriebsbedingungen welche Informationen? Wie ist dies dokumentiert?
- Wer ist bei Störfällen zu informieren? Wie sind die Maßnahmen dokumentiert?
- Haben die Mitarbeiter die notwendige Ausbildung? usw.

Wie schon dargestellt, sollten Checklisten für die jeweiligen Betriebsbereiche erstellt werden, in denen die organisatorischen Fragen enthalten sind. Durch die Auswertung der Fragen wird man schnell einen Handlungsbedarf hinsichtlich der

Organisation erkennen. Ein solcher Handlungsbedarf kann z.B. darin bestehen, daß:

- die Ablauf- und Aufbauorganisation neu erarbeitet und dokumentiert und/oder
- die bestehende Ablauf- und Aufbauorganisation angepaßt und dokumentiert werden muß.

Bei der Festlegung der Organisation müssen die betroffenen Mitarbeiter beteiligt werden, um sicherzustellen, daß die organisatorischen Regelungen verstanden und akzeptiert werden.

4.4.5.2 Schulung, Bewußtseinsbildung und Kompetenz

Die ISO 14001 und die EMAS räumen dem Aspekt der Schulung, Bewußtseinsbildung und Kompetenz der Mitarbeiter einen hohen Stellenwert ein (siehe in der ISO 14001 den Abschnitt *4.3.2 Schulung, Bewußtseinsbildung und Kompetenz* bzw. in dem Anhang I der EMAS *2. Organisation und Personal*). Dies liegt darin begründet, daß die Funktionsfähigkeit des Umweltmanagementsystems und damit die Erreichung der Umweltziele nur dann möglich ist, wenn:

- die Mitarbeiter Kenntnis von den Umweltzielen und dem Umweltmanagementsystem sowie von der Umweltrelevanz ihrer eigenen Aufgaben haben,
- motiviert sind, sich für die Zielerreichung einzusetzen und
- hierfür über die notwendige Fach-, Sozial- und Methodenkompetenz verfügen.

Als *Fachkompetenz* werden berufsspezifische Qualifikationen, Fertigkeiten und Kenntnisse bezeichnet. Als *Sozialkompetenz* werden die Qualifikationen, Fertigkeiten und Kenntnisse bezeichnet, die befähigen, eine Situation wahrzunehmen sowie zu diagnostizieren und das eigene Verhalten entsprechend darauf auszurichten. Als *Methodenkompetenz* werden die Qualifikationen, Kenntnisse und Fertigkeiten bezeichnet, die befähigen, Probleme zu lösen und Entscheidungen zu treffen.

In den normativen Vorschriften wird die Hauptaufgabe darin gesehen, den Mitarbeitern die für ihre Arbeit notwendigen, umweltschutzbezogenen Fachkompetenzen zu vermitteln. Dabei handelt es sich meistens um:

- Grundlagen des Umweltschutzes und der Arbeitssicherheit,
- Kennzeichnungspflichten von gefährlichen Stoffen,
- Umgang mit gefährlichen Stoffen,
- Bedienungsanleitungen für die unterschiedlichen Apparate,
- Verhaltensregeln bei Unfällen und Notfällen,
- Dokumentations- und Informationspflichten usw.

Es wird zudem von der ISO 14001 und der EMAS verlangt, daß die Ermittlung des Schulungsbedarfs und die Durchführung von Schulungen systematisch durchgeführt werden und auch überprüfbar sind. Aus diesem Grund müssen im Rahmen des Umweltmanagementsystems hierzu konkrete schriftliche Anweisungen und Aufzeichnungen existieren. Dabei sind die gesetzlichen Schulungen und Informationspflichten der Mitarbeiter als Mindeststandard anzusehen.

Die inhaltlichen Aspekte der Schulungen ergeben sich aus dem Text der Norm und den betrieblichen Gegebenheiten. Zur Erfüllung der normativen Anforderungen kann wie folgt vorgegangen werden:

1. Aufstellung und Dokumentation der aufgabenbezogenen Fachkompetenzen für die wichtigsten umweltrelevanten Tätigkeiten (hierfür müssen die Erkenntnisse der Umweltprüfung und der Aufbau- und Ablauforganisation genutzt werden),
2. Aufstellung und Dokumentation eines Prüfverfahrens hinsichtlich des Ist-Zustandes der Fachkompetenzen (es wird empfohlen, eine Checkliste zu erstellen),
3. Überprüfung, ob die aufgabenspezifische Fachkompetenz bei den jeweiligen Mitarbeitern vorhanden ist (hierfür sollten Befragungen durchgeführt und der Ausbildungsstand sowie frühere Schulungen berücksichtigt werden),
4. Auswertung der Resultate,
5. Aufstellung eines Schulungsprogramms (d.h. zeitliche und inhaltliche Planung der zukünftigen Umweltschutz-Schulungsmaßnahmen mit Festlegung von Prioritäten; es wird eine tabellarische Darstellung empfohlen),
6. Durchführung und Auswertung der Schulungen.

Die Schulungsmaßnahmen dürfen sich nicht nur auf die Vermittlung von fachlichen Inhalten beschränken, sondern müssen um die Aspekte der Sozial- und Methodenkompetenz erweitert werden. Dies kann z.B. im Rahmen von Workshops geschehen, bei denen die Mitarbeiter geschult werden, eigenverantwortlich Probleme zu erkennen, Lösungsvorschläge zu erarbeiten und kontrovers zu diskutieren. Schulungen, bei denen nicht nur Fach- sondern auch Sozial- und Methodenkompetenzen gefördert werden, führen erfahrungsgemäß zu einer langfristig höheren Motivation und Zufriedenheit bei den Mitarbeitern.

Im Rahmen einer umweltorientierten Organisationsgestaltung wäre es jedoch fatal, die umweltbezogenen Personalmaßnahmen einzig und allein auf die Personalentwicklung in Form von Schulungen zu beschränken. Vielmehr sollte eine langfristige ökologische Ausrichtung des Personalmanagements angestrebt werden. Hierbei lassen sich die Aufgaben des betrieblichen Personalmanagements entsprechend der Standardliteratur wie folgt zusammenfassen (siehe hierzu z.B. [4.28], [4.29], [4.30], [4.31]):

- Personalbedarfsermittlung,
- Personalbeschaffung,
- Personalentwicklung, Personalerhaltung und Leistungsstimulation,
- Personalfreisetzung,

- Personaleinsatz und
- Personalinformationsmanagement.

Nur durch diese systematische Integration des Umweltschutzes in das Personalmanagement können langfristig die umweltrelevanten Leistungen des Unternehmens kontinuierlich verbessert werden und die Einführung sowie die Aufrechterhaltung von Umweltmanagementsystemen effektiver und effizienter gestaltet werden (für eine weiterführende Diskussion zu diesem Thema siehe [4.32]).

4.4.5.3 Notfallvorsorge

Wie schon in den vorangegangenen Kapiteln dargestellt, sind in der chemischen Industrie Sicherheitsprobleme auch gleichzeitig Umwelt- und Qualitätsprobleme, da Unfälle in dieser Branche zu schwerwiegenden Belastungen des Bodens, des Wassers und der Luft führen können. Im Rahmen eines Umweltmanagementsystems nach ISO 14001 bzw. der EMAS müssen daher organisatorische Maßnahmen eindeutig festgelegt werden, die zu einer Vermeidung von Unfällen bzw. zu einer Verminderung der Unfallfolgen beitragen. Beispiele für eine solche Notfallvorsorge und Maßnahmenplanung sind:

- Verhaltensregeln bei Notfällen,
- Lagepläne von Hydranten, Notausschaltern, Ventilen usw.,
- Instandhaltungs- und Prüfregeln für sicherheitsrelevante Apparate,
- periodische Durchführung von Sicherheitsüberprüfungen sowie
- Begutachtung durch externe Fachkräfte usw.

Um die normativen Anforderungen zu erfüllen, kann man folgendermaßen vorgehen:

1. Auflistung möglicher Unfälle und Störfälle (Nutzung der Resultate der Umweltprüfung, Befragung interner und eventuell externer Fachleute, Auswertung von Unfällen und Störfällen der Vergangenheit),
2. Analyse des Risikopotentials und der Einflußfaktoren, z.B. durch die FMEA (siehe hierzu Kap. 5.6),
3. Erfassung und Auswertung der vorhandenen Maßnahmen zur Notfallvorsorge und Maßnahmenplanung (Befragung der Mitarbeiter, Analyse der Dokumentation),
4. Planung von organisatorischen und technologischen Verbesserungsmöglichkeiten,
5. Durchführung der Verbesserungen.

4.4.5.4 Dokumentation

Eine konsequente und systematische Dokumentation im Rahmen des Umweltmanagementsystems wird in fast allen Abschnitten der ISO 14001 bzw. der EMAS mit dem Ziel verlangt:

1. die Forderung des Umweltmanagementsystems und ihre Wechselwirkungen zu beschreiben sowie
2. Hinweise für das Auffinden zugehöriger Dokumentationen zu geben.

Zur Wiederholung seien noch einmal die Vorteile einer guten Dokumentation des Umweltmanagementsystems hervorgehoben:

1. leichtere Zertifizierung des Umweltmanagementsystems,
2. leichtere Durchführung von Audits,
3. bessere Transparenz für die Mitarbeiter hinsichtlich ihrer Verantwortlichkeiten und ihrer Aufgaben,
4. bessere Verfügbarkeit der Daten und Dokumente und
5. Erleichterung der Nachweisführung (z.B. im Falle von rechtlichen Anforderungen).

Die Dokumentation des Umweltmanagementsystems darf jedoch nicht zu umfangreich sein, da das betriebliche Umweltmanagement mit einem ständigen Entwicklungs- und Lernprozeß verbunden ist. Dies hat zur Folge, daß von Zeit zu Zeit Dokumente geändert und aktualisiert werden müssen. Die Dokumentation sollte daher folgenden Anforderungen entsprechen:

- systematisch,
- schnittstellenorientiert,
- flexibel und
- anpassungsfähig.

In der Praxis hat sich hierfür ein aus zwei Teilen bestehendes Dokumentationssystem bewährt. Der erste Teil ist das Umweltschutzhandbuch, welches vorrangig der Dokumentation der Umweltpolitik und der Elemente des Umweltmanagementsystems dient. Gleichzeitig ist es das Verzeichnis aller umweltschutzrelevanten Dokumente. Der zweite Teil besteht aus allen umweltschutzrelevanten Dokumenten des Unternehmens, dabei handelt es sich z.B. um:

- Umweltziele und -programme,
- Stellenbeschreibungen/Arbeitsplatzbeschreibungen/ Bedienungsanleitungen,
- Verfahrens- bzw. Arbeitsanweisungen für wichtige, umweltrelevante Tätigkeiten,
- behördliche Genehmigungen,
- externe Gutachten,
- Notfallpläne,
- Organigramme,
- Rezepturen,
- Anlagenbuch,
- Schulungsunterlagen,

- Sicherheitsdatenblätter,
- Meß-, Prüf- und Auditprotokolle,
- Anlagenbeschreibungen,
- Kommunikationsmaßnahmen mit externen interessierten Kreisen,
- Kommunikation mit Kunden zu umweltrelevanten Aspekten usw.

Die Dokumentation mit Anweisungscharakter und das Handbuch sind analog zum Qualitätsmanagement zu formalisieren. Die Dokumente sind dabei mit einem Titel, dem Datum der letzten Änderung, den Namen des Verfassers und des verantwortlichen Mitarbeiters der freigebenden Stelle sowie deren Unterschrift zu versehen. Hinzu kommt eine reglementierte Gliederung der Dokumentation, die in Tabelle 4.8 dargestellt wird.

Tabelle 4.8. Formale Kriterien für die Dokumentation mit Anweisungscharakter

Gliederungspunkt	Inhalt
Zweck	Beschreibt in kurzer Form Zweck und Zielsetzung der zu erstellenden Dokumentation.
Geltungsbereich	Legt den sachlichen, organisatorischen und eventuell zeitlichen Geltungsbereich der Dokumentation fest.
Begriffe	Definiert die in der Dokumentation verwendeten Begriffe.
Zuständigkeiten	Legt für die einzelnen Aufgaben die Kompetenzen und Verantwortlichkeiten der von der Dokumentation betroffenen Funktionen oder Stellen fest.
Beschreibung der Vorgehensweise	Beschreibt die Vorgehensweise und Zuordnung der Verantwortlichkeiten.
Dokumentation	Legt die Dokumentationspflichten fest.
Mitgeltende Regelungen	Listet alle mitgeltenden Regelungen auf.
Anlagen	Enthält gegebenenfalls eine Liste weiterer Informationsquellen und beigelegter Dokumente.

Die Kopf- und Fußzeilen sollten dabei folgende Informationen enthalten:

- aktuelle Seitenzahl und Gesamtseitenzahl,
- Name und Unterschrift des Bearbeiters,
- Name und Unterschrift des Beauftragten für das Umweltmanagementsystem und
- Datum der letzten Änderung und aktuelle Versionsnummer des Dokumentes.

Das Handbuch des Managementsystems ist ein *Dokument der 1. Ebene* und besteht aus mehreren Abschnitten. Die ersten Abschnitte enthalten die Leitsätze, eine Beschreibung des Systems und eine Richtlinie der obersten Führung (Vorstand oder Geschäftsführung) zur Verantwortung und Organisation. Die anderen Abschnitte sind mit den jeweiligen Kapiteln exemplarisch in Tabelle 4.9 aufgeführt.

Tabelle 4.9. Inhaltsübersicht der sieben entscheidenden Regelungsbereiche eines Handbuches aus der chemischen Industrie [4.27, S. 14]

Abschnitt	Kapitel
Arbeitssicherheit	• Arbeitsschutz • Gesundheitsschutz • Gefahrstoffe • Biologische Sicherheit • Strahlensicherheit
Anlagensicherheit	• Grundsätze der Anlagensicherheit • Planung und Errichtung von Anlagen • Betrieb von Anlagen • Instandhaltung • Stillegung und Abbruch von Anlagen und Gebäuden
Gefahrenabwehr und -bekämpfung	• Objektschutz • Notfallorganisation
Umweltschutz	• Landschaftsschutz • Umweltverträglichkeitsbetrachtung • Reinhaltung Luft • Reinhaltung Wasser • Bodenschutz • Abfallvermeidung, -verminderung, -verwertung • Abfallentsorgung
Umgang mit Produkten	• Forschung und Entwicklung • Beschaffung • Verpackung • Transporte • Lagerung • Aus- und Einfuhr reglementierter Waren
Allgemeine Managementregelungen	• Informations- und Berichtswesen • Öffentlichkeitsarbeit • Personalqualifikation/Schulung • Investitionen • Behördliche Genehmigungen • Versicherungen
Systemüberwachung	• Audits

Das Handbuch dient vorwiegend der Festlegung der grundsätzlichen Aufbauorganisation sowie der Aufgaben, Kompetenzen und Verantwortlichkeiten zu den Regelungsbereichen. Diese organisatorische Festlegung kann folgende Pflichten betreffen:

- *Grundpflichten* für alle Führungskräfte hinsichtlich der Sicherheits- und Umweltschutzaufgaben,
- *Pflichten und Rechte für die zentralen Organisationseinheiten* (d.h. für den Vorstand bzw. für die Geschäftsführung, die Stabsstelle für Sicherheit und Umweltschutz usw.),
- *Pflichten und Rechte für die regionalen Organisationseinheiten* (d.h. für die Standortverantwortlichen, Leiter organisatorischer Einheiten, Beauftragte/Fachkräfte/Referenten für Sicherheit und Umweltschutz sowie Werksarbeitskreise Umweltschutz und Sicherheit) sowie die
- *Aufbau- und Ablauforganisation für die Notfallvorsorge.*

Die im Handbuch enthaltenen Anforderungen bedürfen zu ihrer operativen Umsetzung einer weiteren Konkretisierung in Form von Richtlinien, Verfahrensanweisungen und Arbeitsanweisungen.

Richtlinien stellen als *Dokumente der 2. Ebene* übergreifende Ausführungsbestimmungen dar, die für bestimmte, das Unternehmen als Ganzes betreffende Aufgabenbereiche einheitliche Regelungen beinhalten. So kann beispielsweise das Handbuch in einem Kapitel für die Planung, Errichtung und Erstinbetriebnahme von Anlagen eine Reihe von Anforderungen zu diesem Regelungsbereich enthalten. Bei der unternehmensweiten Umsetzung dieser Anforderungen kann es gegebenenfalls zu ablauforganisatorischen oder finanztechnischen Schwierigkeiten kommen, die die Erstellung einer konkretisierenden Richtlinie erfordern.

Die *Verfahrensanweisungen* und *Arbeitsanweisungen* leiten sich aus dem Handbuch und den Richtlinien ab. Als *Dokumente der 3. Ebene* haben sie keinen unternehmensweiten, sondern einen standort- bzw. abteilungsspezifischen Charakter. Angepaßt an die jeweiligen Rahmenbedingungen regeln sie die Durchführung der operativen Abläufe entsprechend den sicherheits- und umweltrelevanten Anforderungen. Anweisungen bilden die Basis des Dokumentationssystems, indem sehr präzise Ausführungsbestimmungen aufgestellt werden, die einen Großteil der Tätigkeiten der Mitarbeiter dokumentieren und reglementieren. Solche schriftlichen Arbeitsanweisungen sind schon seit langer Zeit unentbehrliche Hilfsmittel zur Steuerung und Dokumentation von betrieblichen Abläufen. So können z.B. Arbeitsanweisungen, die die einzelnen Verfahrensschritte in der Produktion konkret beschreiben oder die Erfassung, die Kennzeichnung, den Transport und die Weiterleitung von Reststoffen regeln, aufgestellt werden. Bei der Implementierung des Sicherheits- und Umweltmanagementsystems gilt es, die bestehenden Arbeitsanweisungen hinsichtlich ihrer Vollständigkeit und Widerspruchsfreiheit zu überprüfen und in die Dokumentation einzugliedern.

In der Praxis hat sich folgender Ablauf zur Erstellung der Dokumentation eines Umweltmanagementsystems als sinnvoll erwiesen:

1. Aufstellung einer Liste von zu dokumentierenden Tätigkeiten, Abläufen und Strukturen anhand der gesetzlichen und der normativen Anforderungen (Soll-Zustand),
2. Erfassung des Ist-Zustandes des umweltrelevanten Dokumentationssystems des Unternehmens im Rahmen der Umweltprüfung,
3. Vergleich des Ist- und des Soll-Zustandes; Ableiten von Aufgaben zur Anpassung des Dokumentationssystems,
4. Systematisierung und Katalogisierung aller umweltrelevanter Dokumente (d.h. Zuteilung einer Nummer, Festlegung des Standortes, Aufstellen von Aktualisierungs- und Informationspflichten für jedes Dokument),
5. Erstellen des Umweltschutzhandbuches, wobei die einzelnen Kapitel sich an den Elementen der ISO 14001 bzw. der EMAS orientieren; Verweis in den jeweiligen Kapiteln auf die entsprechende Dokumentation.

Das entstandene System ist analog zu dem typischen Aufbau im Qualitätsbereich in drei Ebenen gegliedert. Ein Beispiel zur Struktur eines Umweltmanagementsystems ist in Abb. 4.10 dargestellt.

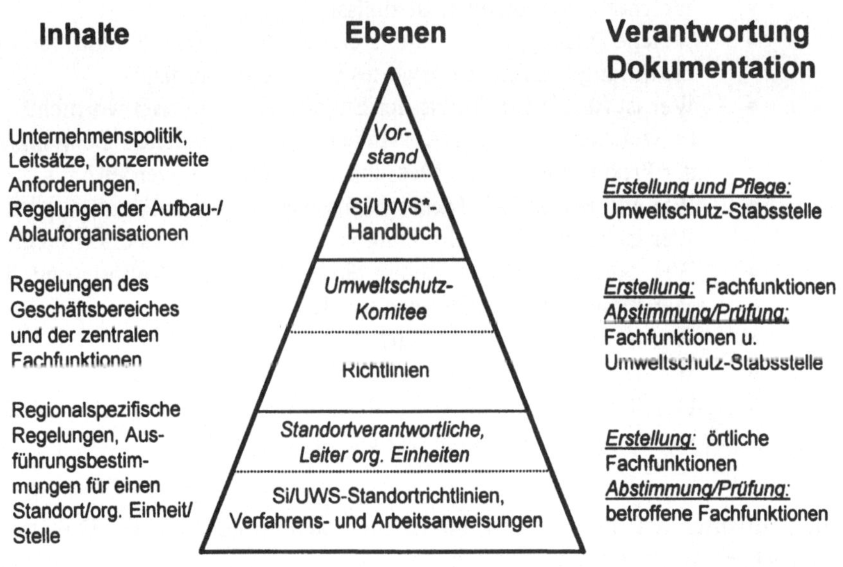

Abb. 4.10. Struktur des Sicherheits- und Umweltmanagementsystems der Schering AG [4.29, S. 9]

4.4.6 Aufbauphase V: Maßnahmenüberprüfung

4.4.6.1 Überwachung und Notfallmaßnahmen

Ziel der gesetzlichen Umwelt- und Sicherheitsvorschriften ist es primär, die schädlichen Auswirkungen soweit wie möglich zu minimieren, und zwar bei:

- normalen Betriebsbedingungen,
- abnormalen Betriebsbedingungen und
- Unfällen bzw. Notfällen.

Umweltmanagementsysteme können dabei helfen, dieses Ziel mit einem Minimum an Aufwand und einem Maximum an Zuverlässigkeit und Transparenz zu erreichen.

In der chemischen Industrie ist es wichtig, die existierenden Anlagen zu überwachen und die umweltrelevanten Meßgrößen eindeutig zu ermitteln. Zur Erfüllung dieser Anforderungen muß ein Fragekatalog abgearbeitet werden, der folgende Fragen beinhalten kann:

- Welche umweltrelevanten Merkmale sind besonders wichtig? (Hierbei wird es sich in der Regel um stoffbezogene Grenzwerte für die Luftbelastung, Abwasserbelastung und ggf. Lärmbelastung handeln.)
- Welcher Emissionswert ist zulässig?
- Welche Meßapparatur und welche Meßvorschrift muß für die Ermittlung des Emissionswertes verwendet werden?
- Wer ist für die Ermittlung der Emissionswerte verantwortlich?
- In welchen zeitlichen Abständen bzw. zu welchen Zeitpunkten der Produktion soll die Messung vorgenommen werden?
- Wie und wo sind die Meßergebnisse zu dokumentieren?
- Wer ist bei der Überschreitung von Grenzwerten zu informieren?
- Wie und in welchen Zeitabständen muß die Kalibrierung der Meßapparatur vorgenommen werden?
- Wer ist dafür verantwortlich?
- Wo ist die Kalibrierung zu dokumentieren?
- Durch wen und wie wird überprüft, daß die gesetzlichen Bestimmungen eingehalten werden? usw.

Die Antworten auf diese Fragen müssen sich dabei primär aus der Dokumentation des Umweltmanagementsystems ergeben.

Wie schon erwähnt, müssen in der chemischen Industrie schwerpunktmäßig Maßnahmen zur wirkungsvollen Notfallvorbeugung und Begrenzung der Unfallauswirkungen bestehen. Hierzu gehören sowohl technische als auch organisatorische Maßnahmen, die bei abnormalen Betriebsbedingungen und Notfällen ergriffen werden können. Diese Maßnahmen müssen in dem betrieblichen Umweltmanagementsystem eindeutig festgelegt und dokumentiert sein. Diese Handlungsanweisungen in Form von Verfahrens- und Arbeitsanweisungen enthalten z.B.:

- Beschreibung der Risikoprüfung von Anlagen und Verfahren,
- Beschreibung der Vorgehensweise bei der nachträglichen Untersuchung von Notfällen und von außerplanmäßigen Abweichungen der Betriebsbedingungen und der diesbezüglichen Maßnahmen,
- organisatorische Notfallpläne,
- inner- und außerbetriebliche Kontaktpersonen,
- Zugangswege zu den betrieblichen umwelt- und sicherheitsrelevanten Daten,
- Aufzeichnungen zu den durchgeführten Korrekturmaßnahmen usw.

Der Aufbau und die Implementierung eines Umweltmanagementsystems erlaubt es, die meist schon vorhandenen umwelt- und sicherheitsrelevanten Vorkehrungen auf ihre Vollständigkeit hin zu überprüfen. In diesem Rahmen ist es auch möglich, den Erhalt und den eventuell notwendigen Ausbau funktionstüchtiger Notfallmaßnahmen zu gewährleisten.

4.4.6.2 Audit

Unternehmen bzw. einzelne Unternehmensbereiche müssen in regelmäßigen Abständen Umweltaudits durchführen, um:

- eine Bewertung des bestehenden Umweltmanagementsystems vorzunehmen,
- festzustellen, inwieweit das Umweltmanagement geeignet ist, die vorgegebene Umweltpolitik zuverlässig umzusetzen,
- festzustellen, inwieweit das Unternehmen die im Rahmen seiner Umweltpolitik formulierten Ziele erfüllt, was auch die Prüfung der Übereinstimmung mit den einschlägigen Umweltvorschriften einschließt und
- zu prüfen, ob das Unternehmen bei der Umsetzung der Umweltpolitik adäquate Techniken einsetzt.

Die betriebsinternen Audits müssen von Personen oder Personengruppen durchgeführt werden, die über die erforderlichen Fachkenntnisse der zu prüfenden Sektoren und Bereiche sowie über die entsprechende Methodenkompetenz verfügen. Die schriftlich festzulegenden Verfahren und das zu erstellende Auditprogramm müssen folgende Informationen enthalten:

- die Tätigkeiten und Bereiche, die in Audits berücksichtigt werden sollen,
- die Häufigkeit der Audits,
- die Verantwortung für die Leitung und Durchführung der Audits,
- die Bekanntgabe der Auditergebnisse,
- die Fähigkeit der Auditoren und
- die Art der Durchführung von Audits.

Der Ablauf eines internen oder externen Umweltaudits ist analog zu einem Qualitätsaudit (siehe hierzu DIN ISO 10011 Teil 1) zu gestalten und läßt sich in folgende 8 chronologische Phasen einteilen:

1. Festlegung der Ziele des Audits,
2. Bestimmung des Umfangs des Audits,
3. Planung und Vorbereitung des Audits,
4. Durchführung der Eröffnungssitzung,
5. Erfassung der relevanten Daten,
6. Dokumentation des Audits,
7. Durchführung der Schlußsitzung,
8. Erstellung des Auditberichts und
9. Ableitung von Folgerungen aus dem Audit.

Die ISO 14000er Reihe enthält in folgenden Normen Anweisungen für die Durchführung von Umweltaudits:

- ISO 14010: Leitfäden für Umweltaudits - Allgemeine Grundsätze für die Durchführung von Umweltaudits
- ISO 14011-1: Auditverfahren, Teil 1: Audit von Umweltmanagementsystemen
- ISO 14012: Leitfäden für Umweltaudits - Qualifikationskriterien für Umweltauditoren

Die EMAS enthält diesbezüglich in folgenden Abschnitten Anforderungen:

- Anhang II: Anforderungen in Bezug auf die Umweltbetriebsprüfungen
- Anhang III: Anforderungen für die Zulassung der Umweltgutachter und ihre Aufgaben

4.5 Zusammenfassung und Fazit

Die Einführung eines funktionsfähigen Umweltmanagementsystems ermöglicht eine systematische und nachvollziehbare Vorgehensweise, um die Aufgaben des betrieblichen Umweltschutzes zu planen, durchzuführen und zu kontrollieren sowie die Organisation in ihrer Effizienz und Effektivität weiter zu verbessern. In diesem Kapitel wurden sowohl die theoretischen Grundlagen und Anforderungen zu den Managementsystemen in den Bereichen Qualität und Umweltschutz als auch die branchenspezifische Entwicklung beschrieben. Ferner befaßte sich dieses Kapitel praxisorientiert mit dem Aufbau, der Implementierung und der Funktion eines Umweltmanagementsystems.

In der Aufbauphase ist es wichtig, von vornherein eine möglichst breite Akzeptanz des Managementsystems sicherzustellen. Hierfür ist es wünschenswert, die einzelnen betrieblichen Funktionen bei der Erstellung der sie betreffenden Regelungen soweit wie möglich zu beteiligen. Die Konsensfindung bei der Erarbeitung der abteilungsspezifischen aufbau- und ablauforganisatorischen Regelungen ist die Voraussetzung für die Funktionsfähigkeit des Systems. Nur so können die abteilungsspezifischen Multiplikatoren die Mitarbeiter, die zusätzlich zu ihrem Tagesgeschäft die Anforderungen des Managementsystems erfüllen sollen, von dem Nutzen des gesamten Projekts überzeugen. Die einzelnen Phasen mit den ablaufenden Aktivitäten sowie den auftretenden Schwierigkeiten sind in Tabelle 4.10 zusammenfassend charakterisiert.

Die Implementierungsphase entscheidet maßgeblich über den langfristigen Erfolg von Umweltmanagementsystemen. Ein wichtiger Grund für mögliche Verzögerungen in der Implementierung von Umweltmanagementsystemen liegt in dem personal- und zeitintensiven Aufwand für die zu erstellende systemkonforme Dokumentation und für die eventuell notwendige Anpassung der bestehenden betriebsinternen Abläufe. Für die Durchführung dieser Aufgaben können einerseits in Teilbereichen die notwendigen Ressourcen und andererseits auch die notwendige Motivation fehlen.

Die Pflege und Auditierung des Umweltmanagementsystems ist bei einem großen Unternehmen einer Stabsstelle, bei kleineren Unternehmen einem Umweltschutzbeauftragten zu übertragen. Durch die Auditierung soll vor allem die Existenz und Funktionsfähigkeit der organisatorischen Abläufe, Verfahrensanweisungen und Arbeitsanweisungen überprüft werden. Bei Feststellung von etwaigen Mängeln ist es die Aufgabe der Stabsstelle bzw. des Beauftragten, die Einleitung und Durchführung von Korrekturmaßnahmen zu fördern und zu überwachen. Durch ein entsprechendes Berichtswesen sind dem oberen Management die Auditaktivitäten und deren Ergebnisse mitzuteilen.

Tabelle 4.10. Aufbau-, Implementierungs- und Funktionsphase

Phase	Aktivitäten	Schwierigkeiten
Aufbau	• Auftragserteilung der obersten Leitung • Aufbau des Projektteams • Formulierung der Ziele/Festlegung des Soll-Profils • Ablaufs- und Aufwandsplanung • Ermittlung, Dokumentation und Bewertung des Ist-Zustandes unter Einbeziehung der betroffenen Funktionen • Festlegung des weiteren Vorgehens / Zuordnung der Aufgaben • Festlegung der Systemanforderungen in Absprache mit den betroffenen Funktionen • Abschlußbericht	• mangelhafte Unterstützung der obersten Leitung und der betroffenen Funktionen • negative Einstellung gegenüber dem Projekt bei den Betroffenen (Reaktionen: von Skepsis bis zu gezielten Gegenmaßnahmen) • unzureichende finanzielle und personelle Ressourcen zur Durchführung der notwendigen Maßnahmen
Implementierung	• Ablaufs- und Aufwandsplanung • Schaffung der personellen Strukturen zur Pflege, Kontrolle und Unterstützung des Systems • Durchführung zielgruppenorientierter Informations- und Motivationsveranstaltungen auf unterschiedlichen hierarchischen Ebenen • Unterstützung der betrieblichen Funktionen bei den Anpassungsaktivitäten (z.B. der betrieblichen Dokumentation) • Abschlußbericht	• analog zur vorherigen Phase Schwierigkeiten bei der Umsetzung der Anforderungen aufgrund von Verständnisproblemen, Ressourcenmangel und unangepaßten Anforderungen
Funktion	• Beratung und Unterstützung der betrieblichen Funktionen • Durchführung der Audittätigkeit • kontinuierliche Verbesserung • periodische oder themenbezogene Schulungs-, Informations- und Motivationsveranstaltungen • Erstellung von Berichten	• analog zu den vorherigen Phasen

Die Erfüllung aller organisatorischen und dokumentarischen Anforderungen an ein Umweltmanagementsystem führen von sich aus nicht zu einer effektiven und effizienten Förderung des produktionsintegrierten Umweltschutzes. Hierfür ist es notwendig im Rahmen des Umweltmanagements adäquate Methoden, Techniken und Instrumente einzusetzen, die die Mitarbeiter bei ihren umweltrelevanten Abläufen unterstützen. Basierend auf diesen Überlegungen werden im nächsten

Kapitel einige Instrumente, Methoden und Techniken vorgestellt, die im Rahmen des Umweltmanagementsystems allgemein eingesetzt werden können.

5. Techniken des Umweltmanagements

5.1 Einleitung

Das betriebliche Umweltmanagement befaßt sich prinzipiell mit folgenden Aspekten:

1. betriebliche Umweltorganisationsstruktur sowie
2. Erfassung, Analyse und Bewertung von umweltrelevanten Informationen.

Es müssen im Rahmen des Umweltmanagements Techniken eingesetzt werden, um strukturiert und transparent bei der Bewältigung dieser Aspekte vorzugehen. Hierbei sind Techniken als die Summe der Methoden, Verfahren, Instrumente und Werkzeuge zu verstehen.

Im Bereich der betrieblichen Aufbau- und Ablauforganisation haben sich in der unternehmerischen Praxis eine ganze Reihe von Techniken durchgesetzt, die für das Umweltmanagement genutzt werden sollten. Dabei handelt es sich um:

- Ablauf- bzw. Flußdiagramm,
- Organigramm,
- Netzplantechnik usw.

Neben dem organisatorischen Aspekt geht es jedoch im Rahmen des Umweltmanagements vor allem darum, das betriebliche Informationssystem so zu beeinflussen, daß umweltrelevante Daten im Laufe der betrieblichen Entscheidungsprozesse adäquat berücksichtigt werden. Hierfür bedarf es einer angepaßten methodischen Unterstützung der Informationsbeschaffung, der Informationsdarstellung, der Informationsanalyse und der Informationsbewertung. Durch den kontinuierlichen Einsatz von standardisierten Umweltmanagementtechniken im Rahmen der betrieblichen Entscheidungsprozesse entstehen folgende Vorteile:

- Beschleunigung der Entscheidungsprozesse,
- höhere Transparenz der Entscheidungsprozesse,
- Dokumentation der Entscheidungsprozesse,
- systematische Erfassung von ökologischen Daten sowie
- Förderung eines unternehmerischen Lernprozesses hinsichtlich des Umgangs und der Bewertung ökologischer Informationen.

In Tabelle 5.1 sind eine Reihe von potentiellen Techniken aufgeführt, mit denen umweltrelevante Informationen systematischer erfaßt, dargestellt und bewertet werden können. Einige der Techniken werden im folgenden besprochen und in Kap. 7.4 für die chemische Forschung und Entwicklungbeispielhaft weiter konkretisiert (für eine allgemeine Darstellung der Umweltmanagementtechniken siehe z.B. [5.1] und [5.2]).

Tabelle 5.1. Informationsbezogene Techniken des Umweltmanagements

Techniken zur Informationsbeschaffung	• Checklisten • Sachbilanzen (als Teil der Ökobilanzen) • Formularwesen • Datenbanksysteme • Fragebogentechniken • Interviews
Techniken zur Informations- und Problemdarstellung	• Histogramme • Flußdiagramme • Balkendiagramme • Polaritätsprofile • Ursachen-Wirkungsdiagramme (Fischgrätendiagramme) • Beziehungsdiagramme • Matrixdiagramme • Sachbilanzen (als Teil der Ökobilanzen)
Techniken zur Informationsanalyse	• Checklisten • Ursachen-Wirkungsdiagramme • ABC-Analyse • Szenario-Techniken • Risiko-Analyse • Portfolio-Techniken • Bilanzansätze • Kennzahlensysteme
Techniken zur Bewertung	• Checklisten • Wirkungsbilanzen (als Teil der Ökobilanz) • Kennzahlen • Wirtschaftlichkeitsrechnung • Kosten-Nutzen-Rechnung • Nutzwertanalyse • verbal-argumentative Methoden • Grenzwert-Betrachtung • Expertensysteme

5.2 Checklisten

Checklisten sind das einfachste und am weitesten verbreitete Hilfsmittel des Umweltmanagements. So geben 58% aller in einer Umfrage interviewten Unternehmen an, Checklisten als umweltbezogenes Instrumentarium einzusetzen, und weitere 10 %, dies zu planen [5.3, S. 7].

Checklisten charakterisieren sich durch folgende Eigenschaften:

- sie können sowohl zur Bearbeitung von organisatorischen (Aufbau- und Ablauforganisation) als auch von sachbezogenen Aufgaben (umweltrelevanten Risikopotentialen bei Prozessen und Verfahren) verwendet werden,
- sie eignen sich besonders als Hilfsmittel bei der Bearbeitung von Routineaufgaben,
- sie sind ein einfaches Instrumentarium, um die Berücksichtigung wichtiger Faktoren zu gewährleisten,
- sie können für die Gestaltung der Problemlösungszyklen (z.B. in Form von abzuarbeitenden Punkten) und für die Entscheidungsfindung (z.B. in Form von wertenden Checklisten, d.h. mit vorgegebenen Wertmaßstäben) verwendet werden,
- sie können "Muß-" und "Kann-Kriterien" beinhalten,
- sie sind komprimierte Informationsträger und dadurch entsprechend erweiterbar,
- sie können als Projekt-Dokumentationssystem verwendet werden (wenn es sich z.B. um auszufüllende Checklisten handelt),
- sie sind nur bedingt geeignet, um komplexe Zusammenhänge und Wechselwirkungen darzustellen,
- sie setzen eine Kenntnis der potentiellen Lösungsansätze voraus.

Diese überwiegend positiven Eigenschaften haben die Checklisten zu einem seit langem bewährten Hilfsmittel in der Sicherheitstechnik gemacht [5.4]. Im Bereich des Umweltschutzes wurden analoge Checklistensysteme aufgestellt (siehe hierzu z.B. [5.5], [5.6], [5.7], [5.8], [5.9], [5.10]).

Checklisten können in folgende vier Klassen unterschieden werden:

1. Checklisten, die zur Ermittlung des Ist-Zustandes der ökologischen Aspekte dienen und vor allem zur *Informationsbeschaffung* eingesetzt werden ("*Erfassungs-Checklisten*"),
2. Checklisten mit qualitativen Erfahrungswerten, die nach dem heuristischen Prinzip des gezielten Fragens oder durch qualitative Aussagen Denkprozesse und Intuition im Zuge der Problemlösungsgenerierung fördern sollen ("Heuristiken-*Checklisten*"),
3. Checklisten, die als kompakte Informationsträger eingesetzt werden ("*Informations-Checklisten*") und
4. Checklisten mit konkreten Angaben zu bestimmten Umweltschutzkriterien, die in den Problemlösungsphasen für die Infor-

mationsanalyse und die Bewertung eingesetzt werden ("*Steuerungs-Checklisten*").

Aufgrund der umfangreichen Einsatzmöglichkeiten der Checklisten beim Aufbau, bei der Implementierung und bei der Aufrechterhaltung von Umweltmanagementsystemen werden diese in Kap. 7.4.2 ausführlich anhand von umweltschutzbezogenen Beispielen aus der chemischen Industrie besprochen.

5.3 Ökobilanzen

5.3.1 Bilanzansatz im Umweltschutz

Angeregt durch besorgniserregende Dokumentationen und Veröffentlichungen zur Lage unseres Planeten, wie z.B. "A blueprint for survival" des Club of Rome oder "The limits of growth" von Meadows et al., entwickelt sich in den 80er Jahren die Überzeugung, daß es eines systematischen Erfassungsinstrumentariums der gesamtökologischen Auswirkungen von Produkten und Produktionsverfahren bedarf, um die drohende ökologische Katastrophe zu verhindern. Dafür wurden Modellbetrachtungen entwickelt, die weit über die betrieblichen Grenzen hinaus die Umweltbelastungen des gesamten Produktlebenszyklus' von der Entnahme der Rohstoffe über die Produktion, den Verbrauch bis hin zur Entsorgung einbeziehen. Auch hier bilden Stoff- und Energiebilanzen die Bewertungsgrundlage, wobei jedoch nicht die wirtschaftlichen und technischen, sondern vor allem ökologische Aspekte die entscheidende Rolle spielen. Das Aufeinandertreffen und die Verknüpfung der Ressourcen- und Umweltdebatte mit den Vorstellungen einer umfassenden Betrachtung von ökonomischen Prozessen lieferte den Impuls für eine Vielzahl von Vorgehensweisen, die man unter dem Stichwort "*Ökobilanz*" zusammenfassen kann. Dieser Begriff tritt dabei in zahlreichen Variationen auf:

- Lebensweganalyse,
- Lebenszyklusanalyse,
- ganzheitliche Bilanzierung,
- Stoff-, Energie-, Emissions- und Abfallbilanz,
- Ökoprofil,
- Produktlinienanalyse,
- Life Cycle Assessment (LCA) usw.

Bilanzielle Ansätze sind geprägt durch den Versuch, eine ausgeglichene zahlenmäßige Gegenüberstellung von Objekten oder Erscheinungen gleicher bzw. miteinander vergleichbarer Art herzustellen. Allgemein werden bei Bilanzierungen für einen bestimmten Bilanzraum und eine definierte Zeitperiode folgende Mengen quantitativ erfaßt:

- die in den Bilanzraum eintretenden Mengen,
- die aus dem Bilanzraum austretenden Mengen sowie
- die im Bilanzraum gespeicherten und umgewandelten Mengen.

Die Bilanzidee wurde ursprünglich im kaufmännischen Bereich entwickelt. Eingänge wurden positiv und Ausgänge negativ bewertet. Später wurde die Bilanzidee in die Technik übernommen.

Die auf dieser Systematik aufbauende Stoff- und Energiebilanzierung spielt in der technischen Chemie und der Verfahrenstechnik, vor allem bei der Entwicklung und Bewertung von chemischen Verfahren sowie der Planung von Chemieanlagen, eine herausragende Rolle. Sie dient bereits in frühen Phasen der Verfahrensentwicklung dazu, einfache stöchiometrische Bilanzen und konkurrierende Reaktionswege gegeneinander abzuwägen. Bei fortschreitender Entwicklung des chemischen Verfahrens werden dann genauere Stoff- und Energiebilanzen erstellt. In der Phase der Planung von Chemieanlagen werden stationäre oder dynamische (d.h. zeitabhängige) Stoff- und Energiebilanzen durch Simulation des Prozeßverhaltens als Grundlage der verfahrenstechnischen Auslegung der Produktionsprozesse bestimmt (zur Rolle und Anwendungspraxis von Stoff- und Energiebilanzen bei der Projektierung von technischen Anlagen siehe z.B. [5.11]).

Für existierende Chemieanlagen basieren dagegen die Stoff- und Energiebilanzen überwiegend auf Messungen. Da aus wirtschaftlichen Gründen nicht alle Stoff- und Energieströme gemessen werden, berechnet man die unbekannten Ströme aus den bekannten Meßgrößen bzw. ergänzt sie durch teilweise Simulation des Prozeßverhaltens.

Grundsätzlich können die Bilanzüberlegungen auch für Stoffe und Stoffgruppen angewandt werden. Dabei sind die Bilanzen nicht mehr allein auf die Produktionsprozesse begrenzt, sondern können auf beliebige Bilanzräume, beispielsweise auf einen Konzern oder eine Volkswirtschaft, bezogen werden. Die Stickstoffdüngemittelbilanz für ein bestimmtes Land ist ein typisches Beispiel dafür, bei der die Erzeugung auf der Inputseite und die Verbraucherprozesse auf der Outputeite stehen.

Nicht alle in den Bilanzraum eintretenden und aus ihm austretenden Stoffe und Energien müssen in einer Bilanz berücksichtigt werden. Stoffbilanzen können nach der Vollständigkeit der erfaßten Materie in drei Arten unterteilt werden:

- Die Gesamtstoffbilanz erfaßt alle eintretenden und austretenden Stoffe. Finden im Bilanzraum keine Kernreaktionen statt, so ist nach dem Massenerhaltungssatz die Masse der eintretenden Stoffe gleich der Masse der austretenden Stoffe.
- Die Komponentenbilanz wird für eine Komponente angewandt, die eventuell chemischen Umwandlungen im Bilanzraum unter-

worfen wird. Als Komponenten gelten freie Elemente, chemische Verbindungen und Gruppen chemischer Verbindungen, die für den betreffenden Zweck gleiche Eigenschaften aufweisen. Eine Beispiel für die dritte Art ist die Luft oder eine Kohlenwasserstoff-Fraktion. Für einen Bilanzraum können so viele Komponentenbilanzen aufgestellt werden, wie Komponenten vorhanden sind.

- Die Elementenbilanz gilt für gebundene Elemente, aber auch für Moleküle und Radikale, die gebunden oder ungebunden durch chemische Umsetzungen im Bilanzraum unverändert bleiben. Ähnlich zu den Komponentenbilanzen können so viele Elementenbilanzen, wie Elemente vorhanden sind, entwickelt werden.

Analoges gilt für die Energiebilanz. Diese kann in zwei Arten differenziert werden:

- Die Gesamtenergiebilanz erfaßt alle Energiearten. Jede Energieform kann innerhalb des Bilanzraumes in eine andere umgesetzt werden.
- Die Energiebilanz für eine Energieart berücksichtigt dagegen nur eine Energieform. Die Bilanz der thermischen Energie (auch vielfach als Wärmebilanz bezeichnet) ist die bei weitem bedeutendste Art und erfaßt alle Enthalpie- und Wärmeströme, die in den Bilanzraum hinein- bzw. aus dem Bilanzraum heraustreten, sowie die Umwandlung der thermischen Energie innerhalb des Bilanzraumes.

Auch wenn es die Konzeption der Ökobilanz schon seit einiger Zeit gibt, sind noch keine allgemein anerkannten Regeln vorhanden, die die Vorgehensweise hierzu festlegen. Man bemüht sich jedoch auf verschiedenen Ebenen, die "Lücke" zu schließen.

5.3.2 Arten der Ökobilanzen

5.3.2.1 Betriebliche Ökobilanzen

Die Ökobilanz kann für verschiedene Bezugsobjekte angewandt werden. Grundsätzlich kann man unterscheiden zwischen:

1. betrieblichen Ökobilanzen und
2. lebenszyklus-orientierten Ökobilanzen.

Die erste Gruppe bezieht sich auf einen definierten Bilanzraum, der mit der Produktionsstätte im weiteren Sinne identisch ist. Für die chemische Industrie sind folgende betriebliche Ökobilanzen von Bedeutung:

- die Prozeßbilanz,
- die Betriebsbilanz und
- die Standortbilanz.

Die Prozeßbilanz bezieht sich auf einen Prozeß oder eine Verfahrensstufe, wofür eine Input-Output-Bilanz erstellt wird. Je nach Zweck kann die Vollständigkeit der erfaßten Stoffe und Energien sehr unterschiedlich sein. Als Stoffbilanz werden in der Regel die Komponentenbilanzen für die Hauptkomponenten im Sinne der Umweltrelevanz aufgestellt. Bei der Energiebilanz werden die Gesamtenergiebilanz oder die Bilanz der thermischen Energie unter Berücksichtigung von Energien der physikalischen und chemischen Umwandlungen entwickelt. Werden die Bilanzen aller Verfahrensstufen eines Prozesses miteinander verknüpft, erhält man die Prozeßbilanz:

$$\textit{Prozeßbilanz} = \sum \textit{Bilanzen der Verfahrensstufen} \tag{5-1}$$

Die Verknüpfung der Bilanzen aller Prozesse eines Betriebes führt zur Betriebsbilanz:

$$\textit{Betriebsbilanz} = \sum \textit{Prozeßbilanzen} \tag{5-2}$$

Bei der Betriebsbilanz wird der Betrieb als Black-Box betrachtet, für die die eingesetzten Stoffe und Energien auf der Inputseite und die Produkte sowie die stofflichen und energetischen Emissionen auf der Outputseite erfaßt werden.

Ein Standort kann aus mehreren Betrieben bestehen. Als Bilanzgrenze wird die Standortgrenze festgelegt. Die Verknüpfung aller Betriebsbilanzen eines Standortes führt zur Standortbilanz:

$$\textit{Standortbilanz} = \sum \textit{Betriebsbilanzen} \tag{5-3}$$

Ähnlich wie bei der Betriebsbilanz werden bei der Standortbilanz die eingesetzten Stoffe und Energien auf der Inputseite und die Produkte sowie die stofflichen und energetischen Emissionen auf der Outputseite aufgenommen. Die Standortbilanz kann zum Zweck des Aufbaus eines Umweltmanagementsystems nach EMAS eine wichtige Rolle spielen, da die Zertifizierung dabei standortbezogen erfolgt.

Damit besitzen die drei genannten Bilanzarten eine eindeutig definierte Hierarchie. Auf der obersten Hierarchieebene steht die Standortbilanz, die alle Betriebe eines Standortes erfaßt. Eine Betriebsbilanz kann mehrere Prozesse enthalten und gilt für eine abgeschlossene Betriebseinheit. Dagegen steht die Prozeßbilanz für die kleinste Bilanzraumeinheit.

Die Festlegung der Grenzen des Bilanzraumes in der betrieblichen Ökobilanzierung kann unterschiedlich gehandhabt werden. Bei den Betriebs- und Standortbilanzen werden in der Regel die Betriebsgrenzen bzw. die Standortgrenzen als Bilanzgrenzen gesetzt. Oft werden auch Räumlichkeiten berücksichtigt, die nicht zur Produktion gehören, wie z.B. Lager-, Sozial- und Verwaltungsräume. Auch Logistikleistungen oder räumlich ausgelagerte administrative Tätigkeiten können eingeschlossen werden. Jedoch können Begrenzungsprobleme entstehen, wie z.B. bei Nebenanlagen (für Energieerzeugung, Abwasserbehandlung usw.), die gemeinsam von mehreren Betrieben genutzt werden können.

Bei der Prozeßbilanz hängt die Auswahl eines Prozesses zum Zwecke der Ökobilanzierung sowie die Festlegung der Bilanzgrenze von der Einschätzung ihrer Relevanz ab. Verfahrensstufen mit kleinen Emissionsströmen, wie z.B. Granulatherstellung oder Lagerung von Chemikalien, können eventuell außer Betracht gelassen werden. Die Hauptverfahrensstufen mit wichtiger chemischer Umsetzung sollten dagegen berücksichtigt werden.

Die Festlegung der Bilanzraumgrenzen ist von zentraler Bedeutung, da man eventuell bei verschiedenen Bilanzgrenzen zu unterschiedlichen Schlußfolgerungen gelangen kann. In allen Fällen müssen die Grenzen eines Bilanzraumes genau definiert werden. Diese Angaben bilden einen Teil der Bilanzdokumentation, um Mißverständnisse zu vermeiden. Auch die Zeitperiode der Bilanz muß angegeben werden. In der Regel wird die betriebliche Bilanz für ein Jahr erstellt.

Die betrieblichen Ökobilanzen stellen ein brauchbares Mittel für die Schätzung der Umweltbelastung in einem Betrieb dar, wie in Kap. 5.3.2 aufgezeigt wird.

5.3.2.2 Lebenszyklus-orientierte Ökobilanzen

Die lebenszyklus-orientierten Ökobilanzen beziehen sich auf die zeitlichen Phasen des Lebenszyklus' eines Stoffes. Dabei wird für jede zeitliche Phase ein anderer Bilanzraum definiert. Der hierbei betrachtete Stoff kann ein Rohstoff, ein Zwischenprodukt oder ein Endprodukt sein. Meistens handelt es sich um ein Produkt. Daher hat sich die Bezeichnung Produkt-Ökobilanz durchgesetzt.

Als Beispiel sei hier die Chlorbilanz einer Volkswirtschaft erwähnt. Als Input gilt das Chlor im für die Herstellung eingesetzten Natriumchlorid. Es durchläuft dann verschiedene Phasen, bis es im Abfall (z.B. in PVC-Abfall), Abwasser (z.B. in gelösten Metallsalzen) und mit der Abluft (z.B. als Chlorwasserstoff-Emissionen) den Gesamtbilanzraum als Output verläßt. Für jede Lebensphase kann eine Teilbilanz erstellt werden, wie z.B. für die Herstellung in der Chloralkali-Elektrolyseanlage, den Transport zur Weiterverarbeitung in Chemieanlagen, die Weiterverarbeitung in verschiedenen Produktionsprozessen, den Transport der Produkte usw. Dabei werden für jede Teilphase die Stoffe als Input bzw. Output ermittelt, in denen das Chlor auftritt. Eventuell werden auch die Energien bestimmt, die für die Funktion, z.B. Transport, oder für die Umwandlung umgesetzt werden.

Die lebenszyklus-orientierten Ökobilanzen können den gesamten Lebenszyklus des Stoffes oder nur einen Teil davon, wie beispielsweise den Weg durch den Betrieb oder das Unternehmen, betreffen. Im letzten Fall ist die Stoffbilanz identisch mit der betrieblichen Produkt-Ökobilanz aus Kap. 5.3.2.1. Wird die lebenszyklus-orientierte Ökobilanz für den gesamten Lebenszyklus betrachtet, so werden folgende Phasen berücksichtigt:

- Rohstoffgewinnung,
- Produktion,
  - Vorproduktion,
  - Hauptproduktion,
  - Weiterverarbeitung,
- Konsum und
- Entsorgung (siehe Kap. 5.3.2.4).

Dabei kann der Transport zwischen den einzelnen Phasen ebenfalls berücksichtigt werden.

Der Stammbaum des Produktes (vorgelagerte Rohstoffe und nachgelagerte Folgeprodukte) ist ein brauchbares Hilfsmittel, um ein Gesamtbild von dem Lebenszyklus des Produktes zu erhalten. Der Stammbaum kann durch Mengenangaben ergänzt werden.

Nach den erfaßten Stoffen differenziert, kann man die lebenszyklus-orientierten Ökobilanzen unterteilen in:

- Elementenbilanz, wie z.B. des Chlors, des Bleis usw.,
- Stoffbilanz als Komponentenbilanz, wie z.B. des Benzols,
- Stoffgruppenbilanz für eine Gruppe von Stoffen gleicher Eigenschaften, wie z.B. der FCKW (unter Verwendung eines Klassifikationsschemas),
- Produktbilanz (Vor-, Zwischen- oder Endprodukt), eventuell bestehend aus mehreren Komponenten, wie z.B. Polyethylen-Kunststoff (bestehend aus reinem Polyethylen, Weichmachern, Hilfsstoffen, Pigmenten usw.) sowie
- Produktgruppenbilanz, wie z.B. Polyolefine (unter Verwendung eines Klassifikationsschemas).

Ein Hauptmerkmal der lebenszyklus-orientierten Ökobilanzen ist die große Komplexität im Vergleich zu betrieblichen Ökobilanzen. Dies resultiert aus den zahlreichen Lebensphasen eines Stoffes sowie den komplexen Umwelteinwirkungen des Stoffes in jeder Phase. Der Transport eines Stoffes kann Emissionen verursachen, die die Umwelt in mannigfacher Weise beeinflussen. Es können z.B. Reaktionen mit Materialien des Transportmittels bzw. der Luft entstehen. Oder der Stoff entweicht und lagert sich in Umweltmedien an.

Hinsichtlich des Bezugssystems kann die lebenszyklus-orientierte Ökobilanz

- für eine Zeitperiode erstellt oder
- auf eine Mengeneinheit des Stoffes bezogen werden.

Wird die Ökobilanz auf eine Zeitperiode bezogen, so können absolute Zahlen für die Bilanz verwendet werden. Im zweiten Fall bezieht man die Bilanz auf eine Mengeneinheit des Stoffes, meistens auf eine Masseneinheit des Produktes. Beispielsweise werden alle Stoffe zur Herstellung eines anorganischen Pigments als Input und die Abfälle als Output auf ein Kilogramm des Pigments bezogen.

In den letzten Jahren wurde von den lebenszyklus-orientierten Ökobilanzen vor allem die Produkt-Ökobilanz viel diskutiert. Für Chemieunternehmen wäre die letztgenannte Ökobilanz ein Instrument zur Schätzung der Umweltbelastungen ihrer Produkte. Einige Chemieunternehmen geben an, die Produkt-Ökobilanz für den genannten Zweck einzusetzen. Wie in Kap. 5.3.3.6 aufgezeigt wird, ist jedoch die Aussagekraft solcher Bilanzen aufgrund der hohen Subjektivität sehr begrenzt.

5.3.3 Phasen der Ökobilanzierung

5.3.3.1 Bilanzierungsziele

Sowohl die betriebliche als auch die lebenszyklus-orientierte Ökobilanzierung lassen sich in vier Hauptphasen unterteilen, wie in Abb. 5.1 dargestellt ist.

Bilanzierungsziele und Festlegung des Systems

- Definition des Bilanzraumes und des zu untersuchenden Systems
- Ökologische Bewertung des Produktes und des Produktionsverfahrens
- Auffinden ökologischer Risiken und Schwachstellen; Entwicklung von Szenarien

↓

Sachbilanz

- Ermittlung der Massen- und Energieströme im Bilanzraum

↓

Wirkungsbilanz

- Zuordnung der Ergebnisse der Sachbilanz zu ökologischen Wirkungskategorien

↓

Bilanzbewertung

- Berechnung der ökologischen Auswirkungen
- Festlegung der ökologischen Bedeutung
- Gesamtbewertung

Abb. 5.1. Phasen einer Ökobilanzierung

Der erste Schritt zu einer Ökobilanz besteht in der Festlegung der Ziele und des Zwecks. Dabei sind die Anspruchsgruppen und ihr Informationsbedürfnis entscheidend. Für eine betriebliche Ökobilanz müssen folgende Punkte behandelt werden:

- Definition der Systemgrenzen und der Zeitperiode (siehe Kap. 5.3.2.1),
- Vollständigkeit und Genauigkeit der Ökobilanz und
- Tiefe der Analyse.

Die Systemgrenzen legen für die betriebliche Ökobilanz die Grenzen des Prozesses, des Betriebes oder des Standortes fest. Außerdem werden die zeitlichen Grenzen definiert (siehe Kap. 5.3.1).

Die wichtigsten zu untersuchenden Punkte für die lebenszyklus-orientierte Ökobilanz werden in einer sogenannten "Produktlinien-Matrix" mit den Stationen des Produktlebenszyklus' korreliert [5.12]. Dabei werden diejenigen Teile des Produktlebenszyklus' festgelegt, die im Detail analysiert werden sollen. Um den Aufwand einer Ökobilanz abschätzen und die Untersuchung planen zu können, ist es sinnvoll, die Tiefe der Untersuchung im vornherein festzulegen.

5.3.3.2 Sachbilanz

Die *Sachbilanz,* auch *als Stoffstrombilanz* bekannt, ist die am besten entwickelte Komponente der Ökobilanz.

Die Erstellung einer betrieblichen Sachbilanz kann in eine Anzahl von Schritten unterteilt werden:

- Aufstellung eines ökologischen Kontenrahmens,
- Ermittlung der Bilanzdaten und
- Erfassung der Bilanzlücken.

Dabei wird vorausgesetzt, daß die Zielsetzung der Ökobilanzierung, der Bilanzraum und die Bilanzperiode in der ersten Phase festgelegt wurden.

Bei der räumlichen und zeitlichen Abgrenzung des Bilanzraumes besteht vor allem bei kleinen und mittleren Unternehmen die Gefahr, sich bereits im Stadium der Sachbilanzierung in Details zu verlieren. Außerdem ist es wichtig, einen einheitlichen Erhebungszeitpunkt für alle Daten festzulegen. Manchmal ist die gleichzeitige Erfassung der Daten aus verschiedenen Gründen nicht möglich, wie z.B. beim Ablesen von Durchflußgeräten ohne Meßwertübertragung auf Fernschreiber.

Voraussetzung für eine systematische Erfassung der Stoff- und Energieströme für die betriebliche Sachbilanzierung ist die Aufstellung eines ökologischen Kontenrahmens, wie es bei der betriebswirtschaftlichen Bilanzierung üblich ist. Für die einzelnen Konten werden Unterverzeichnisse erstellt, in denen detailliert alle Input- und Outputströme des Betriebes aufgeführt werden. Nach Möglichkeit sollten die Massenströme parallel zu ihrer Erfassung artspezifisch eingruppiert werden, d.h. gleichartige Einsatzstoffe, Energien, Produkte usw. werden jeweils in einer Gruppe zusammengefaßt. Der ökologische Kontenrahmen ist ein geeignetes Instrument zur qualitativen Registrierung und Strukturierung der In- und Outputströme. Er bietet auch die Möglichkeit einer eindeutigen stofflichen Abgrenzung.

Zum Zwecke einer späteren Maßnahmenplanung und als örtliche Orientierungshilfe sollte bei Betriebs- oder Standortbilanzen eine grobe Zuordnung des In- und Outputs zu den einzelnen Prozessen (z.B. Filtration) vorgenommen werden. Dies setzt allerdings betriebsspezifische Kenntnisse aus den verschiedenen Betriebsbereichen voraus. Aus diesem Grunde sollte die Erstellung der Unterverzeichnisse in Absprache mit den jeweils betroffenen technischen Abteilungen stattfinden. Als Beispiel für die Erstellung von Unterverzeichnissen ist hier ein Ausschnitt des Unterverzeichnisses Hilfsstoffe eines mittelständischen Chemiebetriebes in Tabelle 5.2 angegeben.

Tabelle 5.2. Beispiel für das Unterverzeichnis Hilfsstoffe

INPUT 2: HILFSSTOFFE	
2.1 Chemikalien: 2.1.1 Schwefelsäure 2.1.2 Kalk 2.1.3 Harnstoff 2.1.4 Natronlauge usw.	**2.3 Filtereinsätze:** 2.4.1 Filterpressenpapier 1030x1050 2.4.2 Filtertücher 2.4.3 Filtergewebe usw.
2.2 Demulgatoren: 2.2.1 Demulgan O-04020 2.2.2 Demulgan 4257 Bas.Z41 2.2.3 Demulgan 4257 Bas.H52 usw.	**2.4 Filtrationsmittel:** 2.5.1 Kieselgur 2.5.2 Bleicherde 2.5.3 Hyflo-Super-Cel usw.

Im nächsten Schritt wird der ökologische Kontenrahmen mit Mengenangaben gefüllt. Die Verfügbarkeit solcher Daten ist sehr unterschiedlich von einem Betrieb zum anderen. Vor allem bei kleinen und mittleren Unternehmen sind die Daten nicht immer verfügbar, oder sie sind verstreut.

Die betriebliche Sachbilanzierung kann als ein iterativer Prozeß beschrieben werden. Die Zielsetzung, der Bilanzraum und/oder die Bilanzperiode können geändert werden, wenn die verfügbaren Bilanzdaten dafür nicht ausreichen. Es kann mehrfach mit Änderungen und Korrekturen gerechnet werden. Es können Meinungsverschiedenheiten bei Abgrenzungsfragen und Massenstrombezeichnungen zwischen den Abteilungen oder zwischen diesen und der Umweltschutzabteilung auftreten.

Die Festlegung eines ökologischen Kontenrahmens ist für ein Unternehmen immer ein Entwicklungsprozeß, d.h. er ist nicht sofort als eine abschließende Vorgabe für einen langfristigen Zeitraum zu verstehen, sondern stellt eher ein Zwischenergebnis dar, welches sich über die Jahre hinweg bei der Aufstellung von ökologischen Folgebetriebsbilanzen verändern wird. Dieser Prozeß kann so oft wiederholt werden, bis die festgelegten Ziele für den festgelegten Bilanzraum und die festgelegte Bilanzperiode erfüllt werden.

Wichtige Informationsquellen stellen vor allem der Einkauf, der Vertrieb, die Produktion bzw. die Materialwirtschaft und auch die Buchhaltung dar. Angaben über die Roh-, Hilfs- und Betriebsstoffe können oft aber auch dem Produktionsplanungs- und Steuerungssystem (PPS) oder anderen DV-Systemen für die Betriebsdatenerfassung entnommen werden, falls diese vorhanden sind [5.13]. Im Vergleich zu Großunternehmen stellt gerade das Zusammentragen der Daten bei kleinen und mittleren Unternehmen eine wesentliche Problematik dar. Sie haben in der Vergangenheit in aller Regel keine systematische und oft auch keine DV-gestützte Datenerfassung und -bereitstellung betrieben.

Bei der Aufstellung der Sachbilanz müssen im Rahmen der Zielsetzung mehrere Aspekte berücksichtigt werden. Für eine betriebliche Sachbilanz sind folgende Aspekte entscheidend:

- Erfassungsgrad,
- Vollständigkeit der Daten und
- Genauigkeit der Daten.

Die Festlegung des Umfangs der Sachbilanz kann sich unter anderem an den zu befolgenden gesetzlichen Regelungen orientieren. In Tabelle 5.3 werden einige Kerngesetze, die davon betroffenen Medien und Schadstoffträger sowie die notwendigen Daten, die in der Sachbilanz Anwendung finden können, angegeben. Da solche Daten für bestimmte Betriebe auf jeden Fall ermittelt werden müssen, wäre es sinnvoll sie in einer betrieblichen Sachbilanz zu integrieren.

Tabelle 5.3. Kerngesetze und die notwendige Datenerfassung

Kerngesetz	**Medium**	**Daten**
Bundes-Immissionsschutz-gesetz	Luft	• Luftemissionen • Strahlen • Wärme • Lärm
Wasserhaushaltsgesetz	Wasser	• Wasseremissionen
Kreislaufwirtschafts- und Abfallgesetz	feste/flüssige Abfälle	• Abfälle • zwischengelagerte, abgelagerte oder behandelte Abfälle
Chemikaliengesetz	-	• gefährliche Chemikalien

Orientiert man sich nicht an den gesetzlichen Regelungen, so soll zwischen der Vollständigkeit der erfaßten Daten und dem Aufwand ihrer Erfassung ein Kompromiß gefunden werden. Auf der einen Seite sind nicht alle notwendigen Bilanzparameter auch tatsächlich umweltrelevant und aussagekräftig, und auf der anderen Seite ist der Aufwand ihrer Erfassung so groß, daß darauf verzichtet werden kann.

Im Verlauf der Datenerhebung wird man auch feststellen, daß bestimmte Bilanzdaten im Unternehmen gar nicht oder nur indirekt vorhanden sind. Dies gilt vor allem bei kleinen und mittleren Unternehmen für Angaben zu Abwasser, Abfällen, Emissionen usw. auf der Outputseite, Angaben zur Zusammensetzung der Rohstoffe oder Vorprodukte auf der Inputseite usw. In solchen Fällen sollten Datenlücken im Verzeichnis ausgewiesen werden, um sie in Zukunft bestimmen zu können.

Die Frage der Genauigkeit der Bilanzdaten ist von entscheidender Bedeutung. Man sollte sich darüber im klaren sein, daß alle erfaßten Daten mit Fehlern behaftet sind. Diese resultieren zum einen überwiegend aus den zufälligen oder systematischen Meßfehlern, aber zum anderen auch aus fehlerhaften Umrechnungen, Berechnungen und Schätzungen. Aus diesem Grunde ist im Vorfeld eine annehmbare Genauigkeitsgrenze zu definieren, die die "üblichen" Meßfehler berücksichtigt.

Die Stoff- und Energiebilanz in Form einer betrieblichen Sachbilanz weist, unabhängig von ihrer Entwicklung zur Ökobilanz, eine Reihe von Vorteilen auf:

- Sachbilanzen bilden die Grundlage zur Erfüllung von gesetzlichen Vorgaben.
- Ökologische Schwachstellen können aufgedeckt werden.
- Ökologische Kennzahlen werden durch Auswertung der Sachbilanzen entwickelt.
- Die Sachbilanz kann für Ökoauditing verwendet werden.

Eine andere Vorgehensweise ist erforderlich, wenn eine lebenszyklus-orientierte Sachbilanz erstellt werden soll. Für eine Produkt-Sachbilanz sind folgende Schritte notwendig [5.14]:

- Aufstellung des Produktstammbaums - von den Rohstoffen bis zum Produkt,
- Zerlegung des Produktstammbaums in so viele Untersysteme oder Module, wie sie für die Analyse nötig sind (ein Modul kann dabei eine ganze Fabrik, ein einzelner Prozeßschritt, Transportabläufe usw. sein, für das Input- und Outputdaten verfügbar sind) und
- Datensammlung zu allen Modulen, die je nach Datenlage verfeinert oder vergröbert werden können.

Die Datensammlung für die Produkt-Sachbilanz ist ein aufwendiger Prozeß. Spezielle Aspekte bei der Datensammlung und Auswertung können sein:

- Transportabläufe,
- Kuppelprodukte, Recycling, Energiewiedergewinnung, Emissionen,
- Wiedergebrauch des Produkts,
- Summieren aller Energie-, Emissions- und Abfalldaten, z.B. zu "Äquivalenzwerten" pro Masseneinheit oder Produkteinheit.

Einige Probleme ergeben sich bei der lebenszyklus-orientierten Sachbilanz aus dem hohen Vernetzungsgrad chemischer Produktionssysteme, der der einfachen linearen Vorstellung von Produktionsabläufen widerspricht. So ist es äußerst problematisch, die Kuppelproduktion bei der Datensammlung adäquat zu berücksichtigen. Zum Beispiel ist die Herstellung eines einfachen chemischen Produkts wie Polyethylen bereits über eine Vielzahl von Vor- und Nachstufen mit anderen inner- und außerbetrieblichen Prozessen verflochten. Konsequenterweise kann es keine absolut richtige oder korrekte Datenbilanz im Sinne der Ökobilanz geben. Im Rahmen der Sachbilanz müssen daher Entscheidungskriterien entwikkelt werden, welche Verknüpfungen zu berücksichtigen sind und welche nicht [5.15]. Geht man z.B. vom Gesamtenergiebedarf aus, der für die Bereitstellung von 1 kg Polyethylen notwendig ist, und vernachlässigt dabei den energetischen Anteil der Herstellung und des Transports fossiler Energieträger, so nimmt man einen Bilanzierungsfehler von >10 % in Kauf. Hier ist zu entscheiden, ob der Aufwand zur Datenermittlung lohnend ist oder nicht. So ist allgemein bei jedem Teilschritt der Ökobilanz und vor allem bei der Sachbilanz ein Kompromiß zwischen den Forderungen nach wissenschaftlicher Exaktheit einerseits und der praktischen Durchführbarkeit andererseits herzustellen.

5.3.3.3 Wirkungsbilanz

In der Phase der *Wirkungsbilanz* sind die umweltrelevanten Auswirkungen abzuschätzen. Dies soll, wann immer möglich, quantitativ erfolgen und globale Umweltaspekte einbeziehen. Die Schwierigkeit bei diesem Schritt besteht in der Aufstellung einheitlicher Umweltschutzaspekte, mit denen das Datenmaterial analysiert werden kann. In einer ersten Näherung kann man hier zwei grundlegende Bereiche unterscheiden:

1. die Ressourceninanspruchnahme und
2. die Funktions-/Strukturveränderung globaler ökologischer Systeme.

Zu den zu berücksichtigenden Umweltschutzaspekten sind diverse Listen publiziert worden, so z.B. [5.16, S. 73-801], [5.17], [5.18]. Eine allgemein verbindliche Auflistung gibt es zur Zeit jedoch noch nicht. In Tabelle 5.4 sind die wichtigsten Umweltschutzaspekte dargestellt.

Im Rahmen der Wirkungsbilanz müssen die Daten sinnvoll für die einzelnen Wirkungskategorien aggregiert werden, so daß eine Interpretation und Bewertung möglich wird. Diese Aufgabe geht schon sehr in den Bereich der Bilanzbewertung über, da die hierfür verwendeten Parameter schon Bewertungskriterien enthalten (z.B. bei der Verwendung von Grenzwerten) und damit das quantitative oder qualitative Bewertungsverfahren festlegen. Die entwickelten Verfahren für diese Aufgabe kann man einer der drei folgenden Vorgehensweisen bzw. deren Kombination zuordnen:

1. quantitative Methoden,

2. verbal-argumentative Methoden und
3. reduktionistische Methoden.

Die *quantitativen Methoden* beruhen auf dem Versuch, die quantifizierbaren ökologischen Daten einheitlich zu normieren, um verschiedene Alternativen miteinander vergleichen zu können. Die spezielle Schwierigkeit von ökologischen Datenkategorien ist jedoch, daß sie genau genommen nicht vergleichbar sind. Die Normierung ist aber eine Möglichkeit, um die Vergleichbarkeit dieser Datenkategorien ansatzweise zu ermöglichen. Eine sehr brauchbare Methode ist hierfür die Bildung des *kritischen Volumens* [5.19]:

$$kritisches\ Volumen = \frac{Emission\ [Masse]}{Grenzwert\ [Masse / Volumen]} \tag{5-4}$$

Tabelle 5.4. Kategorien der Wirkungsbilanz von Ökobilanzen nach [5.20, S. 595]

Wirkungskategorie
Ressourcenverbrauch • Erneuerbare Ressourcen • Nicht erneuerbare Ressourcen
Treibhauseffekt
Ozonabbau
Versauerung von Böden und Gewässer
Photochemischer Smog
Eutrophierung • Boden • Wasser
Beeinträchtigung der Gesundheit der Menschen
Direkte Schädigung von Organismen und Ökosystemen
Flächenverbrauch
Geruchsbelastung
Lärmbelastung

Das kritische Volumen ist ein theoretisches Volumen Luft oder Wasser, das immer dann hoch ist, wenn der Grenzwert, d.h. die höchste erlaubte Konzentration in Luft oder Wasser niedrig ist. Das gesamte kritische Volumen für ein Medium (Wasser, Luft) ist die Summe aller kritischen Volumina der Schadstoffe für das betreffende Medium. Die Voraussetzung zur Anwendung dieser einfachen Methode ist das Vorhandensein von *Grenzwerten*. Man kann sich hier der gesetzlichen Grenzwerte bedienen oder anhand des Standes der Forschung zu den einzelnen Schadstoffen eigene Grenzwerte festlegen. Die Problematik bei der Verwendung gesetzlicher Grenzwerte und anderer Zielwerte ist, daß hinsichtlich ihrer Quantifizierung häufig kein Konsens besteht.

Eine weitere quantitative Methode ist die Bildung von Öko-Faktoren, durch die eine Zuteilung von Öko-Punkten möglich ist [5.20, S. 599]. Der Öko-Faktor und die Zuteilung von Öko-Punkten basiert auf folgenden Definitionen:

$$\text{Öko-Faktor} = \frac{\text{vorhandener Schadstoffstrom im Bilanzraum} \times \text{dimensionaler Faktor}}{\text{kritischer Schadstoffstrom}} \quad (5\text{-}5)$$

$$\text{Öko-Punkte} = \text{Öko-Faktor} \times \text{emittierter Schadstoffstrom} \quad (5\text{-}6)$$

Die Idee, die hinter dieser Vorgehensweise steckt, ist, daß schon Schadstoffströme im betroffenen Ökosystem vorhanden sind, welche durch die hinzukommenden Emissionen vergrößert werden. Es ist daher notwendig, den kritischen Gesamtschadstoffstrom zu kennen, bei dessen Überschreitung das Ökosystem geschädigt wird, um damit den durch das bilanzierte System emittierten Schadstoffstrom beurteilen zu können. So sind z.B. in einem industriellen Ballungsgebiet, in dem schon eine hohe Schadstoffbelastung vorliegt, die zusätzlichen Emissionen anders zu beurteilen als in einem ländlichen Gebiet.

Die *verbal-argumentativen Methoden* benötigen meistens einen Satz einheitlich quantifizierter Daten als Ausgangspunkt. Da der Vergleich zwischen den einzelnen Umweltauswirkungen prinzipiell nicht auf wissenschaftlicher Basis möglich ist, kann eine verbal-argumentative Methode Anwendung finden. Sie beschränkt sich auf ein qualitatives Abwägen der Wirkungskategorien untereinander. Das Ergebnis dieser Methode ist die Bildung von qualitativen Gewichtungsfaktoren (z.B. in Form einer ABC-Klassifikation, siehe Kap. 5.5).

Die *reduktionistische Methode* beruht auf der Überlegung, daß man besser auf einen ganzheitlichen Vergleich der unterschiedlichen Wirkungskategorien verzichtet und nur die Aspekte zu einer Bewertung heranzieht, die als besonders wichtig erachtet werden. So haben z.B. die Lösemittelemissionen in der pharmazeutischen Industrie einen ganz anderen Stellenwert als im Bereich der Erdölaufbereitung.

5.3.3.4 Bilanzbewertung

Wie schon erwähnt, hängt der abschließende Bewertungsschritt ganz entscheidend davon ab, unter welchen Gesichtspunkten und mit welchen Methoden die ökologischen Daten analysiert und interpretiert wurden. Der letzte Schritt kann durch den direkten oder indirekten Vergleich des normierten Zahlenmaterials oder durch ein verbal-argumentatives Verfahren durchgeführt werden. Der Bewertungsschritt ist bei einer ganzheitlich angelegten Ökobilanz äußerst problematisch, da es sich hier eher um eine Konsensfindung handelt.

Die grundsätzliche Problematik der Datenvielfalt und die fehlenden eindeutigen Bewertungsgrundlagen lassen die Ökobilanz bei der ganzheitlichen Bewertung unterschiedlicher Verfahren und Produkte scheitern. So kann die Frage, ob ein PVC- oder ein Aluminium-Staubsaugerrohr umweltfreundlicher ist, durch eine Ökobilanz nicht beantwortet werden [5.21]. Neben den Problemen, die aus der Komplexität des Datenmaterials und der Tiefe der Untersuchung resultieren, ist aus unternehmerischer Sicht das Fehlen wirtschaftlicher Aspekte bei der Ökobilanz zu kritisieren. Deshalb wird an dieser Stelle auf den Versuch, chemische Verfahren und Produkte mit dem ganzheitlichen Ansatz der Ökobilanz zu bewerten, verzichtet. Vielmehr ist es die Aufgabe des Umweltmanagements in der chemischen Forschung und Entwicklung sich die grundlegenden Strukturen der Ökobilanz zunutze zu machen und diese zur Förderung des produktionsintegrierten Umweltschutzes einzusetzen.

5.3.4 Beispiel einer Stoffbilanz zur Bewertung chemischer Verfahren

Im folgenden dienen die Abfallströme des chemischen Prozesses als Basis für eine Sachbilanz, die auch energetische Aspekte enthält [5.22].

Der grundlegende Ansatz zur Ermittlung der Abfallströme für einen definierten Bilanzraum beruht auf folgender Gleichung:

$$\left\{\begin{matrix}\textit{zeitliche Änderung der}\\ \textit{Abfallmengen}\end{matrix}\right\} = \left\{\begin{matrix}\textit{Differenz zwischen Zufluß}\\ \textit{und Abfluß von Abfallströmen}\end{matrix}\right\} + \left\{\begin{matrix}\textit{Erzeugung bzw. Vernichtung}\\ \textit{von Abfallströmen}\end{matrix}\right\} \tag{5-7}$$

Für einen kontinuierlichen Prozeß läßt sich diese Beziehung wie folgt ausdrücken:

$$\frac{d}{dt}\left(\sum_i m_i\right) = \sum_k \sum_j \sum_i I_{j,k} x_{i,k} - \sum_k \sum_j \sum_i O_{j,k} x_{i,k} + \sum_k V_k \sum_i r_i M_i \tag{5-8}$$

wobei:

$I_{j,k}$	[kg/s]	Input-Volumenströme
m_i	[kg]	Masse des i-ten Abfalls
M_i	[kg/mol]	Molgewicht der Abfallkomponente i
$O_{j,k}$	[kg/s]	Output-Volumenströme
r_i	[mol/s*l]	Bildungsgeschwindigkeit der Abfallkomponente i
V_k	[l]	Volumen des k-ten Teilprozesses
$x_{i,k}$		Molenbruch des Abfalls im k-ten Teilprozeß

Geht man bei diesem Prozeß von einem stationären Zustand aus, so nimmt das Speicherungsglied auf der linken Seite den Wert null an. Daraus folgt unter Berücksichtigung dr abgegebenen Emissionen:

$$\sum_k \sum_j \sum_i O_{j,k} x_{i,k} + \sum_k \sum_i E_k x_{i,k} = \sum_k \sum_j \sum_i I_{j,k} x_{i,k} + \sum_k V_k \sum_i r_i M_i \tag{5-9}$$

wobei:

E_k [kg/s] abgegebene Emissionen des k-ten Teilprozesses

Jedoch sind die Input-Ströme des k-ten Prozesses ggf. mit dem Auftreten von vorgelagerten Abfallströmen verbunden, die nicht in Gleichung (5-9) auftauchen, da sie in vorherigen Prozessen ausgeschleust wurden und nicht in dem Term:

$$\sum_k \sum_j \sum_i I_{j,k} x_{i,k}$$

enthalten sind. Um diese dennoch zu berücksichtigen, wird auf beiden Seiten der Gleichung (5-9) ein entsprechender Term addiert:

$$\sum_j \sum_k W_{j,k} + \sum_k \sum_j \sum_i O_{j,k} x_{i,k} + \sum_k \sum_i E_k x_{i,k} = \sum_k \sum_j \sum_i I_{j,k} x_{i,k} + \sum_k V_k \sum_i r_i M_i + \sum_j \sum_k W_{j,k} \tag{5-10}$$

wobei:

$W_{j,k}$ [kg/s] vorgelagerte Abfallströme entstanden durch die Input-Ströme I_j

Die entstandene Abfallmenge wird auf die Produktmenge normiert. Dabei wird ein produktbezogener *Abfallindex A* definiert, der mit Hilfe des *Abfallkoeffizienten* α berechnet wird. Da ein Prozeß eine ganze Reihe von Haupt- und Nebenprodukten haben kann, soll die Abfallmenge auf die einzelnen Produkte entsprechend der Stöchiometrie verteilt werden, falls *keine* produktspezifische Zuordnung der Abfallströme möglich ist:

$$A_n = a_n \left(\sum_j W_j + \sum_k \sum_j \sum_i O_{j,k} x_{i,k} + \sum_k \sum_i E_k x_{i,k} \right) \tag{5-11}$$

mit

$$\alpha_n = \frac{P_n / M_n}{P_n \sum_n (P_n / M_n)} \tag{5-12}$$

wobei:

A_n	[1/s] oder [kg/kg.s]	Abfallindex für das n-te Produkt
M_n	[kg/mol]	Molgewicht des n-ten Produkts
α_n	[1/kg]	Abfallkoeffizient des n-ten Produkts
P_n	[kg]	Menge des n-ten Produkts

Auf der Basis dieser quantitativen Daten der Abfallindezes können in einem nächsten Schritt Verfahrensalternativen verglichen werden.

5.3.5 Fazit

Die Ökobilanzen stellen auf betrieblicher Ebene ein brauchbares Instrument zur Schwachstellenanalyse und zur Verbesserung des Umweltschutzes dar. Vor allem sind solche Ökobilanzen im Rahmen von Umweltmanagementsystemen auch zur Förderung des produktionsintegierten Umweltschutzes von großem Nutzen. Wesentlich schwieriger ist es, Produkt-Ökobilanzen aufzustellen und gar für Vergleiche mit konkurrierenden Produkten zu verwenden. Neben dem großen Aufwand ist Subjektivität bei der Beurteilung der Umweltbelastung der Stoffe ein wichtiges Hindernis.

5.4 Kennzahlen

Kennzahlen sind einprägsame numerische Abbildungen von quantitativ erfaßbaren Sachverhalten. Drei wesentliche Elemente beschreiben eine Kennzahl [5.23, S. 2159]:

1. Der *Informationscharakter* enthält den Problembezug der Kennzahl.
2. Die *Quantifizierbarkeit* bezieht sich auf die Meßbarkeit von Sachverhalten und Zusammenhängen zwischen Variablen.
3. Die spezifische *Darstellungsform* der Information soll eine schnell erhältliche und übersichtliche Erfassung komplizierter und komplexer Strukturen und Prozesse ermöglichen.

Kennzahlen können primär *absolute Zahlen* sein (z.B. Energieeinsatz, Entsorgungsmenge, Lösemitteleinsatz), die als Einzelzahlen, Summen, Differenzen oder Mittelwerte aufgeführt werden. Absolute Werte haben jedoch in der betrieblichen Praxis nur eine sehr begrenzte Aussagekraft. Daher wird hauptsächlich die zweite Kategorie von Kennzahlen verwendet: die *Verhältniskennzahlen.* Diese lassen sich in Analogie zu der im Controlling verwendeten Systematik untergliedern in:

- *Gliederungskennzahl* (Verhältnis eines Teils zum Ganzen, z.B. recyceltes Lösemittelvolumen zum gesamten eingesetzten Lösemittelvolumen),
- *Beziehungskennzahl* (zwei begrifflich verschiedene Merkmale werden einander zugeordnet, z.B. Einsatz chlorierter Lösemittel pro Mengeneinheit Produkt),
- *Indexkennzahl* (Verhältnis zweier gleichartiger Merkmale, wobei eine Größe mit 100 gleichgesetzt wird, z.B. Lösemitteleinsatzverminderung in X % durch den Einsatz des Verfahrensschrittes Y) (weiteres hierzu siehe [5.24, S. 509]).

Ökologische Kennzahlen werden in der chemischen Industrie eingesetzt zum:

- *Zeitvergleich* (die zeitliche Entwicklung der betrachteten umweltrelevanten Größe wird über die Zeit dokumentiert.),
- *Soll-Ist-Vergleich* (Soll-(Plan-)Wert von Kennzahlen werden den Ist-Werten der entsprechenden Kennzahlen gegenübergestellt.),
- *Vergleich von Alternativen* (Ist-Kennzahlen der Alternativen werden miteinander verglichen.).

Zwischen den einzelnen Kennzahlen bestehen Abhängigkeitsbeziehungen, so daß unter Umständen die Entwicklung von Kennzahlensystemen sinnvoll ist. Solche ökologieorientierten Kennzahlensysteme sind eine Zusammenstellung von Kennzahlen, die in einer sachlich sinnvollen Beziehung zueinander stehen und auf ein übergeordnetes Ziel ausgerichtet sind (für eine Besprechung der ökologischen Kennzahlensysteme siehe z.B. [5.25]).

Ökologische Kennzahlen und Kennzahlensysteme lassen sich im Rahmen des Umweltmanagements sowohl bei der unternehmerischen Planung, Steuerung und Kontrolle als auch bei Entscheidungsvorgängen gut einsetzen. Es ist dabei die Aufgabe des Umweltschutzbeauftragten in Zusammenarbeit mit den betroffenen Mitarbeitern und den betrieblichen Umweltschutzfachleuten, angepaßte Kennzahlen zu entwickeln und einzuführen.

Die in der Literatur veröffentlichten Listen von Umweltkennzahlen lassen sich im Prinzip alle auf die in Tabelle 5.5 dargestellten Kennzahltypen reduzieren. (für eine Auflistung von Umweltkennzahlen und für eine beispielhafte Erläuterung ihrer Anwendung siehe z.B. [5.26, S. 539-560]).

Tabelle 5.5. Zusammenstellung einiger Umweltkennzahlen

Materialkennzahlen (können für alle Stoffarten: Roh-, Hilfs- und Betriebsstoffen ermittelt werden):

$$Stoffanteil\ A = \frac{Stoffeinsatz\ A}{Gesamtstoffeinsatz}$$

$$Stoffeinsatzquote = \frac{Stoffeinsatz}{Produkteinheiten}$$

$$Recyclingquote = \frac{recycelte\ Stoffmenge}{primär\ eingesetzte\ Stoffmenge}$$

Emissionskennzahlen (können für alle Arten von Emissionen: NO_X, SO_2, VOC, CO_2 usw. ermittelt werden):

$$Emissionsquoten = \frac{emittierte\ Schadstoffmenge}{Produkteinheiten}$$

Abfallkennzahlen (können für alle Abfallarten: Sonderabfall, hausmüllähnlicher Abfall, zu verbrennender Abfall, zu recycelnder Abfall usw. ermittelt werden):

$$Abfallanteil\ A = \frac{Abfallmenge\ A}{Gesamtabfallmenge}$$

$$Abfallquote = \frac{Gesamtabfallmenge}{Produkteinheiten}$$

Diese leicht zu ermittelnden Umweltkennzahlen, die prinzipiell einzig und allein auf den Massenverhältnissen beruhen, müssen in ihrer Aussagefähigkeit um ökologische Aspekte erweitert werden. Dies wird am besten dadurch gewährleistet, daß:

- die einzelnen Stoffarten in Abhängigkeit von ihren *umweltrelevanten Eigenschaften* klassifiziert werden (siehe hierzu Kap. 5.5), z.B. anhand der Wassergefährdungsklasse WGK):

$$Einsatzquote\ der\ Stoffe\ mit\ WGK\ 3 = \frac{Stoffe\ mit\ WGK\ 3}{Gesamtstoffeinsatz} \quad (5\text{-}13)$$

- die gesetzlichen *Grenzwerte* bzw. die *Zielwerte* bei der Kennzahlenbildung für die einzelnen Umweltmedien Luft, Wasser und Boden berücksichtigt werden, so z.B. durch die Bildung einer Verhältniskennzahl unter Einbezug des gesetzlichen Emissionsgrenzwertes:

$$Luftverschmutzungsfaktor = \frac{Emissionswert}{Grenzwert} \tag{5-14}$$

- die *monetären Größen* bei der Kennzahlenbildung berücksichtigt werden, so z.B.:

$$Umweltkostenfaktor = \frac{\sum zurechenbare\ Umweltschutzkosten}{Ausbeute\ an\ Produkt}\ [DM/kg] \tag{5-15}$$

Eine weitere sinnvolle Umweltkennzahl stellt die *prozentuale Reduktion* für umweltrelevante Emissionen und Immissionen dar. Sie kann auf die jeweilige Produktionsmenge bzw. -einheit normiert werden [5.27]. Diese Kennzahl kann für den Vergleich von Alternativen oder für die Ermittlung der zeitlichen Veränderung eingesetzt werden. Beispielsweise ist sie für die zu deponierenden Abfälle A_r folgendermaßen definiert:

$$A_R = \frac{A_{n-1} - A_n}{A_{n-1}} \tag{5-16}$$

mit:

A_{n-1} = Abfallmasse pro Produktionseinheit (kg oder funktionelle Einheit) für den Zeitpunkt *n-1*

A_n = Abfallmasse pro Produktionseinheit (kg oder funktionelle Einheit) für den Zeitpunkt *n*

Von einigen Unternehmen sind auch eigene Kennzahlen definiert worden, so z.B. die *RER* (Roche Energy Rate) [5.28, S. 25]. Dabei handelt es sich um eine dimensionslose Größe, welche den gesamten Energieverbrauch eines Werkes zu der Gesamtmenge an hergestellten Endprodukten und zu der Anzahl an Mitarbeitern setzt. Aufgrund betriebsinterner Berechnungen wurden folgende mittlere Energieverbräuche zur Berechnung der RER festgelegt:

$\Rightarrow k_M$ = 100 GJ pro Mitarbeiter pro Jahr
$\Rightarrow k_C$ = 100 GJ pro Tonne Endprodukt aus Chemiesynthese
$\Rightarrow k_P$ = 6 GJ pro Tonne Endprodukt aus Pharmaproduktion bzw. Mischoperationen

Die *RER* ist auf der Basis der oben genannten Daten folgendermaßen definiert:

$$RER = \frac{gesamter\ Energieverbrauch\ (GJ)}{Mitarbeiter \times k_M + Chemieprodukte\ (t) \times k_C + Pharma\text{-}/Mischprodukte\ (t) \times k_P} \quad (5\text{-}17)$$

Auch einige gesetzliche Regelungen verwenden ökologische Kennzahlen, um eine objektivere Maßgröße für die betriebliche Umweltbelastung zur Verfügung zu haben. So wird in § 2 der 11. BImSchV der Emissionsfaktor definiert, der das Verhältnis der Masse der Emissionen zur Masse von Produkten oder Edukten (Einsatzstoffen) angibt. Sie sind vergleichbar mit Ausbeutekennzahlen:

$$Emissionsfaktor = \frac{Masse_{Emission}}{Masse_{Produkten/Edukten}} \quad (5\text{-}18)$$

Die TA Luft definiert auch verschiedene Kennzahlen, anhand derer die Behörden die Umweltverträglichkeit einer Anlage beurteilen können. Die Immissionskenngröße ist eine Massenkonzentration und wird als Verhältnis der Masse der luftverunreinigenden Stoffe bezogen auf das Volumen der verunreinigten Luft definiert. Sie wird in [g/m^3], [mg/m^3] oder [µg/m^3] angegeben:

$$Immissionskenngröße = \frac{\sum Masse_i}{Volumen_{Luft}} \quad (5\text{-}19)$$

Der Staubniederschlag ist definiert als zeitbezogene Massendeckung einer Fläche. Er wird in [g/m^2.d] oder [mg/m^2.d] angegeben:

$$Staubniederschlag = \frac{Masse}{Fläche\ .\ Zeit} \quad (5\text{-}20)$$

Für die Emissionen wurden in der TA Luft auch mehrere Kennzahlen vorgeschlagen. Der Massenstrom ist die Masse der emittierten Stoffe bezogen auf die Zeit in den Einheiten [kg/h] oder [g/h] oder [mg/h]. Er wird während einer Betriebsstunde bei bestimmungsgemäßem Gebrauch unter den für die Luftreinhaltung ungünstigsten Bedingungen bestimmt:

$$\dot{m} = \frac{Masse_{Stoff}}{Zeit} \quad (5\text{-}21)$$

Das Massenverhältnis wird als Masse der emittierten Stoffe im Verhältnis zu der Masse der erzeugten oder verarbeiteten Produkte definiert und wird in den Einheiten [kg/t] oder [g/t] angegeben:

$$X = \frac{Masse_{Stoff}}{Masse_{Produkt}} \tag{5-22}$$

Der Emissionsgrad ist definiert als Verhältnis der im Abgas emittierten Masse eines luftverunreinigenden Stoffes zu der Masse des zugeführten Brenn- oder Einsatzstoffes. Er wird in Prozent angegeben:

$$Emissionsgrad = \frac{Masse_{Emission}}{Masse_{Einsatz}} \leq 100\% \tag{5-23}$$

Ökologische Kennzahlen werden sich in Zukunft im Rahmen des Öko-Controlling und der Umweltberichterstattung immer mehr als Instrument durchsetzen. Hierzu ist es jedoch notwendig, eindeutige branchenspezifische Kennzahlen entweder durch die Unternehmensverbände oder den Gesetzgeber zu definieren, so daß ein objektiver Vergleich zwischen Unternehmen, Verfahrens- und Produktalternativen möglich wird (zum Öko-Controlling siehe z.B. [5.29]).

5.5 Qualitative Klassifikationssysteme am Beispiel der ABC-Analyse

Ein ganz entscheidendes Problem im Rahmen eines Umweltmanagementsystems liegt darin, daß die umweltrelevanten Daten von Stoffen, Verfahren oder Produkten unterschiedlichen Klassen (Toxikologie, Abbauverhalten, Sicherheitstechnik, Rezyklierbarkeit, Energieverbrauch, Ressourcenverbrauch usw.) angehören und sich daher nicht zu homogenen Gesamtbildern aggregieren lassen. Daraus folgt, daß man oft bei Vorhandensein verschiedener Alternativen nicht so leicht sagen kann, welche von ihnen aus ökologischer Sicht die Beste ist. Hinzu kommt, daß der Wissenszuwachs in diesem Bereich sehr groß und manchmal auch umstritten ist, so daß die Gültigkeit und Aussagekraft der umweltrelevanten Daten nicht eindeutig sind. Dieses fundamentale Problem des Umweltschutzes führt in der Öffentlichkeit immer wieder zu Verunsicherungen, da z.B. Stoffe, die vor kurzem noch als umweltfreundlich eingeschätzt wurden, es plötzlich nicht mehr sind (und umgekehrt).

Auch der Gesetzgeber hat dieses Problem bei der Formulierung von Umweltschutzgesetzen erkannt. Eine praktikable Lösung in einem solchen Fall ist die Verwendung qualitativer Klassifikationssysteme, die zu einer Verringerung der Komplexität führen und damit die notwendige Anwendbarkeit ermöglichen. Typisches Beispiel einer solchen qualitativen Klassifikation ist die Gefahrstoffverordnung, in der die Kennzeichnungspflicht für Gefahrstoffe geregelt ist, oder das Wasserhaushaltsgesetz, welches vier Wassergefährdungsklassen definiert (s.

Kap. 2.2.2.3). Für die Erstellung dieser Klassifikation hat der Gesetzgeber Klassifikationskriterien aufgestellt, mit denen die Stoffe anhand der unterschiedlichen umweltrelevanten Daten klassifiziert werden können.

Der betriebliche Umweltschutz hat im Prinzip genau das gleiche Problem; denn dort werden umweltrelevante Situationen, Verfahren oder Stoffe von einer Vielzahl ökologischer Daten charakterisiert. Hier bietet es sich für die Unternehmen an, analog zum Gesetzgeber, qualitative Klassifikationen vorzunehmen, wobei die gesetzlichen Vorschriften als Grundlage dienen.

Das einfachste und verbreitetste qualitative Klassifikationssystem ist die sogenannte *ABC-Analyse*, die auch im Bereich des Umweltmanagements erfolgreich eingesetzt wird [5.30, S. 127-139]. Dabei handelt es sich um eine qualitative, relativ abstufende Bewertungsmethode mit dem Ziel, Wichtiges von weniger Wichtigem zu trennen. Diese Methode wurde Anfang des Jahrhunderts entwickelt und geht auf den italienischen Ingenieur und Ökonom V. Pareto zurück, wobei die allgemeine graphische Methode zur Darstellung von Konzentrationsverhältnissen von M. O. Lorenz stammt. Aus diesem Grund sind die Bezeichnungen "Pareto-Analyse" und "Lorenz-Kurve" synonym mit der ABC-Analyse.

Im Bereich des Umweltmanagements kann ein ABC-Raster beispielsweise für die Bewertung von umweltrelevanten stoff- bzw. produktbezogenen Informationen verwendet werden, wobei die einzelnen Bewertungsklassen folgendermaßen beschrieben werden können:

- **A**: "besonders kritisches ökologisches Problem, akuter Handlungsbedarf"
- **B**: "ökologisches Problem mit mittelfristigem Handlungsbedarf"
- **C**: "ökologisches Problem mit keinem oder langfristigem Handlungsbedarf"

Um eine solche ABC-Einstufung vornehmen zu können, müssen adäquate Bewertungskriterien aufgestellt werden, die im Falle der technologischen und stofflichen Problemstellungen folgendermaßen aussehen können:

- **Kriterium 1**: Einhaltung umweltrechtlicher Rahmenbedingungen (Grenzwerte, Auflagen, Verordnungen, Vorschriften usw.)
- **Kriterium 2**:Gesellschaftliche Anforderungen (Beschwerden der direkten Nachbarschaft, öffentliche Kritik durch die Medien, Kritik durch Umweltschützer usw.)
- **Kriterium 3**:Beeinträchtigung der Umwelt unter Normalbedingungen (produktionsbedingte Belastung der Luft, des Wassers und des Bodens)
- **Kriterium 4**:Beeinträchtigung der Umwelt durch potentielle Störfälle (Wahrscheinlichkeit eines Störfalls und Beurteilung der Auswirkungen)
- **Kriterium 5**:Betriebliche Umweltkosten (Lagerhaltungs-, Entsorgungs- und Betriebskosten, staatliche Abgaben usw.)

In Fällen, in denen massenbezogene Größen wie die Konzentration oder der mengenmäßige Verbrauch eine entscheidende Rolle bei der Bewertung spielen, bietet sich eine Erweiterung des ABC-Bewertungsrasters an. Dieser quantitative Aspekt der Mengenrelevanz kann durch eine Einstufung nach X (hoher Mengenanteil), Y (mittlerer Mengenanteil) und Z (geringer Mengenanteil) erfaßt werden. Durch die Erweiterung der ABC-Analyse zur ABC/XYZ-Analyse kann so eine qualitative/quantitative Prioritätenrangfolge aufgestellt werden. Dadurch wird die ABC/XYZ-Analyse mehreren Anforderungen gerecht:

- Transparenz des Bewertungssystems,
- Übersichtlichkeit der Ergebnisse,
- einfache Handhabung,
- Möglichkeit der Berücksichtigung unterschiedlicher Bewertungskriterien,
- leichte Anpassung an veränderte Rahmenbedingungen sowie
- Objektivierung von Bewertungs- und Entscheidungsprozessen.

Diese Vorteile der Anwendung der ABC/XYZ-Analyse für die Bewertung von strategischen und operativen Umweltaspekten sind jedoch nur dann gegeben, wenn die Aufstellung der Bewertungskriterien, die Gewichtung der Kriterien und die Klassifikation der umweltrelevanten Größen mit der Beteiligung mehrerer Mitarbeiter und Experten durchgeführt wird. Wenn dies nicht der Fall ist, dann besteht die Gefahr, daß der einzelne Mitarbeiter versucht, schon subjektiv getroffene Einschätzungen nachträglich durch ein solches Bewertungsverfahren objektiv zu rechtfertigen.

Die Erfahrungen mit betriebsinternen ökologischen Klassifikationen wie der ABC/XYZ-Analyse haben gezeigt, daß sie sich für einige immer wiederkehrende Themen als Bewertungsgrundlage gut einsetzen lassen, denn sie haben den Vorteil, komplexe ökologische Sachverhalte übersichtlich zusammenzufassen. Dies ist jedoch auch in gewisser Hinsicht ihr Nachteil, denn aufgrund der Komprimierung komplexer Informationen zu einer sehr begrenzten Anzahl von Bewertungsklassen geht ein Teil der Information verloren. Aus diesem Grund sollten die Ergebnisse solcher qualitativen Verfahren immer wieder auf ihre Plausibilität überprüft werden.

5.6 Fehlermöglichkeits- und -einflußanalyse (FMEA)

Die Fehlermöglichkeits- und -einflußanalyse (FMEA) ist eine analytische Methode, die in der Industrie seit langem in der Sicherheitstechnik und im Qualitätsmanagement angewendet wird (für eine Beschreibung der FMEA im Qualitätsmanagement siehe z.B. [5.31]). Diese Methode läßt sich auch im Rahmen eines Umweltmanagements erfolgreich einsetzen. Die wesentlichen Aufgaben und Ziele der FMEA im Umweltmanagement bestehen dabei in [5.2, S. 30-37]:

- der vorbeugenden Einschätzung des Risikos von Umwelteinwirkungen und der Erarbeitung von Gegenmaßnahmen,
- der Identifizierung kritischer Komponenten und potentieller Schwachstellen,
- der Vermeidung umweltrelevanter Störfälle,
- der Verbesserung von organisatorischen und verfahrenstechnischen Prozessen,
- der Abschätzung und Beurteilung von Risiken.

In der sicherheits- und qualitätsbezogenen FMEA wird auf der Basis der vorhandenen Daten eine systematische Problemzergliederung vorgenommen. Eine solche analytische Differenzierung ermöglicht einerseits die Beschreibung der Kausalkette, die zu den unerwünschten Auswirkungen führt bzw. führen könnte, und andererseits die Identifikation der Schlüsselfaktoren dieser Kausalkette. Wichtig bei dieser Methode ist die getrennte Untersuchung einzelner bewertungsrelevanter Ebenen. In Tabelle 5.6 sind für die qualitäts- und umweltbezogene FMEA die jeweiligen bewertungsrelevanten Ebenen genannt.

Tabelle 5.6. Qualitäts- und umweltbezogene Ebenen der FMEA nach [5.2, S. 32]

Qualitätsbezogene FMEA	**Umweltbezogene FMEA**
Fehler	Umwelteinwirkung
Fehlerursache	Ursache der Umwelteinwirkung
Fehlerfolge	Umweltbelastung
Bedeutung des Fehlers	Schwere der Umwelteinwirkung
Auftretenswahrscheinlichkeit	Auftretenswahrscheinlichkeit
Entdeckungswahrscheinlichkeit	Beeinflußbarkeit

Um die Vorteile dieser Methode zu verdeutlichen, wird in Tabelle 5.7 für eine hypothetische Anlage der umweltrelevante Austritt des Reaktionsgemischs schematisch mit der FMEA untersucht.

Tabelle 5.7. Beispielhafte Vorgehensweise der umweltbezogenen FMEA

Untersuchungs- aspekte	Beschreibung
1. Umwelteinwirkung	Austritt von erhitztem Reaktionsgemisch aus dem Sicherheitsventil auf dem Dach des Anlagengebäudes
2. Ursache der Umwelteinwirkung	1. unvorhergesehene stark exotherme Reaktion im Reaktor aufgrund: • plötzlicher Vermischung der Reaktionskomponenten (bedingt durch das nachträgliche Einschalten des Rührers, nachdem eine Reaktionskomponente hinzugetropft wurde) • unerwartete exotherme Nebenreaktionen (z.B. durch Verunreinigungen der Einsatzkomponenten oder des Reaktors) und 2. Auslaßventil führt direkt in die Atmosphäre, keine Containements
3. Umweltbelastung	Kontamination der näheren Umgebung
4. Schwere der Umwelteinwirkung	Schwere der Umwelteinwirkung ist abhängig von den jeweiligen Stoffeigenschaften der Komponenten des Reaktionsgemisches. Allgemein jedoch: • sehr groß, wenn Wohngebiete betroffen sind • groß, wenn das Betriebsgelände betroffen ist • mittel, wenn nur das Anlagengebäude betroffen ist
5. Auftretens- wahrscheinlichkeit	• unbemerkter Ausfall des Rührmotors ist sehr unwahrscheinlich • Einschalten des Rührers nach der Zugabe der einen Reaktionskomponente und damit unbeabsichtigte plötzliche Vermischung ist möglich • Auftreten unbekannter exothermer Nebenreaktionen katalysiert durch Verunreinigungen ist möglich
6. Beeinflußbarkeit	Beeinflußbarkeit ist gegeben durch: • Verlegung des Sicherheitsventils und Schaffung eines Containements • Schulung der Mitarbeiter • Überprüfung der Reinigungsvorgänge des Reaktors • Installation einer Sicherheitsschaltung, die das Zugeben einer Komponente zum Reaktionsgemisch ohne eingeschalteten Rührer verhindert

In dieser Tabelle werden die Charakteristiken der einzelnen Bewertungskriterien verbal beschrieben. Anstelle dieser qualitativen Beschreibung kann man auch quantitativ vorgehen. Hierbei muß als erstes eine Skala von beispielsweise 1-10 aufgestellt und deren Bedeutung für die einzelnen Bewertungskriterien festgelegt werden. Ein Beispiel eines solchen Bewertungsmaßstabes ist in Tabelle 5.8 dargestellt.

Tabelle 5.8. Beispielhafte Festlegung des quantitativen Berwertungsmaßstabes für eine umweltbezogene FMEA nach [5.2, S. 36]

	1-3 Punkte	4-7 Punkte	7-10 Punkte
Schwere der Umwelteinwirkung	geringe Menge; geringes Gefährdungspotential; geringes Störfallrisiko; keine gesetzlichen oder gesellschaftlichen Vorgaben	mittlere Menge; mittleres Gefährdungspotential; mittleres Störfallrisiko; leicht zu erfüllende gesetzliche Vorgaben; leicht erhöhte gesellschaftliche Sensibilität	große Mengen; hohes Gefährdungspotential; hohes Störfallrisiko; großes gesellschaftliches Interesse; umfangreiche und schwerwiegende gesetzliche Vorgaben
Auftretenswahrscheinlichkeit	unwahrscheinlich	mäßig wahrscheinlich	sehr wahrscheinlich
Beeinflußbarkeit	Ursache durch einfache Veränderung von Prozeß- bzw. Produktparametern zu beseitigen; Maßnahmen sind in kurzer Zeit und mit geringem finanziellen Aufwand durchführbar	einfache bis mittelschwere technische und organisatorische Änderungen mit mittlerem finanziellen Aufwand am Prozeß bzw. Produkt erforderlich	schwerwiegende technische und organisatorische Änderungen mit hohem finanziellen Aufwand am Prozeß bzw. Produkt erforderlich

Mithilfe einer solchen Quantifizierung kann eine sogenannte Risikoprioritätszahl (RPZ) berechnet werden. Die RPZ entsteht dabei aus der Multiplikation folgender drei Komponenten:

- Schwere der Umwelteinwirkung bzw. Umweltbelastung,
- Auftretenswahrscheinlichkeit der Umwelteinwirkung und
- Beeinflußbarkeit der Umwelteinwirkung.

Aus der relativen Höhe der RPZ kann man eine nachvollziehbare Prioritätenliste für die Aufstellung von Verbesserungsmaßnahmen im Rahmen des Umweltmanagements ableiten. Nach der Durchführung der beschlossenen Maßnahmen kann man wiederum die jeweilige RPZ berechnen, um den potentiellen Erfolg bzw. Nichterfolg der Maßnahmen zu veranschaulichen.

Die FMEA ist, ob man sie nun in qualitativer oder quantitativer Form anwendet, ein ganz hervorragendes Instrument für das Umweltmanagement in der chemischen Industrie. Es erlaubt in nachvollziehbarer Art und Weise, Risiken früh genug zu erkennen, Verbesserungsmaßnahmen einzuleiten und die jeweilige Dringlichkeit des Handlungsbedarfs abzuleiten.

5.7 Methoden zur Darstellung von Daten und Problemzusammenhängen

Inadäquate strategische und operative Unternehmensentscheidungen entstehen häufig nicht aus der Unfähigkeit der Entscheidungsträger oder aus einem Mangel an entscheidungsrelevanten Informationen, sondern häufig aus der fehlenden übersichtlichen Informationsdarstellung, die es ermöglicht hätte, die wirklich wichtigen Entscheidungsaspekte und ihre Zusammenhänge zu erkennen. Dies gilt in besonderem Maße für umweltrelevante Entscheidungen, denn hier werden von den leitenden Angestellten die Zusammenhänge und die umweltbezogenen Auswirkungen häufig unterschätzt. Aus diesem Grund ist es notwendig, angepaßte Darstellungsmethoden bereitzuhalten und deren Anwendung im Rahmen eines Umweltmanagements organisatorisch festzulegen. In diesem Abschnitt werden einige der erfolgreichen Methoden des Qualitätsmanagements beschrieben, die auch im Rahmen eines Umweltmanagementsystems eingesetzt werden sollen, um langfristig den betrieblichen Umweltschutz zu fördern.

5.7.1 Polaritätsprofil

Balkendiagramme sind die klassische Form der Datendarstellung und können mittels eines Tabellenkalkulationsprogramms leicht erstellt werden. In jedem Umweltbericht werden heute Umweltdaten unter Verwendung dieser Darstellungstechnik aufbereitet. Das Problem bei Balkendiagrammen ist jedoch, daß sie unübersichtlich werden, sobald man versucht, mehrere Kriterien auf einmal darzustellen. Eine sehr viel angepaßtere Darstellungsform ist hierfür das Polaritätsprofil. Polaritätsprofile sind eine Darstellungstechnik, die geeignet ist, skalierbare Eigenschaften von Objekten, Systemen usw. zu veranschaulichen. Diese Methode ist auch dann anwendbar, wenn die relevante Größe nicht direkt skalierbar ist (z.B. die öffentliche Meinung). In diesem Falle kann eine betriebsinterne Skalierung vorgenommen werden, die auf den Einstellungen ausgewählter Mitarbeiter und/oder externer Fachkräfte beruht.

Die Polarkoordinaten der Polaritätsprofile sind strahlenförmig strukturiert. Die Skalen auf den Koordinaten sind dabei so angeordnet, daß die beste Zielerfüllung durch einen möglichst großen Abstand vom Zentrum zum Ausdruck kommt. Auf den Koordinaten können mögliche Beschränkungen bzw. Zielvorgaben markiert werden, deren Unterschreitung oder Überschreitung das Ausscheiden der betrachteten Alternative bedeutet. Ein Beispiel der Achsenbezeichnungen eines solchen Polaritätsprofils für die Beurteilung chemischer Verfahren ist in Abb. 5.2 dargestellt.

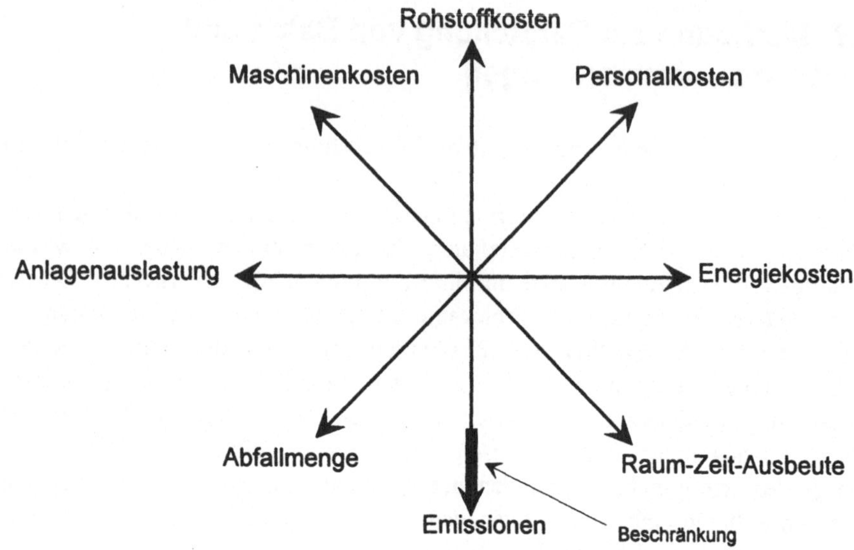

Abb. 5.2. Beispiel der Achsenbezeichnungen eines Polaritätsprofils zur Beurteilung chemischer Verfahren

Diese Darstellung eignet sich nicht nur für die konzentrierte Darstellung der Ist-Daten der entscheidungsrelevanten Kriterien, sondern kann auch genutzt werden, um Soll-Daten (Ziele) für bestimmte betriebliche Prozesse (z.B. Produktionsprozesse, Forschungs- und Entwicklungsprojekte usw.) zu visualisieren.

5.7.2 Ursachen-Wirkungsdiagramm

Die in Kap. 5.6 vorgestellte FMEA-Methode hat ihre Stärke in der Vorbeugung von Fehlern bzw. Fehlentwicklungen, die unter dem Blickwinkel des Umweltschutzes zu unerwünschten und außerplanmäßigen Umweltbelastungen führen können. Diese Methode ist jedoch nicht zur Lösung aktueller Probleme geeignet, die durch eine Vielzahl von Einflußfaktoren gekennzeichnet ist. Dazu bedarf es einer systematischen Vorgehensweise, um die grundlegenden Ursachen der bei technischen und organisatorischen Prozessen auftretenden Probleme zu identifizieren. Hier bietet sich das Ursachen-Wirkungsdiagramm (Ishikawa-Diagramm) an.

Diese Darstellungsmethode, die aufgrund ihres Aussehens auch als "Fischgrätendiagramm" bezeichnet wird, wurde von Kauro Ishikawa in den 50er Jahren an der Universität Tokyo entwickelt. Sie eignet sich besonders gut dazu, alle Ursachen eines Problems oder Zustands mit zunehmendem Detaillierungsgrad zu ermitteln, zu untersuchen und graphisch darzustellen. Bei der Erstellung eines solchen Diagramms können die wesentlichen Ursachen in ihrer hierarchischen Struktur erfaßt werden. Die Vorteile dieser Methode sind wie folgt:

- sie zwingt die beteiligten Mitarbeiter, sich auf den Inhalt des Problems zu konzentrieren und nicht auf die Symptome, die damit zusammenhängende Geschichte oder die jeweiligen Gruppen- bzw. Individualinteressen,
- sie führt zu einer Momentaufnahme des gemeinsamen Wissens über das Problem,
- sie führt bei den beteiligten Mitarbeitern zu einer gemeinsamen analytischen Zergliederung der Problemursachen,
- sie führt bei den beteiligten Mitarbeitern zu einer hohen Identifikation mit dem Resultat der Ursachensuche, da zur Erstellung des Diagramms ein kritischer Dialog geführt werden muß,
- wirkungsvolle und durchsetzbare Lösungsansätze des Problems können anhand des Ursachen-Wirkungsdiagramms besser entwickelt werden.

Zur Erstellung eines Ursachen-Wirkungsdiagramms geht man prinzipiell nach der *Dispersionsmethode* vor. Als erstes muß die Auswirkung, deren Ursachen es zu analysieren gilt, genau festgelegt werden (man kann jedoch auch einen gewünschten Zustand oder eine Fragestellung als Auswirkung festlegen). Als nächstes werden die relevanten Ursachentypen bestimmt, die die "Rippen" des Ursachen-Wirkungsdiagramms darstellen, auf denen die einzelnen Ursachen angeordnet werden. Diese hierarchische Anordnung der Ursachen wird folgendermaßen durchgeführt: als erstes versucht man möglichst viele Ursachen zu identifizieren, deren Existenz direkt zu der Auswirkung geführt hat. Diese primären Ursachen werden dann einem Ursachentypus zugeordnet. Um nun die sekundären Ursachen zu identifizieren, wird gefragt: "Warum tritt diese Ursache ein?" Diese Frage wird dann für die nächste Auflösungsstufe wiederholt, bis den beteiligten Mitarbeitern keine weiteren Ursachen mehr einfallen.

Im Qualitätsmanagement haben sich bei der Erstellung von Ursachen-Wirkungsdiagrammen folgende übergeordnete Ursachentypen durchgesetzt, die auch für umweltschutzrelevante Problemstellungen im Rahmen des Umweltmanagements verwendet werden können:

- Maschinen/Einrichtungen,
- Methoden/Verfahren,
- Material sowie
- Menschen.

Diese übergeordneten Ursachentypen können dem Problem beliebig angepaßt und erweitert werden, wobei jedoch bedacht werden muß, daß sie allgemein genug formuliert werden müssen, um eine Einordnung der problembezogenen Ursachen zu ermöglichen.

Ein kurzes Beispiel soll die besondere Leistungsfähigkeit dieser Methode verdeutlichen. Bei der Darstellung in Abb. 5.3 handelt es sich um einen Ausschnitt aus einem Ursachen-Wirkungsdiagramm zur Klärung der Ursachen von außerplanmäßigen Temperaturerhöhungen in einem Chemiereaktor (auf die Darstellung eines vollständigen Ursachen-Wirkungsdiagramms wurde aus Gründen der Übersichtlichkeit verzichtet).

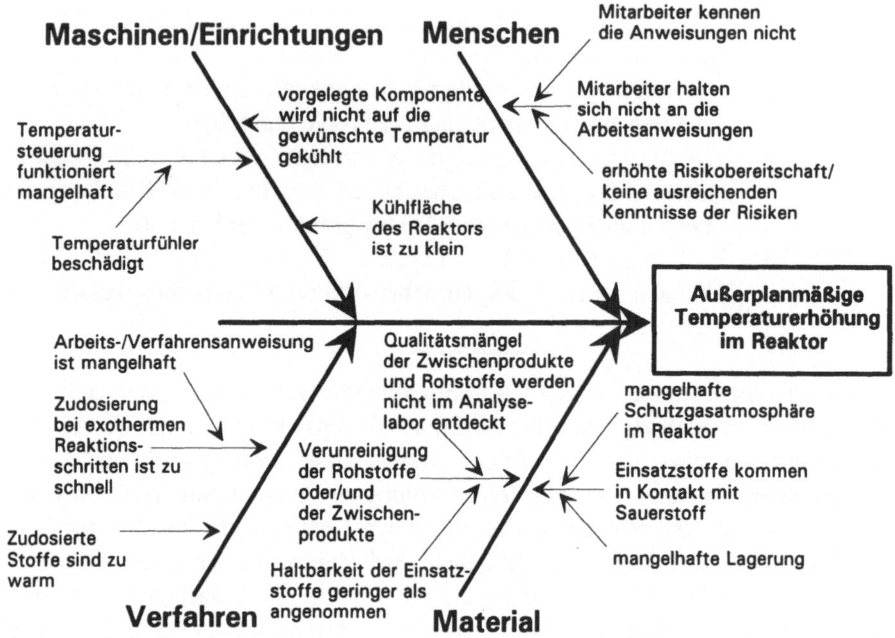

Abb. 5.3. Ausschnitt eines Ursachen-Wirkungsdiagramms aus der chemischen Industrie

Solche Temperaturschwankungen können bei chemischen Reaktionen zu Qualitätsmängel führen, da Nebenreaktionen durch höhere Temperaturen begünstigt werden können. Außerdem stellen sie bei stark exothermen Reaktionen ein Sicherheitsrisiko dar, da der Reaktor durch Bildung von großen Wärmemengen "durchgehen" kann.

Hierbei handelt es sich in der chemischen Industrie jedoch nicht nur um ein Sicherheits-, sondern auch um ein Umweltproblem, da der Reaktorinhalt durch den aufgebauten Überdruck in die Atmosphäre entweichen muß, um das Bersten des Reaktors zu verhindern. Dies führt zur Kontamination, die auch die unmittelbare Umgebung des Betriebes betreffen kann, da bei manchen Sicherheitssystemen der Überdruck außerhalb des Gebäudes entweicht.

Durch die Anwendung eines Ursachen-Wirkungsdiagramms kann man solche Sicherheits- und Umweltrisiken erkennen und vermeiden, indem man früh genug die Ursachen identifiziert und entsprechende Gegenmaßnahmen ergreift.

5.7.3 Beziehungsdiagramm

Die Erstellung eines Ursachen-Wirkungsdiagramms führt zu einer systematischen hierarchischen Darstellung der relevanten Ursachen. Leider ist es hierbei nicht möglich, die Wechselwirkungen zwischen mehreren Ursachen unterschiedlicher Ursachentypen genauer darzustellen, da sonst die Graphik zu unübersichtlich würde. Diese Wechselwirkungen spielen aber eine entscheidende Rolle für die Problemanalyse und für die Lösungssuche. Aus diesem Grund bietet es sich an, diese Ursachenwechselwirkungen in einem getrennten Diagramm zu erfassen, mit dem Ziel, die Ursachen mit Schlüsselfunktion zu isolieren. Diese Art von Diagrammen kann man als *Beziehungsdiagramm* bezeichnen, da es sich vornehmlich mit den Wechselwirkungen befaßt. Die Darstellung dieser Wechselwirkungen kann sowohl graphisch als auch tabellarisch vorgenommen werden.

Bei der Erstellung eines Beziehungsdiagramms geht man so vor, daß als erstes wiederum die Auswirkung steht. Als nächstes werden alle bekannten Ursachen, die entweder im Rahmen eines Ursachen-Wirkungsdiagramms oder eines Brainstormings identifiziert wurden, auf Kärtchen geschrieben. Der nächste Schritt besteht darin, für zwei Kärtchen folgende zwei Fragen zu beantworten:

1. Gibt es eine Ursachen-/Einflußbeziehung?
2. Wenn ja, in welche Richtung wirkt diese Beziehung stärker?

Wird die erste Frage mit "ja" beantwortet, müssen sich die beteiligten Mitarbeiter Gedanken über die Art der Wechselwirkung der Ursachen machen. Hierbei muß gefragt werden, welche der beiden Ursachen die Existenz der anderen bestimmt bzw. maßgeblich beeinflußt. Durch die Beantwortung dieser Fragen kann die Richtung der *Beziehungspfeile* ermittelt werden, wobei der Pfeil in die Richtung des stärkeren Einflusses zeigt. Die Qualität des entstehenden Beziehungsdiagramms hängt dabei von der Qualifikation der daran beteiligten Mitarbeiter ab, da die Aufstellung von Beziehungen eine entsprechende Fachkenntnis erfordert.

Das Resultat einer solchen Analyse der Wechselwirkung zwischen den einzelnen Ursachen gibt Aufschluß über die "treibenden" Ursachen und die Ursachen, die als "Ergebnis" gelten. Das Beispiel in Abb. 5.3 soll dies verdeutlichen.

Im Rahmen eines Umweltmanagementsystems nach der EMAS (siehe hierzu Kap. 4) muß das Unternehmen seine Umweltziele konkretisieren und ein Umweltprogramm ausarbeiten, daß "eine Beschreibung der konkreten Ziele und Tätigkeiten des Unternehmens, die einen größeren Schutz der Umwelt an einem bestimmten Standort gewährleisten sollen, einschließlich einer Beschreibung der zur Erreichung in Betracht gezogenen Maßnahmen und der gegebenenfalls festgelegten Fristen für die Durchführung dieser Maßnahmen" erfolgt (Artikel 2 der EMAS). Das betrachtete Unternehmen hat gerade ein Umweltmanagementsystem nach der EMAS eingeführt und ein erstes Umweltprogramm erarbeitet. Nach einem Jahr wird deutlich, daß die Ziele des Umweltprogramms nicht erreicht worden sind. Um die treibenden Ursachen für das Scheitern der Umsetzung des ersten Umweltprogramms zu klären, sammeln ausgewählte Führungskräfte und der Umweltschutzbeauftragte in einem ersten Schritt alle potentiellen Ursachen. In einem zweiten Schritt soll nun anhand eines Beziehungsdiagramms ermittelt werden, welche betriebsinternen Ursachen eine Schlüsselfunktion bei diesem Scheitern einnehmen. In Abb. 5.4 ist ein Ausschnitt des daraus entstehenden Diagramms dargestellt.

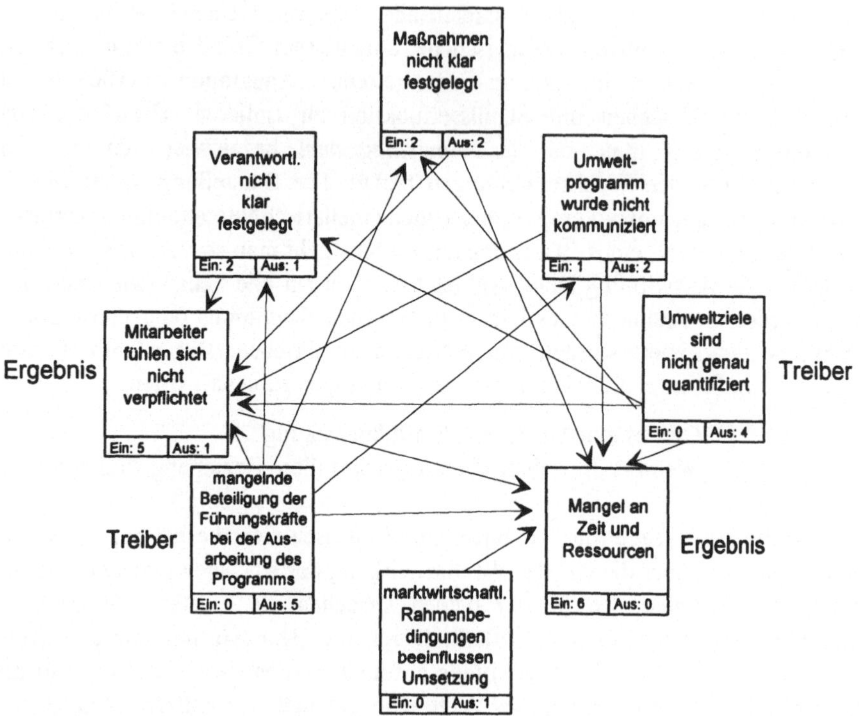

Abb. 5.4. Ausschnitt eines Beziehungsdiagramms zur Fragestellung des Scheiterns bei der Umsetzung eines Umweltprogramms im Rahmen des Umweltmanagements

Anhand des Beziehungsdiagramms können zwei *Treiber* (d.h. Ursachen, die die anderen beeinflussen und von denen am meisten Pfeile ausgehen) identifiziert werden:

1. "mangelnde Beteiligung der Führungskräfte bei der Ausarbeitung des Programms" und
2. "umweltziele sind nicht genau quantifiziert".

Folgende *Ergebnisse* (d.h. Ursachen, deren Vorhandensein auf eine große Anzahl anderer Ursachen zurückzuführen ist und daher am meisten Pfeile auf sich gerichtet haben) können anhand der Graphik bestimmt werden:

1. "Mangel an Zeit und Ressourcen" und
2. "Mitarbeiter fühlen sich nicht verpflichtet".

Diese Ergebnisse verdeutlichen den teilnehmenden Mitarbeiter, worauf man bei der Erstellung des nächsten Umweltprogramms besonders achten muß.

Wie man an diesem Beispiel aus dem organisatorischen Aufgabenbereich des Umweltmanagements sehen kann, läßt sich die Methode für alle möglichen Fragestellungen einsetzen. Auch hier soll wieder betont werden, daß diese Methode nur dann sinnvoll ist, wenn Mitarbeiter mit unterschiedlichen Ansichten gleichberechtigt an der Erstellung eines solchen Diagramms mitarbeiten.

5.8 Fazit

Die Förderung des Umweltschutzes hat allgemein, und in besonderem Maße für die chemische Industrie, mit der richtigen Einschätzung der aktuellen und der zukünftigen Situation zu tun. Fehleinschätzungen bei umweltrelevanten strategischen und operativen Entscheidungen haben in der chemischen Industrie immer wieder zu hohen Kosten und zur Verschlechterung des Images geführt. Die Einführung und Standardisierung von Techniken zur Unterstützung des Umweltmanagements ist daher nicht nur eine Frage des Umweltschutzes, sondern auch der langfristigen Unternehmenssicherung.

In den vorangegangenen Abschnitten wurden einige Techniken zur methodischen Unterstützung des Umweltmanagements dargestellt. Dabei wurde deutlich, daß aufgrund der heterogenen Struktur der zu betrachtenden Umweltdaten und -kriterien sowie aufgrund der unterschiedlichen Spezifikationen des jeweiligen Betrachtungsgegenstandes nur bedingt allgemeingültige Bewertungskriterien für die chemische Industrie aufgestellt werden können. So läßt sich das Umweltmanagement nur dann effizient und effektiv im betrieblichen Alltag nutzen, wenn ein Satz adäquater Umweltmanagementtechniken entwickelt und standardisiert wird. Hierbei sollte die Anwendung und kontinuierliche Verbesserung der Techniken ablauf- und aufbauorganisatorisch im Umweltmanagementsystem verankert sein. Nur so ist gewährleistet, daß umweltrelevante Kriterien langfristig in transparenter Art und Weise in die Managementabläufe ("Ziele setzen, planen, entscheiden, realisieren und kontrollieren") einfließen (siehe hierzu auch Kap. 4).

Langfristig wäre eine Form der standardisierten Aufstellung branchenspezifischer Instrumente und Techniken zur ökologieorientierten Bewertung von chemischen Verfahren und Produkten wünschenswert. Dies sollte im Rahmen der nationalen und internationalen Institutionen der Chemiebranche geschehen. Eine solche Entwicklung erscheint allerdings für die nahe Zukunft unwahrscheinlich, da es schwer sein wird, den notwendigen Konsens hierfür zu erreichen. Aus diesem Grund ist auf betrieblicher Ebene nicht nur aus ökologischen, sondern vor allen Dingen aus wirtschaftlichen Überlegungen heraus Eigeninitiative gefragt, um ein Umweltmanagementsystem mit den entsprechenden institutionalisierten Techniken und Instrumenten auf allen Ebenen des Unternehmens aufzubauen und langfristig zu erhalten.

6. Forschung und Entwicklung, die Schlüsselfunktion für den produktionsintegrierten Umweltschutz

6.1 Einleitung

Die Standortnachteile der chemischen Industrie in der Bundesrepublik Deutschland (zu nennen sind hier z.B. das Fehlen von Rohstoffen, die hohen Personal- und Energiekosten, die kurzen Regelarbeitszeiten sowie die langwierigen Genehmigungsverfahren) erfordern einen ständigen Innovationsvorsprung gegenüber Standorten mit günstigeren Rahmenbedingungen. Dieser Vorsprung, der in der kontinuierlichen Innovation und Verbesserung chemischer Produkte und deren Herstellungsverfahren besteht, ist das Resultat der Forschung und Entwicklung (im folgenden als F&E abgekürzt). Sie ist damit die Schlüsselfunktion des internationalen wirtschaftlichen Erfolges der deutschen chemischen Industrie.

Die Chemiebranche ist durch einen hohen F&E-Aufwand charakterisiert, dieser lag 1994 durchschnittlich bei 5% des Umsatzes bzw. 10,3 Mrd. DM [6.1, S. 40 und 95]. Dabei gibt es zwischen den einzelnen Chemiesparten ganz gravierende Unterschiede. So macht der F&E-Aufwand in der pharmazeutischen Industrie ca. 15% des Umsatzes aus, wohingegen er bei ca. 1% bei Produzenten anorganischer und organischer Grundchemikalien liegt (siehe hierzu z.B. [6.2] [6.3, S. 729-732]).

In diesem Zusammenhang ist es interessant, die Verteilung der F&E-Aufwendungen auf die Produkte und Verfahren sowie auf deren Neu- bzw. Weiterentwicklung zu untersuchen (siehe Tabelle 6.1). Auffällig ist hierbei, daß der Aufwand für die Neu- und Weiterentwicklung von Produkten größer ist als der für Verfahren. Da es sich bei den in Tabelle 6.1 verwendeten Daten um spartenunspezifische Durchschnittswerte handelt, können die Gründe für diesen Trend nicht spezifiziert werden. Maßgeblich beeinflußt wird dieses Verhältnis mit Sicherheit dadurch, daß der F&E-Aufwand in der Spezialitätenchemie, die schwerpunktmäßig Produktinnovationen hervorbringt, sehr stark gestiegen ist.

Tabelle 6.1. Verteilung der F&E-Aufwendungen deutscher Chemieunternehmen nach [6.4, S. 38-39]

	1977	1987	1989	1991
Produkte	73,8 %	78,2 %	77,6 %	82,0 %
Verfahren	26,1 %	21,8 %	22,4 %	18,0 %
davon für				
Weiterentwicklung	52,2 %	54,7 %	50,7 %	55,5 %
Neuentwicklung	47,8 %	45,3 %	49,3 %	44,5 %

Soll ein nachhaltiger Einfluß auf die Neu- oder Weiterentwicklung von chemischen Produkten und Verfahren im Sinne des produktionsintegrierten Umweltschutzes ausgeübt werden, so hat die F&E als deren "Quelle" oberste Priorität. Konzepte dafür sind nur dann realisierbar, wenn diese die Eigenschaften der in der F&E ablaufenden Prozesse sowie die Bedürfnisse der daran beteiligten Mitarbeiter berücksichtigen. Es ergibt sich daraus die Notwendigkeit, die F&E-spezifischen Kriterien vor der Aufstellung von organisatorischen und instrumentellen Strukturen im Rahmen des Umweltmanagementsystems genauer zu untersuchen. In diesem Kapitel werden daher die Grundlagen des bestehenden F&E-Managements in der chemischen Industrie unter besonderer Berücksichtigung der Problematik der Entscheidungsfindung beschrieben.

6.2 Begriffliche Abgrenzung

Der Werdegang von Produkten und Verfahren verläuft idealtypisch in folgenden vier Schritten:

1. Erkenntnis des Bedarfs/Suche nach Wissen,
2. Erfindung (Invention),
3. Neuerung (Innovation) und
4. Verbreiterung der Neuerung (Diffusion).

In dieser idealisierten Betrachtungsweise stehen am Anfang eines wirtschaftlichen F&E-Prozesses die Erkenntnis eines Bedürfnisses des Marktes und der Wunsch, dieses zu befriedigen, um die Expansion und die langfristige Sicherung des Unternehmens zu gewährleisten. Dazu bedarf es eines definierten Zeitrahmens und intellektueller sowie materieller Ressourcen, mit denen zusätzliches Wissen und praktische Erfahrungen gewonnen werden können. In der Phase der *Invention* werden Problemlösungspotentiale generiert, die in der Phase der *Innovation* im engeren Sinne produktionsreif entwickelt werden, um diese in der Phase der *Diffusion* auf dem Markt anzubieten. Es erweist sich dabei als vorteilhaft, organisatorische Rahmenbedingungen zu schaffen, die ein planmäßiges, systematisches und nach methodischen Regeln betriebenes Forschungs- und Entwicklungsprojekt ermöglichen.

Unter dem Begriff der F&E in der chemischen Industrie wird in diesem Buch im allgemeinen jene Tätigkeit verstanden, die darauf gerichtet ist, für das Unternehmen neue Erkenntnisse zu gewinnen über:

- Stoffe, ihre Zusammensetzung und ihre Wirkungsweise,
- die Verfahren zu ihrer Herstellung und
- die Möglichkeiten ihrer Anwendung einschließlich ihrer Anwendungsverfahren.

Dabei können als Aufgabenstellung der Forschung die Gewinnung neuer Erkenntnisse auf den genannten Gebieten im Labormaßstab, als Aufgabenstellung der Entwicklung die Weiterführung der im Labormaßstab gewonnenen Erkenntnisse bis zur Fabrikationsreife angesehen werden. Die Grenzen der Forschung und Entwicklung sind jedoch fließend." [6.5, S. 197-203]

Die F&E ist geprägt durch einzelne, teilweise aufeinander aufbauende Ebenen. Klassischerweise unterscheidet man vier F&E-Ebenen, wobei nur drei davon unternehmerisch relevant sind (siehe Abb. 6.1).

Abb. 6.1. Ebenen der F&E-Tätigkeit

Aufgabe der reinen *Grundlagenforschung* ist die Gewinnung neuer wissenschaftlicher Erkenntnisse, die nicht unmittelbar der Umsetzung in ein neues Produkt oder Verfahren dienen. Diese primär zweckfreie Forschung ist in einer betriebswirtschaftlichen Organisation mit Rechtfertigungsschwierigkeiten verbunden, so daß diese Art der Forschung ständig abnimmt. Sie findet vor allem an Hochschulen, Forschungsinstituten und staatlichen Laboratorien statt, wobei die chemische Industrie die Forschungsergebnisse direkt und indirekt nutzt.

In den Unternehmen der chemischen Industrie stellt die sogenannte *anwendungsorientierte Grundlagenforschung* die unterste Ebene der F&E-Aktivitäten

dar. Hier bilden die Anwendungsmöglichkeiten auf einem unspezifischen Niveau die Basis der Forschungsaktivitäten. Die darauf aufbauende *angewandte Forschung* hebt sich insofern von der Grundlagenforschung ab, als daß sie auf spezifische, teilweise sehr genau definierte Anwendungen gerichtet ist, und dient vornehmlich zur Überprüfung von Anwendungspotentialen definierter Molekülstrukturen und Stoffklassen sowie verfahrenstechnischer Teilprozesse.

Die *Entwicklung* baut auf den Ergebnissen der angewandten Forschung auf, wobei ihre Aufgabe in der Suche nach industriell realisierbaren Produkten und Prozessen besteht. Der Umfang und das Resultat dieser Entwicklungsaktivitäten hängt von der jeweiligen Chemiesparte ab. Im Bereich der chemischen Grund- und Zwischenprodukte bringt eine Produkt- oder Verfahrensneuentwicklung bzw. -verbesserung häufig die Notwendigkeit der Planung und Realisierung einer völlig neuen verfahrenstechnischen Anlage mit sich. Dagegen beschränkt sich die Entwicklungstätigkeit im Bereich der chemischen Spezialerzeugnisse, wie z.B. der Arzneimittel, in der Regel auf die verfahrenstechnische Realisierung des Produktionsprozesses mittels schon bestehender Mehrzweckanlagen.

6.3 F&E-Management in der chemischen Industrie

6.3.1 F&E-Planung

Um das Gesamtziel der F&E-Aktivitäten, nämlich die Realisierung bedürfnisorientierter und wirtschaftlicher Produkt- und Verfahrensinnovationen, zu erreichen, müssen die Teilziele definiert sowie die einzelnen Aktivitäten geplant und dokumentiert und kontrolliert werden. Auch beim F&E-Management gelten die folgenden allgemeinen Aufgaben: Ziele setzen, planen, entscheiden, realisieren und kontrollieren.

In den folgenden Abschnitten werden die Grundlagen des F&E-Managements in der chemischen Industrie (strategische und operative Planung sowie Ablauforganisation und Projektmanagement) erläutert, da ohne das Verständnis der in der F&E ablaufenden Mechanismen die Planung und Implementierung von umweltmanagementtechnischen Maßnahmen zur Förderung des produktionsintegrierten Umweltschutzes nicht möglich sind.

Die prinzipielle Aufgabe der Unternehmensführung ist es, das langfristige Überleben des Unternehmens im dynamischem Umfeld des Marktes zu sichern. Das ist nur möglich, wenn sich die angebotenen Produkte aufgrund ihrer Leistungsmerkmale und ihres Preises als konkurrenzfähig erweisen. Aus dieser Grundüberlegung heraus ergeben sich zwei Möglichkeiten der strategischen Planung für die F&E.

Die *erste Möglichkeit* besteht in der Ausrichtung der F&E-Programme an den aktuellen Marktbedürfnissen, so daß eine möglichst geringe Streuwirkung der F&E-Aktivitäten erreicht wird. Dieser rekursive Ansatz der Zielbildung wird auch als "target-based" bezeichnet, da er von den *Zielen des Marktes* ausgeht (siehe Abb. 6.2). Der Nachteil bei dieser Art der Zielbildung liegt in der Beschränkung der F&E-Ziele auf die aktuelle Marktsituation, wodurch der Umfang der angewandten Grundlagenforschung stark eingeschränkt wird. Dies kann dazu führen, daß keine F&E-Programme mit grundlegend neuen und zukunftsorientierten Zielen gefördert werden. Eine solche Zielbildung ermöglicht zwar einen kurzfristigen Profit, kann aber den langfristigen Erfolg des Unternehmens gefährden.

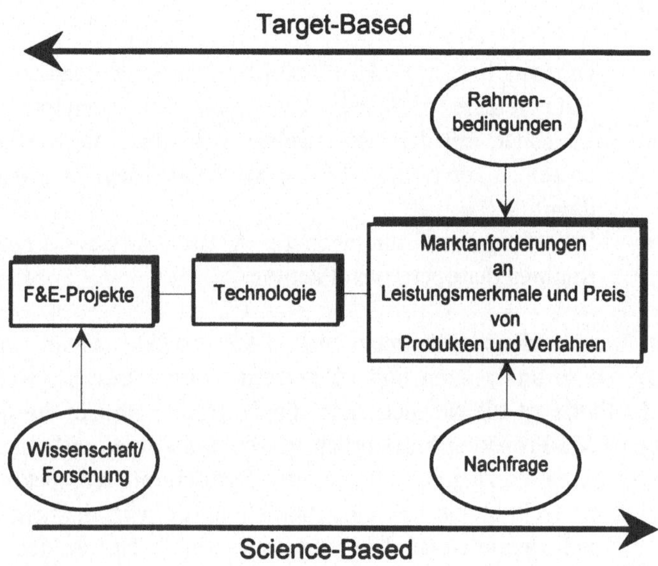

Abb. 6.2. Grundsätzliche Zielbildungsstrategien in der chemischen F&E

Die *zweite Möglichkeit* der Zielbildung geht von den wissenschaftlich möglichen Verfahren und Produkten aus ("science-based"), woraus F&E-Programme mit einer breiten Streuwirkung resultieren, so daß die Erfolgswahrscheinlichkeit zur Invention und Innovation für einen bestimmten Anwendungsbereich statistisch erhöht wird. Der Vorteil einer solchen Strategie liegt in der langfristigen Förderung neuer Verfahren und Produkte, wobei jedoch das Risiko besteht, daß diese den Marktbedürfnissen nicht entsprechen. In der betrieblichen Praxis der chemischen Industrie liegt daher der Schwerpunkt auf der marktorientierten Zielbildung, wobei dort zur Auffindung völlig neuartiger Innovationen auch "science-based" vorgegangen wird.

Der Zielbildungsprozeß ist die Grundlage der strategischen und operativen Planung der F&E-Aktivitäten, in der die prinzipiellen Schwerpunkte der Produkt- und Prozeßforschung ermittelt werden müssen [6.6, S. 106] (auf die Zielproblematik in der F&E wird näher in Kap. 6.3.4.2 eingegangen). Häufig werden auf dieser Planungsebene die aus dem Marketing stammenden Portfolioanalysen eingesetzt, um F&E-Projekte zu bewerten. F&E-Projekte werden dabei definiert als Vorhaben, die durch das Vorhandensein folgender Merkmale gekennzeichnet sind [6.7, S. 26]:

- zeitliche Befristung,
- begrenzte Ressourcen,
- Einmaligkeit,
- Dynamik,
- Komplexität,
- Neuartigkeit,
- Unsicherheit und
- interdisziplinäre Zusammenarbeit.

Es ist Aufgabe der strategischen Planung der F&E, folgende grundlegende Aspekte zu klären:

- Umfang, in dem F&E in Zukunft betrieben werden soll,
- Hauptgebiete (-richtungen), in denen zu forschen ist,
- Intensität, mit der dies erfolgen soll, sowie die Bestimmung der einzelnen konkreten F&E-Vorhaben, an denen zu arbeiten ist, und damit
- Schaffung der Grundlagen zur Aufstellung des F&E-Budgets im Rahmen der operativen Planung.

Es gibt verschiedene Möglichkeiten, F&E-Projekte unter strategischen Gesichtspunkten zu analysieren und zu bewerten (siehe hierzu z.B. [6.8]). Die wichtigste Methode ist hierfür sicherlich die Portfoliomethode, die die Charakteristiken von F&E-Projekten hinsichtlich Risiko und Attraktivität besonders gut berücksichtigt (siehe hierzu z.B. [6.9], [6.10]). Typische Risikoaspekte von F&E-Projekten sind die technologischen Unsicherheiten, die wirtschaftliche Unsicherheit sowie das Schadenpotential. Über die Attraktivität entscheiden die Marktanteile (charakterisiert durch den potentiell erreichbaren Markt und die Marktposition) sowie das Ertragspotential (aufgrund der Marktdynamik und der Wettbewerbsintensität).

Ein zweiter häufig verwendeter Portfolioansatz konzentriert sich auf die zur Zielerreichung benötigte Technologie. Bei diesem Portfolio wird die eigene Technologieposition (*hoch, mittel oder niedrig*) gegen die Innovationsdynamik (*Basis-, Schlüssel- oder Schrittmachertechnologien*) aufgetragen. Bei einem dritten in der Praxis eingesetzten Portfolioansatz, wird die Wahrscheinlichkeit des technischen Erfolges gegen den erwarteten Umsatz aufgetragen. Als Beispiel werden in Tabelle 6.2 die in der pharmazeutischen Industrie typischerweise untersuchten Aspekte der Portfolioanalyse dargestellt.

Tabelle 6.2. Typische Aspekte der Portfolioanalyse von F&E-Projekten

Differenzierungsmerkmal zu Wettbewerbsprodukten	– Wirkmechanismus – Wirksamkeit – Unbedenklichkeit – Dosierung
Entwicklung	– Entwicklungsdauer und -kosten – Patentsituation – Vorsprung oder Nachteil gegenüber Wettbewerbern – Zulassungsbestimmungen
Markt	– Umsatzerwartungen – Marktvolumen – Marktentwicklung – Image des Marktes – Probleme bei Integration in die eigene Produktpalette – Produktion (Erweiterung notwendig?) – Vertrieb – Preisaspekte
Wissenschaftlicher Aspekt	– Verfügbarkeit der Substanzen – Racemat/Enatiomer-Problematik – Eignung der Prüfungsmodelle – Technisches Know-how
Technische Aspekte	– Anlagen – Know-how

Die Ergebnisse der auf oberster Unternehmensebene durchgeführten strategischen Planung dienen als Grundlage für die operative Planung. Aufgabe der kurzfristig orientierten operativen F&E-Planung ist es:

- Maßnahmen und Zeitpläne zur konkreten Durchführung der beschlossenen F&E-Strategien zu entwickeln,
- den Bedarf an benötigten Spezialisten, Sach- und Finanzmitteln zu ergründen,
- das Kostenbudget für die einzelnen F&E-Projekte aufzustellen sowie
- Pläne für die Überwachung des Fortschrittes der einzelnen F&E-Projekte festzulegen.

Die Aufstellung eines F&E-Budgets kann mittels ziel-, projekt-, kapazitäts-, finanzierungs- und konkurrenzorientierter Ansätze vorgenommen werden (zu den Anwendungsbereichen sowie den Vor- und Nachteilen der einzelnen Ansätze der F&E-Budgetstrategien siehe z.B. [6.11, S. 846-869]). An dieser Stelle soll die Thematik der F&E-Kosten nicht weiter betrachtet werden. Jedoch werden in Abhängigkeit von der jeweiligen Planungsebene unternehmensinterne Grundsätze für die Budgetierung angewandt, die auf Erfahrungen der Vergangenheit beruhen (für eine exemplarische Analyse der F&E-Aufwendungen im Pharmabereich siehe z.B. [6.12, S. 729]).

Die strategischen und operativen Planungsziele können nur dann realisiert werden, wenn operative Maßnahmen (wenigstens teilweise) planbar sind. Planbarkeit bedingt jedoch ein Mindestmaß an zeitlicher Konstanz innerbetrieblicher Strukturen, d.h. die Existenz von stabilen Faktoren. Der entscheidende Stabilitätsfaktor der Planung ist die Aufbauorganisation (zu den Grundlagen siehe Kap. 4), die im nächsten Abschnitt für die F&E näher beschrieben wird.

6.3.2 Aufbauorganisation der F&E

6.3.2.1 Organisatorische Abgrenzung von anderen Betriebsfunktionen

Lange Zeit war in der chemischen Industrie die funktionsbezogene Organisationsstruktur vorherrschend. Durch die zunehmend dynamischen Umfeldbedingungen hat sich jedoch Ende der 70er Jahre zunehmend die divisionale Organisationsstruktur durchgesetzt, durch die eine bessere Ausrichtung der Chemieunternehmen auf die Produkt- und Verfahrensanforderungen der Kunden erreicht werden soll [6.13, S. 284-286]. Ein Unternehmen mit einer divisionalen Aufbauorganisation ist in wirtschaftlich weitgehend autonome, rechtlich jedoch abhängige Sparten gegliedert, die nach Produktgruppen oder Regionen voneinander abgegrenzt sind.

Die Eingliederung der F&E-Bereiche in divisional organisierte Unternehmen kann zentral, dezentral oder in einer Kombination beider Formen erfolgen (siehe Abb. 6.3).

Eine *zentrale Eingliederung* der F&E ist vor allem bei kleinen und mittleren Unternehmen zu finden, da dort die Zentralisierung aufgrund der geringen Unternehmensgröße nicht zu der bei dieser Organisationsform üblichen Inflexibilität führt.

Dezentrale Eingliederungen sind dagegen bei den großen Chemieunternehmen die Regel. So können spartenspezifische F&E-Entscheidungen in Abstimmung mit den spartenspezifischen Marketing-, Vertriebs- und Produktionsabteilungen getroffen werden. Bei einer rein dezentralen F&E besteht jedoch die Gefahr der Vernachlässigung spartenübergreifender F&E-Aufgaben. Aus diesem Grund hat sich die *kombinierte Eingliederung* der F&E durchgesetzt, bei der die F&E-Einheiten der Sparten marktnahe F&E betreiben, während eine oder mehrere zentrale F&E-Abteilungen bereichsübergreifende F&E-Aufgaben wahrnehmen. Diese haben teilweise einen Dienstleistungscharakter. In einigen Chemieunternehmen existieren beispielsweise zentrale "F&E-Dienstleister" für die Bereiche Analytik, Toxikologie, physikalische Chemie und Dokumentation. Aktuelle Beispiele der F&E-Organisationsformen bei größeren Chemieunternehmen können der Literatur entnommen werden, so z.B. für die Degussa AG [6.14, S. 50-51] und die Bayer AG [6.15, S. 978-979].

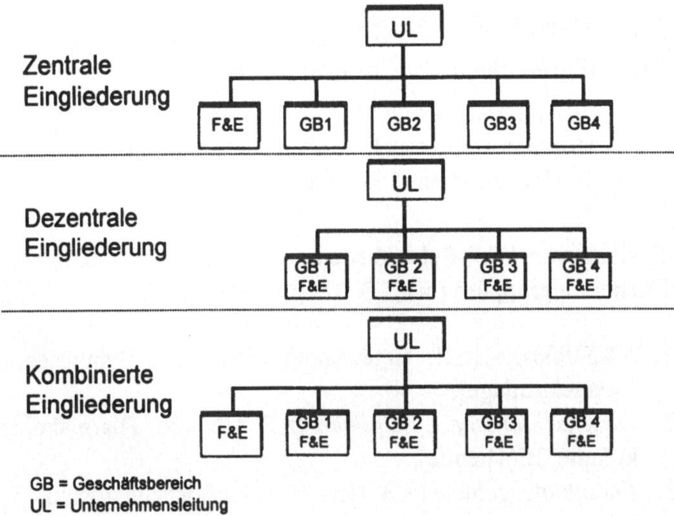

Abb. 6.3. Formen der Eingliederung von F&E-Subsystemen in divisional organisierten Unternehmen

6.3.2.2 Organisatorische Untergliederung der F&E

Nachdem die F&E von anderen organisatorischen Einheiten abgegrenzt wurde, wird hier ihre Untergliederung in einzelnen Teilfunktionen beschrieben. Man kann hierfür von der vom VCI aufgestellten Definition ausgehen [6.16, S. 197-203]:

(1) *Wissenschaftliche Laboratorien,*

- deren Aufgabe die Produkt- oder Verfahrensinnovation bzw. -verbesserung ist,
- die Laborergebnisse vom Technikumsmaßstab bis zur Produktionsreife weiterentwickeln,
- die neue Anwendungsgebiete für vorhandene Produkte finden und neue oder verbesserte Anwendungsverfahren entwickeln,
- die an der Entwicklung neuer und an der Verbesserung bereits bestehender Prüfmethoden arbeiten,
- die neue analytische Methoden erarbeiten und Analytik für Forschungsarbeiten betreiben,
- die an der Erstellung wissenschaftlicher Unterlagen für die Einführung neuer Produkte arbeiten,
- die für Abwasser-, Abfall- und Abluftprobleme tätig werden, die bei der Herstellung neuer Produkte oder bei der Anwendung neuer Herstellungsverfahren auftreten.

(2) *Klinische Forschung*,

(3) *Wissenschaftliche Dokumentation*,

(4) *Ingenieurtechnische Abteilungen*, soweit sie für die Verbesserung praktizierter Herstellungs- und Aufwendungsverfahren im Unternehmen tätig werden.

Bei der Bildung von F&E-Subeinheiten werden die Teilfunktionen nach folgenden drei Kriterien gruppiert [6.17, S. 879]:

1. *F&E-Phasen* (z.B. angewandte Forschung, Syntheseoptimierung, Versuchsanlage),
2. *wissenschaftliche Disziplinen* (z.B. Chemie, Pharmakologie, Toxikologie, Biochemie),
3. *Forschungsgebiete* (z.B. Herz/Kreislauf, Rheumatismus, Diabetes).

Die Bildung von F&E-Subsystemen wird in mehreren Stufen durchgeführt, wobei unterschiedliche Gliederungskriterien verwendet werden können. Prinzipiell ist jedoch die phasenorientierte Gliederung in der chemischen Industrie am häufigsten anzutreffen.

Ein Beispiel für eine solche nach den F&E-Phasen vorgenommene Untergliederung ist das Ressort *Verfahrensentwicklung/Technologie* der Henkel KGaA (siehe Abb. 6.4). Das Ressort ist zweistufig untergliedert, einmal phasenorientiert und ein zweites Mal für die daraus entstehenden Abteilungen nach wissenschaftlichen Disziplinen.

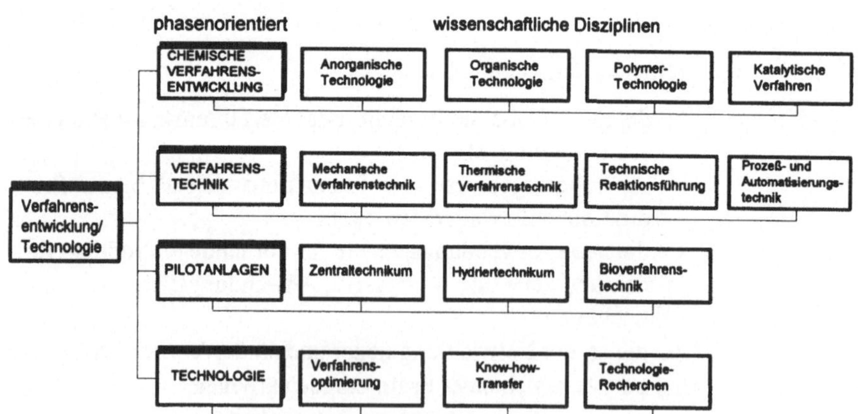

Abb. 6.4. Organisatorische Untergliederung der Abteilung *Verfahrensentwicklung/Technologie* der Henkel KGaA [6.18, S. 25]

Zur Steuerung und Kontrolle der F&E-Abläufe können neben den "klassischen" Leitungsfunktionen auch alternative Organisationsformen eingesetzt werden. Eine Organisationsform, die in der chemischen Industrie heute weit verbreitet ist, ergibt sich aus dem Projektmanagement und wird in Kap. 6.3.4.4 ausführlich besprochen. Eine andere Organisationsform, die neben den Leitungsfunktionen in der chemischen Industrie seit langem angewendet wird, ist der Einsatz von *Kollegien* in Form von Arbeitskreisen, Beratungsausschüssen und Entscheidungsgremien.

In der Regel handelt es sich dabei um Dauerkollegien (d.h. diskontinuierliche Zusammenarbeit mit unbegrenzter Lebensdauer), deren Mitglieder kontinuierlich anderen Hauptaufgaben nachgehen und nur zu bestimmten Zeitpunkten zur gemeinsamen Erfüllung dieser Sekundäraufgaben zusammentreffen. Als querlaufende Koordinierungseinheit bietet die Kollegienorganisation die Möglichkeit, sowohl mehrere Sachgebiete als auch Rangunterschiede zu überbrücken. Man kann F&E-interne und -externe Kollegienstrukturen unterscheiden, die in Tabelle 6.3 entsprechend ihrer organisatorischen Eigenschaften in horizontale, vertikale und laterale Strukturen untergliedert sind.

Tabelle 6.3. Klassifikation von F&E-internen und -externen Kollegienorganisationsformen

F&E-interne Kollegien	**F&E-externe Kollegien**
• horizontale Struktur ⇒ gleicher Unternehmensbereich, unterschiedliche Abteilungen, gleiche Leitungsebene * *z.B. Arbeitsgruppe mit Abteilungsleitern der Forschung, Syntheseoptimierung und des Technikums* • vertikale Struktur ⇒ gleicher Unternehmensbereich, gleiche Abteilungen, unterschiedliche Leitungsebenen * *z.B. "Jour-Fixe" oder Ressortkonferenz mit Mitarbeitern bis zur letzten Führungsebene*	• laterale Struktur ⇒ unterschiedliche Unternehmensbereiche, unterschiedliche Leitungsebenen * *z.B. Forschungskoordinationskommitee mit Mitarbeitern von F&E, Marketing, Vertrieb und Produktion*

Der Erfolg der F&E-Aktivitäten hängt entscheidend von der aufbauorganisatorischen Strukturierung der F&E-Einheiten ab, denn die Aufbauorganisation bildet ein Gerüst funktionsfähiger Subsysteme, durch die der räumliche und zeitliche Ablauf der F&E überhaupt erst möglich wird. Die Verkettung der durch die Subsysteme durchzuführenden projektspezifischen Aufgaben bildet die Ablauforganisation. Diese wird, wenn es sich um Routineaufgaben handelt, projektunspezifisch für einen längeren Zeitraum festgelegt oder aber bei jedem Projekt wieder neu aufgestellt, wenn es sich um neue Aufgabengebiete handelt. Da der Ablauf nicht nur geplant, sondern auch gesteuert und kontrolliert werden muß, bedarf es eines geeigneten Führungsinstrumentes.

In den folgenden beiden Abschnitten werden zur Verdeutlichung der in der Praxis existierenden organisatorischen F&E-Strukturen drei Beispiele aus der Chemiebranche näher erläutert.

6.3.2.3 F&E-Organisationsstruktur der Degussa AG

1992 wurde die F&E bei der Degussa AG mit ihren ca. 2500 Mitarbeitern stärker in die einzelne Geschäftsbereiche eingegliedert [6.19, S. 50]. Die Motivation dazu kam aus der Notwendigkeit, die F&E-Aktivitäten noch stärker an den Bedürfnissen des Marktes zu orientieren und den Dialog zwischen den F&E-Abteilungen auf der einen Seite und der Produktion, dem Vertrieb und dem Marketing auf der anderen Seite zu fördern. Die aus der Umstrukturierung entstandene Organisationsstruktur ist in Abb. 6.5 dargestellt.

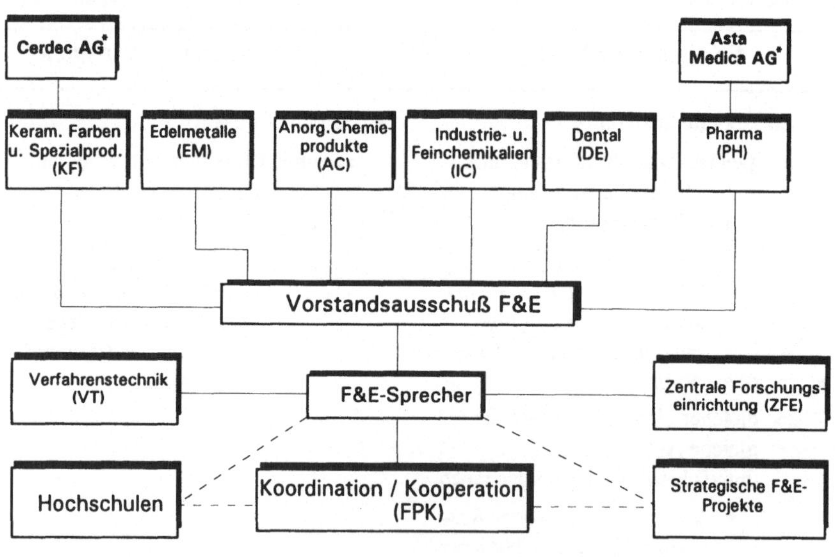

Abb. 6.5. F&E-Organisationsstruktur bei der Degussa AG nach [6.19]

Die vorgenommene Eingliederung der F&E-Aktivitäten in einzelne Geschäftsbereiche des Unternehmens hat dabei nicht zum Verlust an Synergien geführt, denn ca. die Hälfte der F&E-Mitarbeiter sind im Forschungszentrum in Hanau konzentriert. Ein weiterer zentralisierender Faktor stellt die *Zentrale Forschungseinrichtung* mit ihren hauptsächlich dem Service dienenden Funktionen dar. Es handelt sich hierbei, neben der zentralen Analytik und der technisch-wissenschaftlichen Informatik, um Aufgabengebiete aus den Bereichen der Werkstoffkunde, der physikalischen Chemie, der sicherheitstechnischen Untersuchungen, der Umwelttechnologie und der forschungsrelevanten Logistik. Ebenfalls zentral organisiert ist die Verfahrenstechnik, die sich als betriebsinterner Dienstleister mit Themen der ingenieurtechnischen Verfahrensentwicklung befaßt.

Eine Besonderheit der Degussa AG stellt der Bereich der *strategischen F&E-Projekte* dar (siehe Abb. 6.5). Dort sollen bereichsübergreifende und zukunftsorientierte Forschungsprojekte untersucht werden, wobei von der Unternehmensleitung hierfür ein eigenes Budget zur Verfügung gestellt wird.

Die strategische Planung und Überwachung der F&E-Aktivitäten ist Aufgabe zentraler Organisationseinheiten, wobei die Verantwortung für die operativen Abläufe bei den einzelnen Geschäftsbereichen liegt. Für die Planung und Durchführung von F&E-Projekten setzt die Degussa AG konsequent ein Projekt- und Portfoliomanagement ein.

6.3.2.4 F&E-Organisationsstruktur der Bayer AG

Die Forschungsorganisation der Bayer AG, in der ca. 13 000 Angestellte tätig sind, ist dezentral in 20 Geschäftsbereiche gegliedert und zentral im Zentralbereich *Zentrale Forschung* lokalisiert. Dabei entfallen auf die dezentralen Forschungsabteilungen der Geschäftsbereiche mit ihren 11 050 Angestellten ca. 95% des gesamten F&E-Budgets von 3,3 Milliarden DM (1995). Dies entspricht ca. 7% des Umsatzes, wobei fast die Hälfte des gesamten F&E-Budgets in den Geschäftsbereich "Gesundheit" fließt [6.15].

Die Geschäftsbereiche sind für die F&E-Zielfindung, -Strategie, -Planung und -Durchführung weitestgehend selbst verantwortlich und organisieren ihre F&E-Abteilungen entsprechend den jeweiligen Technologie- und Markterfordernissen unterschiedlich. Einen Überblick über die gesamte Organisationsstruktur der Bayer AG gibt Abb. 6.6. Die 20 Geschäftsbereiche sind in 6 übergeordneten Bereichen zusammengefaßt. Die einzelnen Ressorts sind für den ersten Geschäftsbereich exemplarisch untergliedert.

Außer den dezentralen F&E-Einheiten der jeweiligen Geschäftsbereiche gibt es die *Zentrale Forschung* mit ca. 2000 Mitarbeitern in Leverkusen und Uerdingen. Diese gliedert sich in vier Ressorts (Wirkstoff und Syntheseforschung, Materialforschung, Technische Entwicklung/Angewandte Physik sowie Forschungsdienste) und hat folgende drei Aufgabenfelder:

1. *eigenverantwortliche Forschungsaufgaben* (Strategische Forschung, d.h. Bearbeitung von Themen mit hohem Innovationspotential, die zur langfristigen Zukunftssicherung des Unternehmens beitragen sollen.)
2. *Auftragsforschung und Dienstleistungen* (Lieferung von innovativen Beiträgen zur Entwicklung und Optimierung von Produkten und Verfahren in Abstimmung mit den Geschäftseinheiten.)

3. *übergeordnete Aufgaben* (Vorbereitung zukünftiger Aufgaben des Unternehmens, Kontakt zu Hochschulen, Einstellung von akademischen Mitarbeitern usw.)

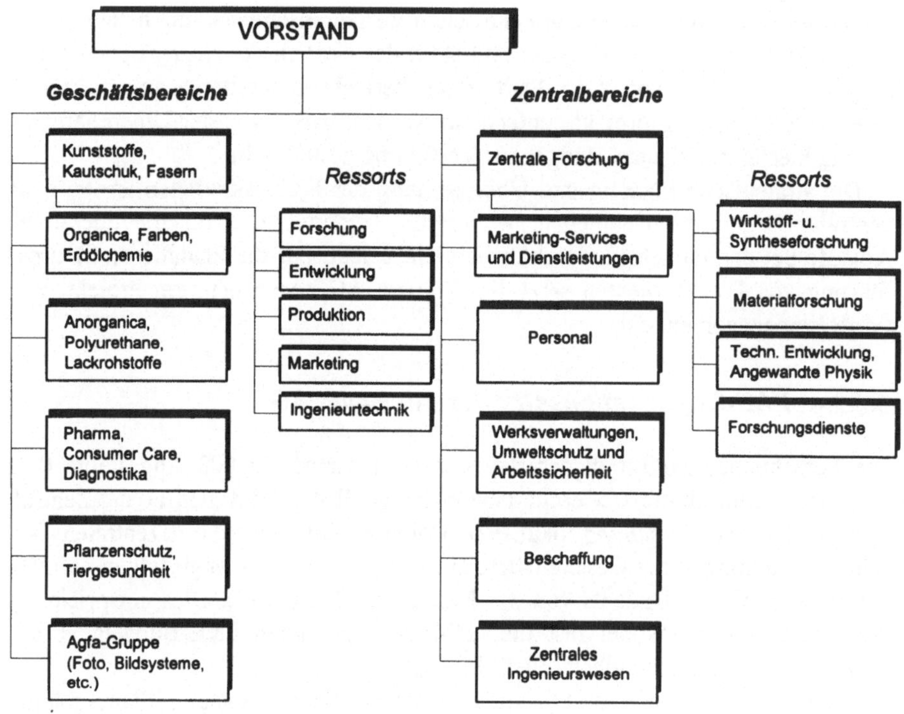

Abb. 6.6. Organigramm der Bayer AG nach [6.15]

F&E-Projekte werden mittels Projektmanagement durchgeführt, wobei die Koordination durch eine *Kollegienorganisation* in Form von Lenkungs-, Informations- und Arbeitsgremien erfolgt (siehe hierzu Kap. 6.3.2.1). Der *Vorstandsausschuß Forschung und Entwicklung* steuert den F&E-Ressourceneinsatz und ist gleichzeitig zentrale Koordinations- und Steuereinheit. Die organisatorische Einheit *Zentralkommission Forschung und Entwicklung* dient der gegenseitigen Information bei geschäftsbereichsübergreifenden Themen. Des weiteren bestehen 5 zentrale Forschungskommissionen mit den Technologiefeldern *Synthese, Werkstoffe, Life Science, Verfahren und Geräte*. Ihre Aufgabe besteht im geschäftsbereichsübergreifenden Technologiemanagement, wie z.B. bei der Pflege und Weiterentwicklung von Schlüsseltechnologien und Kernkompetenzen sowie bei der Vorbereitung von Entscheidungen für den *Vorstandsausschuß Forschung und Entwicklung*.

6.3.2.5 F&E-Teilstruktur der Schering AG

Die Schering AG ist ein in Berlin ansässiger pharmazeutischer Konzern mit einem Umsatz von 4,7 Milliarden DM (1994). Die Aufwendungen für Forschung und Entwicklung betrugen 838 Millionen DM, dies sind ca. 18% des Umsatzes bzw. 38 % der Gesamtkosten [6.20, S. 10]. Dabei entfielen 62% der F&E-Aufwendungen auf die zentrale F&E in Deutschland, 8% auf andere europäische Standorte, 24% auf Nordamerika und 6% auf Japan. Weltweit sind für die Schering AG 3127 Mitarbeiter in der F&E tätig.

In dem Organigramm der Abb. 6.7 ist als Beispiel für eine weitere Untergliederung der chemischen F&E die organisatorische Teilstruktur *Chemische Entwicklung* in ihre Subeinheiten aufgelöst.

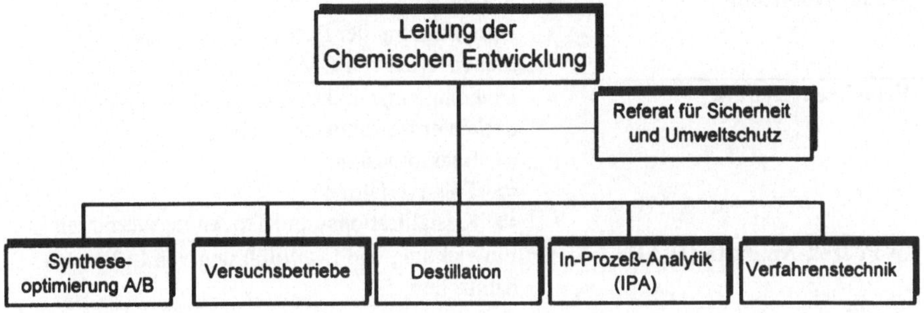

Abb. 6.7. Überblick zur Aufbauorganisation der Chemischen Entwicklung der Schering AG

Als wichtige Schnittstellen für die F&E-Einheit wurden hier folgende Organisationseinheiten identifiziert:

- Forschung Chemie,
- Pharmazeutische Entwicklung,
- Gewerblicher Rechtsschutz,
- Marketing,
- Qualitätssicherung,
- Produktion und
- Stabsstelle für Sicherheit und Umweltschutz.

Die *Chemische Entwicklung* bei der Schering AG befaßt sich allgemein mit folgenden drei Aufgabengebieten:

1. Bereitstellung der notwendigen Stoffmengen für die Wirkstoffuntersuchungen (toxikologische, pharmakokinetische, analytische usw.),
2. Entwicklung von Herstellverfahren für die Produktion und

3. Serviceleistungen für andere F&E-Funktionen (z.B. Isolierung und Synthese von Verunreinigungen).

Zum besseren Überblick der Aufgabenverteilung auf die jeweiligen Subeinheiten der *Chemischen Entwicklung* sind diese in der Tabelle 6.4 zusammenfassend dargestellt.

Tabelle 6.4. Aufgaben der Subeinheiten der Chemischen Entwicklung bei der Schering AG

F&E-Subeinheit	Aufgaben
Syntheseoptimierung	• Optimierung des Syntheseweges • Beginn der verfahrenstechnischen Optimierung
Versuchsbetriebe	• Scale Up • Durchführung der Betriebskampagnen • Sicherstellen von GMP Standards
Verfahrenstechnik	• Unterstützungsfunktion bei der Entwicklung optimaler Prozeßtechnologien: ⇒ Reaktordesign ⇒ Trennverfahren ⇒ Kristallisations- und Trocknungsverfahren
In-Prozeß-Analytik (IPA)	• Entwicklung und Durchführung von In-Prozeß-Kontrollen
Destillation	• Aufarbeitung von Lösemittelgemischen
Referat für Sicherheit und Umweltschutz	• Beratung der Subeinheiten • Stellungnahmen und Gutachten

F&E-Projekte werden bei der Schering AG mit Hilfe des betriebsintern formalisierten Projektmanagements durchgeführt. Der Projektablauf ist phasenorientiert strukturiert. In einem vereinfachten Ansatz lassen sich drei große Entwicklungsphasen unterscheiden (siehe hierzu Tabelle 6.5), die wiederum im betriebsinternen Netzplan in Unterphasen gegliedert sind. Diese Unterphasen sind durch definierte Beschlußpunkte voneinander getrennt (das Beschlußwesen wird in Kap. 6.4.2.1 näher beschrieben).

6.3.3 Projektmanagement in der F&E

6.3.3.1 Grundlagen des Projektmanagements in der chemischen F&E

Der Erfolg eines F&E-Projekts hängt simultan von drei Faktoren ab:

- Ergebnis (Qualität),
- Aufwand (Kosten) und
- Dauer (Termine).

Tabelle 6.5. Charakterisierung der Entwicklungsphasen bei der Schering AG

Phasen	Aufgaben
1. Entwicklungsphase	• Mengenversorgung mit Wirkstoffen für die notwendigen Untersuchungen • Projektanalyse und Entwicklung von Synthesealternativen • Durchführung der 1. Betriebssynthese • Festlegung des Verunreinigungsprofils

2. Entwicklungsphase	• Mengenversorgung für klinische Prüfungen
	• Entwicklung der definitiven Syntheseroute
	• Syntheseoptimierung entsprechend den Anforderungen:
	  * Zielkosten
	  * Qualität und Reproduzierbarkeit
	  * Umwelt und Sicherheit
	• Planung der notwendigen Investitionen

3. Entwicklungsphase	• Wirkstoffsynthese für klinische Prüfungen • Technologietransfer zum Produktionsstandort • Wirkstoffherstellung für Validierung und Scale Up • Validierung des Herstellverfahrens • Durchführung und Abschluß notwendiger Investitionen • Erstellung der Einreichungsdokumentation • Wirkstoffherstellung für den Einreichungsbedarf

Das Projektmanagement, das in der DIN 69901 als "die Gesamtheit von Führungsaufgaben, -organisation, -techniken und -mitteln für die Abwicklung eines Projekts" definiert wird, hat sich für die überwiegende Mehrzahl aller F&E-Projekte als Führungsinstrument in der chemischen Industrie durchgesetzt.

Um das Projektmanagement in der F&E beschreiben und analysieren zu können, ist es sinnvoll, zwischen der funktionellen, der institutionellen, der personellen und der instrumentellen Dimension zu unterscheiden (siehe Tabelle 6.6).

Aus den in Tabelle 6.6 aufgeführten Punkten ergeben sich teilweise die einzelnen Elemente der Planungsaktivitäten von F&E-Projekten. Diese sind in Abb. 6.8 zusammengefaßt.

Tabelle 6.6. Dimensionen des Projektmanagements nach [6.21, S. 240]

Dimension	Aktivitäten/Beschreibung
Funktionell	• **Ingangsetzen**: • Projektauftrag vereinbaren (Ziele, Budget, Termine usw.) • Projektleiter bestimmen • Projektorganisation festlegen (Einbettung in die Hierarchie, innere Projektorganisation) • Projektgruppe und Entscheidungsgremium personell bestimmen • Projektstruktur und sich daraus ergebende Aufgaben ableiten • Projekttätigkeiten planen (Termine, Kosten, Personaleinsatz) • Informations- und Dokumentationswesen organisieren für Auftraggeber, Betroffene und Beteiligte • Ressourcen freimachen • **Inganghalten**: • Aufgaben, Tätigkeiten, Zuständigkeiten ad hoc disponieren • Detailplanung • Projektkontrolle und -steuerung (Termine, Inhalte, Kosten überwachen, Korrekturmaßnahmen planen und einleiten) • Koordination und Führung nach innen • Koordination und Berichterstattung nach außen bzw. oben • Konfliktklärung • Entscheidungsvorbereitung und -herbeiführung • **Abschließen**: • Abnahme, Übergabe organisieren • evtl. Nachbessern • Dokumentation vervollständigen und Übergeben • Abrechnung • projektmanagementtechnische Verbesserungspotentiale identifizieren
Institutionell	• Wahl des geeigneten Organisationsmodells • Einbindung der Projektorganisation in die bestehende Hierarchie • Kompetenzen des Projektleiters • Definition der benötigten Entscheidungs-, Beratungs- und Unterstützungsinstanzen sowie ihre institutionelle und personelle Zusammensetzung
Personell	• Anforderungs- und Eignungsprofile (wissens- und führungsbezogen) der Projektleiter, Entscheidungsträger, Team-Mitglieder • psychologische Aspekte
Instrumentell	• Methoden, Techniken und Verfahren, die bei den einzelnen Phasen des Projekts eingesetzt werden, z.B. bei der Strukturierung (Projektstrukturplan), der Planung und Überwachung (Netzplantechnik, Balkendiagramme, Zeit-/Kosten-Fortschrittsdiagramme) usw.

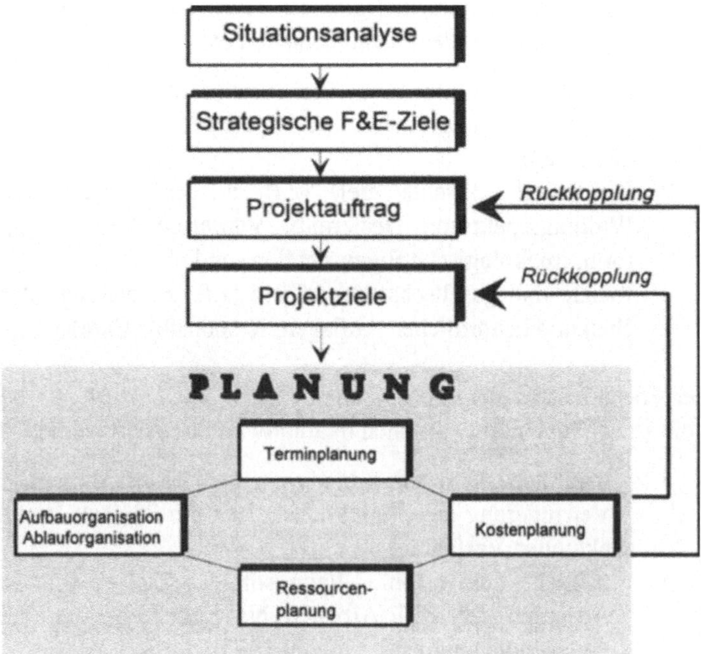

Abb. 6.8. Elemente der Planungsaktivitäten bei F&E-Projekten

In vielen Fällen ist es angesichts ähnlicher Ablaufstrukturen von F&E-Projekten (z.B. in der Arzneimittelforschung) sinnvoll, standardisierte Netzpläne, Instrumente und Techniken (z.B. für die Ziel- und Entscheidungsfindung) sowie aufbauorganisatorische Regelungen (Verantwortlichkeiten, Aufgaben und Kompetenzen) *projektunspezifisch* festzulegen. Dadurch wird der projektspezifische Planungsaufwand reduziert, wobei jedoch die allgemeingültigen Regelungen den jeweiligen projektspezifischen Anforderungen angepaßt bleiben. Zeit wird gespart und das typische Konfliktpotential des Projektmanagements verringert, da die Akzeptanz aufgrund der zeitlichen Konstanz dieser formalen Strukturen größer ist.

6.3.3.2 Projektspezifische Zielformulierung

Die Ziele der chemischen F&E sind nicht isoliert zu sehen, sondern stellen ein Zielsystem unterschiedlicher *Zielklassen* mit verschiedenen *Zieldimensionen* und *Zielbeziehungen* dar (für eine allgemeine Darstellung von betrieblichen Zielsystemen siehe z.B. [6.22]).

Die allgemeinen Projektziele der operativen Planung werden im Rahmen des Projektmanagements in Teilziele untergliedert. Man kann dabei zwischen drei in Wechselwirkung stehenden *Zielklassen* unterscheiden:

1. finanziell relevante Ziele (Preis/Kosten des Produkts und Verfahrens, Entwicklungskosten, Investitionsbedarf, Kapitalbindung, Rendite usw.),
2. funktionell relevante Ziele (z.B. in der Arzneimittelforschung: Wirkungsspektrum, Dosierung, Verunreinigungen, Applikationsform, toxikologische Eigenschaften) und
3. soziale und gesellschaftliche Ziele (z.B. Einhaltung aller gesetzlichen und behördlichen Auflagen, Responsible Care).

Bei der Formulierung der Ziele müssen zudem *Zieldimensionen* beschrieben werden, die sowohl quantitativ als auch qualitativ konkretisiert werden können:

- inhaltliche Dimension ("Worum geht es bei diesem Ziel?" z.B. Verringerung der Produktionskosten um 20% im Verhältnis zum aktuellen Verfahren),
- zeitliche Dimension ("Wann soll das Ziel erreicht sein?" z.B. Abschluß der F&E-Arbeiten bis Ende 1997 und Beginn der Anlagenplanung im 1. Quartal 1998).

Das konkretisierte Zielsystem bildet die Grundlage für den Entscheidungsprozeß (siehe Kap. 6.4). Dabei handelt es sich nicht nur um eine einzige monovariable Zielfunktion, sondern um eine Reihe von in Ober- und Unterziele unterteilbaren Zielgrößen, deren Zielbeziehungen zueinander entweder konkurrierend, komplementär, antagonistisch oder indifferent sind.

Auf der Basis der Situationsanalyse und der strategischen Ziele ist es vor Beginn der Projektplanung hilfreich, einen ersten *Zielkatalog* für das F&E-Projekt aufzustellen und diesen mit den beteiligten und interessierten betrieblichen Instanzen abzustimmen (siehe Abb. 6.8). Dabei ist es ratsam, die oben genannten Zielklassen bewußt zu unterscheiden, die Zieldimensionen (inhaltlichen und zeitlichen) zu definieren und die Zielbeziehungen aufzuzeigen. Zudem kann eine erste Gewichtung der Ziele in *Muß-, Soll- und Wunschziele* vorgenommen werden.

Diese Zielkataloge müssen mit den beteiligten innerbetrieblichen Funktionen abgestimmt werden, um das Konfliktpotential im Vorfeld des F&E-Projekts zu minimieren. Hierzu ist es notwendig, in der Phase der Zielbildung ausreichend Zeit zur Verfügung zu stellen. Geschieht dies nicht, so bleiben die definierten Ziele zu unspezifisch, um eine zielgerichtete Planung zu ermöglichen. Erfolgreiche Unternehmen der Chemiebranche, wie z.B. die Merck AG, planen daher ganz bewußt einen längeren Zeitraum für diese Phase ein [6.23, S. 124].

6.3.3.3 Projektablauforganisation

Die finanziellen, funktionalen und gesellschaftlichen Ziele werden zusammen mit den Schätzungen des Zeit- und Kostenbedarfs für die Durchführung der zur Zielerreichung notwendigen Aufgaben sowie mit einer chronologischen Aufgabenfolge festgelegt. Dadurch wird die Planung des Ablaufes (*Projektablauforganisation*) und die Aufstellung von Prüfpunkten (*Meilensteine*) möglich.

Die Ablaufplanung wird bei großen Projekten in der chemischen Industrie in der Regel mittels der Netzplantechnik durchgeführt. Diese Technik basiert auf der Graphentheorie und wurde Ende der 50er Jahre zuerst zur Steuerung von Großprojekten in der Mineralöl- und Rüstungsindustrie eingesetzt [6.24, S. 604]. Die Netzplantechnik wird angewandt zur:

- Darstellung der logischen Zusammenhänge eines Projekts vom Anfang bis zum Ende,
- Entwicklung eines Zeitplanes für alle Arbeitsgänge eines Projekts,
- Auffindung der kritischen Stellen und Engpässe, welche die Einhaltung des Endtermins des Projekts gefährden könnten,
- laufenden Kontrolle und Terminüberwachung des Projekts und
- Korrektur des Projektablaufes bei auftretenden Fehlern bzw. Schwierigkeiten.

Für die Aufstellung eines Netzplanes müssen folgende Analysen durchgeführt werden:

- Strukturanalyse (Folgebeziehungen der beteiligten Einheiten, Vorgangsdauer und Kapazitätsbedarf der definierten Vorgänge),
- Zeitanalyse (Ermittlung der frühesten und spätesten Termine für die Vorgangsdurchführung und Ermittlung von Pufferzeiten) und
- Kostenanalyse (Ermittlung der Kosten der Vorgänge).

Das Ergebnis wird graphisch dargestellt. Die bekanntesten Netzplantechnik-Methoden sind die Critical Path Method (CPM), die Program Evaluation and Review Technique (PERT) und die Metra Potential Method (MPM) (für einen Überblick zu den einzelnen Techniken siehe [6.21, S. 511 ff.] und [6.25, S. 546 ff.]). Diese Netzpläne sind betriebsintern. In der Literatur findet man jedoch einige Beispiele aus dem Bereich der pharmazeutischen Industrie, in denen allgemeine Netzpläne für F&E-Projekte aufgeführt werden (siehe z.B. [6.23, S. 126 ff.]).

Eine einfachere Methode zur Darstellung der zeitlichen Anordnung von projektbezogenen Aufgaben ist das Balkendiagramm, bei dem die Dauer des jeweiligen Vorganges über eine Zeitachse in Form eines Balkens aufgezeichnet wird. Diese Methode eignet sich gut für kleinere Vorhaben mit einer geringen Zahl an Vorgängen und ohne komplizierte Verknüpfungen oder für eine übersichtliche Darstellung des Ablaufes, so wie sie in Abb. 6.9 am Beispiel für die Entwicklung eines Pflanzenschutzmittels dargestellt ist.

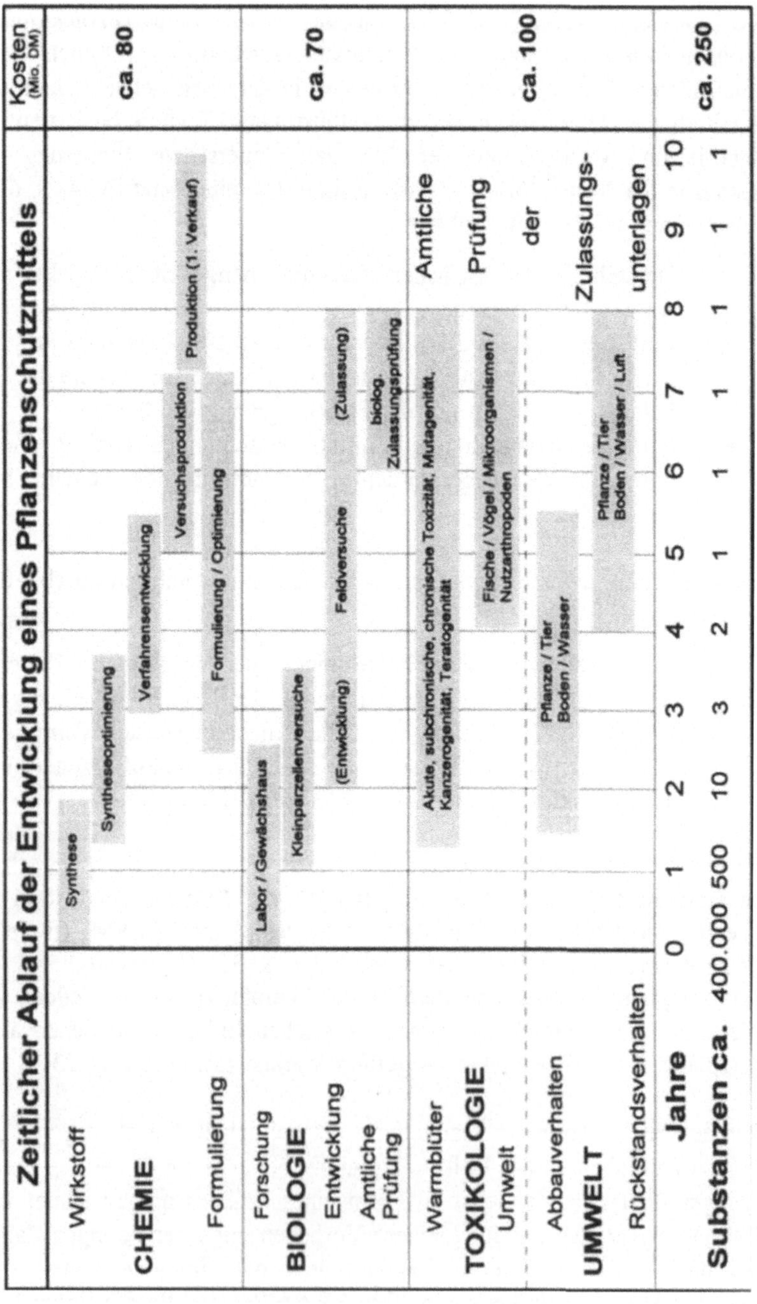

Zeitlicher Ablauf der Entwicklung eines Pflanzenschutzmittels
Kosten (Mio. DM)

CHEMIE
Wirkstoff
Synthese
Syntheseoptimierung
Verfahrensentwicklung
Versuchsproduktion
Produktion (1. Verkauf)
Formulierung
Formulierung / Optimierung
ca. 80

BIOLOGIE
Forschung
Labor / Gewächshaus
Kleinparzellenversuche
Entwicklung
(Entwicklung) Feldversuche (Zulassung)
Amtliche Prüfung
biolog. Zulassungsprüfung
ca. 70

TOXIKOLOGIE
Warmblüter
Akute, subchronische, chronische Toxizität, Mutagenität, Kanzerogenität, Teratogenität
Umwelt
Fische / Vögel / Mikroorganismen / Nutzarthropoden

UMWELT
Abbauverhalten
Pflanze / Tier Boden / Wasser
Rückstandsverhalten
Pflanze / Tier Boden / Wasser / Luft

Amtliche Prüfung der Zulassungsunterlagen
ca. 100

Jahre	0	1	2	3	4	5	6	7	8	9	10
Substanzen ca.	400.000	500	10	3	2	1	1	1	1	1	1

ca. 250

Abb. 6.9. Tätigkeiten, zeitlicher Ablauf und Kosten zur Entwicklung eines Pflanzenschutzmittels nach [6.26, S. 568]

Um alle diese bis jetzt genannten projektspezifischen Informationen zentral zu dokumentieren, wird bei vielen Unternehmen der chemischen Industrie ein *Pflichtenheft* für das Projekt erstellt. Es umfaßt in standardisierter Form:

- *Projektbeschreibung*,
- mit den Entscheidungsträgern vereinbarte *Ziele* mit deren inhaltlichen und zeitlichen Dimensionen,
- Angabe der *Meilensteine*
- Hinweise auf die notwendige *Berichterstattung* und

Zuständigkeiten für die Projektdurchführung und ggf. die Festlegung der *Projektaufbauorganisation* (die im nächsten Abschnitt näher erläutert wird).

6.3.3.4 Projektaufbauorganisation

Die *Projektaufbauorganisation* tritt bei der institutionellen Betrachtung des Projektmanagements in den Vordergrund. Dabei sind drei grundlegende Möglichkeiten gegeben, die projektbezogene Aufbauorganisation zu strukturieren:

1. reine Projektaufbauorganisation (Task Force),
2. Stabs-Projektaufbauorganisation und
3. Matrix-Projektaufbauorganisation.

In Tabelle 6.7 sind die Charakteristiken sowie Vor- und Nachteile dieser drei aufbauorganisatorischen Grundformen zusammengefaßt.

In der betrieblichen Praxis der chemischen Industrie werden in Abhängigkeit vom Projektumfang sowie von den führungspolitischen Schwerpunkten alle drei Organisationsformen angewendet, wobei die Matrixorganisationsform überwiegt. Es existieren in den jeweiligen Unternehmen interne schriftliche Vereinbarungen, wie das Projektmanagement zu organisieren ist und wer bei welcher Entscheidungssituation Weisungsbefugnisse hat.

Tabelle 6.7. Charakteristiken, Vor- und Nachteile der drei Grundtypen der Projektaufbauorganisation

reine Projektaufbauorganisation	Stabs-Projektaufbauorganisation	Matrix-Projektaufbauorganisation
Charakteristik • Herauslösen der Projektbearbeiter aus ihren Linienfunktionen • Projektteam arbeitet vollamtlich für das Projekt • Projektleiter hat ein hohes Maß an Kompetenzen	**Charakteristik** • Hierarchie bleibt unverändert bestehen • Einrichten einer Stabsstelle (ohne Weisungsbefugnis) zur Koordinierung des Projekts	**Charakteristik** • Kombination von reiner und Stabsorganisation • Mitarbeiter bleibt in Belangen, die nicht projektbezogen sind, seiner Linienfunktion unterstellt • bei Projektbelangen hat der Projektleiter ein Zugriffsrecht
Vorteile • bessere Durchsetzungsmöglichkeit • schnelle Reaktionsmöglichkeit • hohe Identifikation mit dem Projekt	**Vorteile** • keine organisatorische Umstellung notwendig • Mitarbeiter bleiben für ihre Linienaufgaben verfügbar	**Vorteile** • Projektleiter identifiziert sich mit dem Projekt stärker • Mitarbeiter werden nicht aus ihrer Linienfunktion gerissen • zielgerichtete Koordination
Nachteile • Rekrutierung und Wiedereingliederung der Projektmitglieder schwierig • Personalmangel in der betroffenen Linienfunktion	**Nachteile** • geringe Durchsetzbarkeit • geringeres Engagement • hohes Konfliktpotential, da Stabsstelle ohne Weisungsbefugnis	**Nachteile** • großer Aufwand • starkes Konfliktpotential zwischen Linien- und Projekt-Autorität • hohe Anforderungen an die Kommunikations- und Informationsbereitschaft
⇒ Anwendungsbereich bei großen Projekten (z.B. Anlagenbau)	⇒ Anwendungsbereich bei kleineren Projekten, bei denen z.B. mehrere Firmen beteiligt sind	⇒ breites Anwendungsspektrum

6.3.3.5 Kostenschätzungsmethoden für F&E-Projekte

Die Schätzung von F&E-Kosten setzt voraus, daß die Projekte, deren Aufwand zu schätzen ist, in der Vergangenheit in ähnlicher Form schon bearbeitet wurden und die daraus entstandenen Kosten bekannt sind. Erst dann lohnt es sich, eine systematische Datensammlung auf der Grundlage des F&E-Berichtssystems und der F&E-Kostenträgerrechnung einzurichten. In Tabelle 6.8 sind exemplarisch die Methoden zur Kostenschätzung für F&E-Projekte aufgeführt.

Tabelle 6.8. Methoden der F&E-Kostenschätzung nach [6.27, S. 14]

Methoden	Anwendungs-voraussetzungen	Anwendungs-gebiete	Anwendungs-begrenzung
I Beurteilung • Expertenmeinung • Qualifizierte Mutmaßungen • Erfahrungswerte • Analogien	• Expertenerfahrung • Grobe Vorstellung des F&E-Ablaufes • Analogienmaterial	• Frühstadium • Abschätzung des Gesamtbudgets • Ermittlung von Kostengrößen-ordnungen	• subjektiv • undefinierte Genauigkeit
II Parametrisch • Kostenschätzungs -beziehungen • Statistische Methoden • Kostenformeln	• Historische Daten • Regressionsanalyse • Identifikation von Kostenbeziehungen	• Konzeptvergleich • Budgetplanung	• schwierige Extrapolation von Kostendaten • fragliche Schätzungsgenauigkeit
III Detailliert • Kostenschätzung für definierte Arbeitspakete • Kostenformel	• definierter Zeitplan (z.B. PERT siehe hierzu Kap. 6.3.4.3) • detaillierte Aufgabenzuordnung	• operative Planung • Zuordnung abteilungsspezifischer Budgets	• aufwendig • geringe Flexibilität

Bei der Schätzung der F&E-Kosten hat sich in der chemischen Industrie die Größe *Mannjahre* als Recheneinheit durchgesetzt. Diese Einheit bietet den Vorteil einer "Dreidimensionalität", indem sie primär den Zeitbedarf angibt, wodurch indirekt die Personalkosten und der Personalbedarf projektspezifisch festgelegt werden.

Zur Kostenabschätzung und -planung wird einem Mannjahr betriebsintern eine definierte Kostengröße zugewiesen, die einerseits die direkten Personalkosten und andererseits die indirekten arbeitsplatzbezogenen Kosten (z.B. Materialkosten für das Labor, arbeitsplatzbezogene Fixkosten) enthält. Dabei handelt es sich um einen Durchschnittswert, der eine approximative Planung der Kosten im Rahmen der Budgetermittlung ermöglichen soll. Eine genaue Kostenplanung kann erst dann stattfinden, wenn durch die Ablaufplanung definierte Arbeitspakete aufgestellt worden sind, für die konkrete Kostendaten vorhanden sein müssen. Diese detaillierte Kostenplanung ermöglicht die Ermittlung von Budgetabweichungen und stellt eine wichtige Grundlage für die Steuerung und Kontrolle des gesamten F&E-Ablaufes dar (für eine Zusammenfassung der wirtschaftlichen Kriterien der F&E siehe z.B. [6.28, S. 245-250]).

6.3.3.6 Projektsteuerung und -kontrolle

Die Projektsteuerung und -kontrolle dient der Projektlenkung sowie -überprüfung und sorgt für das Inganghalten des Projektes (siehe hierzu Tabelle 6.6). Die Ziele und Aufgaben sind in Tabelle 6.9 zusammengefaßt.

Tabelle 6.9. Ziele und Aufgaben der Projektsteuerung und -kontrolle nach [6.29, S. 178] und [6.21, S. 250]

Projektkontrolle	Projektsteuerung
• Durchführungskontrolle *(hinsichtlich der Ist-Daten)*: * Arbeitsfortschritt * Terminsituation * Qualität der erbrachten Leistung * Aufwand • Kontrolle der Daten des Ist-Zustandes • Planungskontrolle *(d.h. Kontrolle und ggf. Anpassung der Planung hinsichtlich der zugrundeliegenden Soll-Werte)*	• Korrekturmaßnahmen herbeiführen und überwachen • Konflikte klären und lösen; Entscheidungen herbeiführen • detaillierte Aufgabenzuordnung bzw. deren Vereinbarung innerhalb des Projektes • Auswahl und Einigung auf einzusetzende Methoden und Werkzeuge • Leiten, Vorantreiben des Projekts • Motivieren der Mitarbeiter • Kontakt mit der Umgebung halten

Die Projektkontrolle liefert die Grundlage für korrigierende Maßnahmen, d.h. für die Projektsteuerung. Sie sollte nicht eine nachträgliche Ergebniskontrolle sein, sondern eine fortlaufende Beobachtung des Projektablaufes durch Bewertung ausgewählter Kenngrößen von Zeit-, Kosten- und Ergebnisaspekten. Dabei muß auch die Möglichkeit bestehen, die projektspezifischen Ziele und die damit verbundenen Bewertungsgrundlagen in Frage stellen zu können, falls sich herausstellt, daß diese nicht realistisch waren.

Die Kontroll- und Steuerungsaufgaben werden in der Regel durch den Projektleiter und durch übergeordnete Instanzen wahrgenommen (eine solche typische Struktur von Steuerungs- und Kontrollgremien ist in Abb. 6.10 dargestellt).

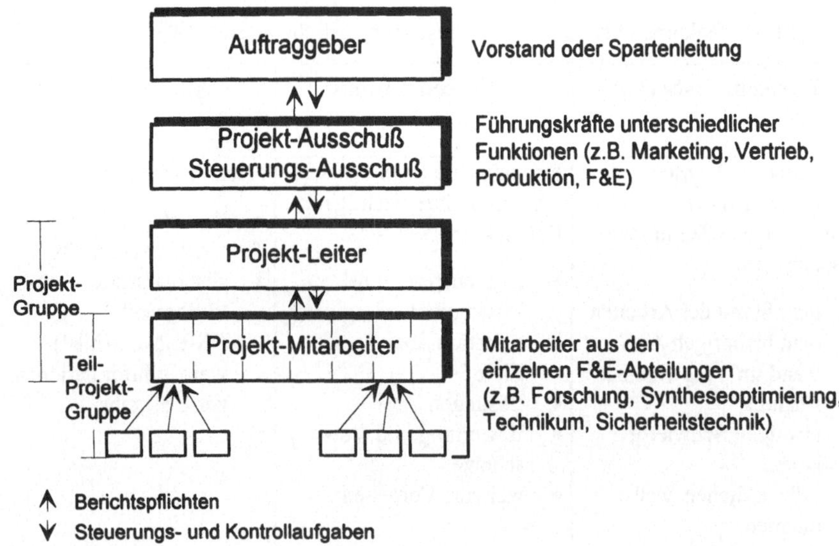

Abb. 6.10. Kontroll- und Steuerungsgremien im Projektmanagement

Voraussetzung für die Steuerungs- und Kontrollaktivitäten ist der Zugang zu den entsprechenden Daten und Informationen. In der chemischen Industrie gibt es hierfür ein formales *Berichtswesen*, welches unternehmens- und spartenspezifisch ist. Dabei können drei unterschiedliche Dokumentklassen unterschieden werden (siehe Tabelle 6.10).

Zunehmend werden computergestützte Informationssysteme aufgebaut, die sich derzeit vor allem im Laborbereich der chemischen Industrie durchsetzen. Dabei handelt es sich um sogenannte LIMS (Laboratory Information Management Systems), die anfangs als Instrument für die Qualitätssicherung im Rahmen der ISO 9000er Normenreihe und GLP (Good Laboratory Practice) eingeführt wurden [6.30, S. 881-888]. Neuere LIM-Systeme werden zur Zielfindung, Projektdefinition und Versuchsplanung in der chemischen F&E eingesetzt [6.31, S. 14]. In Zukunft kann damit ein Teil der Steuerungs- und Kontrollaufgaben vereinfacht und das zeitraubende "Berichteschreiben" minimiert werden.

Der derzeitige Ablauf von Steuerungs- und Kontrollaktivitäten in der chemischen F&E ist geprägt durch die sogenannte "Meilensteintechnik". *Meilensteine* sind bestimmte, in ihrer Bedeutung herausragende Ereignisse auf dem Weg der Projektrealisierung, deren Eintreten an einen bestimmten Termin gebunden ist. Sie werden zur Überprüfung von kontrollfähigen Kenngrößen des F&E-Prozesses genutzt und stellen ein wichtiges Steuerungs- und Kontrollinstrument dar. Die projektbezogenen Meilensteine werden entsprechend ihrer chronologischen Reihenfolge in den Netzplan oder das Balkendiagramm des F&E-Projekts eingetragen. Der daraus entstandene Meilensteinplan erlaubt eine zusammenfassende Orientierung über Projektinhalte und -abläufe.

Tabelle 6.10. Dokumentklassen des Berichtswesens der chemischen F&E

Fortschrittsberichte	**Entscheidungs-berichte**	**Abschlußberichte**
In zeitlich definierten Abständen (in der Regel quartalsweise) Zusammenfassung von: • dem Stand der Arbeiten • dem bisherigen Aufwand im Vergleich zur Planung • etwaigen Schwierigkeiten • erforderlichen Maßnahmen • dem weiteren Vorgehen	Formale Gliederung nach Abschluß eines wichtigen Entwicklungsschrittes: • Aufgabenstellung/ Zusammenfassung • Situationsanalyse • Ziele • Lösungen • Bewertung und Vorschläge • weiteres Vorgehen	Nach Projektabschluß: • ähnlich wie beim Entscheidungsbericht • abschließender Kontrollbericht ("Manöverkritik") • weitere Informationen zur Übergabe

In der chemischen Industrie werden für die Aufstellung von Meilensteinen normalerweise Start- und Abschlußereignisse verwendet. Die Soll-Anforderungen für die einzelnen Meilensteine werden unternehmensintern festgelegt und in formalen Anweisungen dokumentiert. Dieses "Daten-Soll-Profil" der Meilensteine ermöglicht ein zielgerichtetes Handeln der F&E-Mitarbeiter, da klare Anforderungen hinsichtlich der von ihnen zu ermittelnden Daten bestehen. Auf die verwendeten Instrumente und Kriterien der Meilensteine in der chemischen Industrie und auf die sich daraus ergebende Entscheidungsproblematik wird in Kap. 6.4.2.1 ausführlich eingegangen.

6.3.3.7 Schnittstellen-Management

An einem F&E-Projekt in der chemischen Industrie sind eine Vielzahl betrieblicher Funktionsbereiche beteiligt, in denen sich unterschiedliche "Bereichskulturen" entwickelt haben, die auf unterschiedliche Qualifikationen, Aufgabenstellungen und Zielsetzungen zurückzuführen sind. Jede dieser Funktionen konkretisiert die allgemeingültige strategische F&E-Planung aus einer abteilungsspezifischen Sichtweise. Aus diesem Phänomen resultieren Schwierigkeiten bei der Projektplanung und -steuerung, was häufig zu zeitlichen Verzögerungen, Doppel- oder Mehrarbeit führt und schlimmstenfalls das Projekt zum Scheitern bringen kann. Diese Schnittstellen-Probleme treten sowohl mit F&E-externen Funktionsbereichen (z.B. Umweltschutzabteilung) als auch zwischen F&E-internen Teilbereichen (z.B. zwischen der Verfahrensoptimierung und dem Technikum) auf.

Man kann diese "Harmoniestörung" auf folgende Ursachen zurückführen [6.32, S. 43]:

- unklare bzw. unterschiedliche Zielvorstellungen,
- unterschiedliche Schwerpunkte,
- unterschiedliche Wahrnehmung der internen und externen Rahmenbedingungen,
- Überlegenheits- oder Unabhängigkeitsvorstellungen der einzelnen Abteilungen,
- unklare Zuständigkeiten sowie
- "Kulturunterschiede" zwischen den Abteilungen.

Primäre Auswirkungen solcher Zustände können beobachtet werden, wie z.B.:

- Mißverständnisse,
- Aggressionen,
- Frustration,
- Informationsverweigerung,
- Abschottung einzelner Abteilungen,
- Machtmißbrauch usw.

Diese führen zu gravierenden betriebswirtschaftlichen Folgen. Die wichtigsten sind folgendermaßen:

- unwirtschaftlicher Einsatz der unternehmerischen Ressourcen,
- Verzögerung des F&E-Projekts,
- Bearbeitung von unsinnigen F&E-Projekten,
- Abwanderung von Fachleuten,
- mangelnde Motivation und "innere Kündigung" der Mitarbeiter usw.

Für eine weiterführende Diskussion dieser Thematik sei auf die betriebspsychologische Literatur verwiesen, z.B. [6.33]. An dieser Stelle wird jedoch die unterschiedliche Sichtweise des Chemikers und des Verfahrensingenieurs qualitativ dargestellt, da sie exemplarisch für die F&E-interne Schnittstellen-Problematik ist.

Die unterschiedlichen Sichtweisen dieser beiden F&E-Mitarbeiterkategorien resultieren aus deren jeweiligen Arbeitsbereichen (Labor- und großtechnische Anlagen) und führen zu unterschiedlichen Prioritäten bei der Lösungssuche für verfahrenstechnische Fragestellungen. Dieser Sachverhalt ist für drei F&E-Arbeitsfelder in Tabelle 6.11 exemplarisch zusammengefaßt.

Tabelle 6.11. Beispielhafte Charakterisierung der Arbeitsfelder von Chemikern und Verfahrensingenieuren nach [6.34, S. 125]

	Laborbetrieb (Chemiker)	**Großanlage** (Ingenieur)
Chemische Umsetzung	• diskontinuierlicher Betrieb • kleine Mengen • Edukte in Laborreinheiten • kein Schichtbetrieb	• diskontinuierlicher und kontinuierlicher Betrieb • Schichtbetrieb • ggf. Edukte mit geringeren Reinheiten • Vor- und Nachbereitungsstufen • Recycling notwendig
Betriebsbedingungen	• großer Bereich für die Reaktionstemperatur • Normaldruck • Arbeitssicherheitsprobleme • Energie- und Rohstoffeinsatz sind nicht ausschlaggebend	• Vermeiden von sehr tiefen Temperaturen • Variation des Reaktionsdruckes • Sicherheitsaspekte vorrangig • optimaler Einsatz von Energien, Kühlmedien, Rohstoffen, Werkstoffen
Trennoperationen	• Auswahl nach Laboreignung • Lösemitteleinsatz im allgemeinen unbedenklich	• Auswahl der Trennmethoden nach technischer Möglichkeit und Wirtschaftlichkeit • Lösemitteleinsatz technologisch, ökonomisch und ökologisch bedenklich

6.3.3.8 Scheitern von Projekten

Der Abbruch von F&E-Projekten in der chemischen Industrie resultiert primär aus einer inakzeptablen Diskrepanz zwischen den Ist-Daten und den aktuellen Zielen des F&E-Projekts. Diese Diskrepanz kann zwei Ursachen haben:

1. Die am Beginn des F&E-Projekts aufgestellten Ziele sind bzw. scheinen nicht erreichbar.
2. Die Rahmenbedingungen haben sich grundlegend geändert, so daß die anfangs formulierten Projektziele nicht mehr zutreffen.

Beim ersten Punkt ist es schwer zu unterscheiden, ob die Daten, die zum Abbruch des F&E-Projekts geführt haben, auf die *objektive* Unmöglichkeit der Erfüllung des Anforderungsprofils oder auf ein mangelhaftes Projektmanagement zurückzuführen sind. Die Führungs- und Kontrollinstanzen in der chemischen Industrie setzen daher zunehmend F&E-Projekt-Audits ein, um die Funktionsfähigkeit des Projektmanagements zu überprüfen und kontinuierlich zu verbessern.

Die zweite Ursache des Scheiterns von F&E-Projekten stellt die abrupte Veränderung der Ausgangspositionen des Projektes dar, wobei dem Projekt die

Berechtigungsgrundlage entzogen wird. So kann beispielsweise durch die Umweltgesetzgebung der Einsatzbereich bestimmter chemischer Stoffe derart eingeengt werden, daß die Weiterentwicklung betroffener Produkte oder Verfahren keinen Sinn mehr hat. Dies ist in der chemischen Industrie aufgrund der langen Innovationszeiten eine typische Gefahr. Es wird daher versucht, solche Einflußfaktoren durch sorgfältige Situationsanalysen im Vorfeld und im Laufe des F&E-Projekts zu identifizieren und die F&E-Ziele entsprechend anzupassen.

Die Gründe des Scheiterns von F&E-Projekten bzw. der außerplanmäßige Zeit- und Kostenaufwand liegen meistens an einem mangelhaften Projektmanagement. Die typischen Ursachen für den Mißerfolg des Projektmanagements sind in Tabelle 6.12 zusammengefaßt (für eine ausführliche Diskussion der Abbruchentscheidungen bei F&E-Projekten siehe [6.35]).

In den folgenden Abschnitten werden die bis hierher theoretisch und empirisch ermittelten Grundlagen des F&E-Managements in der chemischen Industrie anhand von Beispielen näher erläutert, wobei die besondere Problematik der Einführung des produktionsintegrierten Umweltschutzes konkretisiert werden soll.

6.4 Problematik der Bewertung und Entscheidungsfindung in der chemischen F&E

6.4.1 Charakterisierung von Entscheidungsprozessen

Der *Entscheidungsprozeß* wird hier definiert als der geistige Arbeitsablauf, der zur Wahl einer zur Verfügung stehenden Handlungsalternative, d.h. zur Entscheidung führt. Das Ergebnis des Entscheidungsprozesses ist der *Entschluß*, dessen Umsetzung die (unternehmerische) Zukunft beeinflußt [6.36, S. 552].

Im Vorfeld der Analyse von Entscheidungsprozessen in der chemischen F&E ist es wichtig, die grundlegenden Arten von Entscheidungsprozessen zu verdeutlichen [6.36, S. 555 ff.]. Dafür ist es sinnvoll, zwischen der Problem- und der (Entscheidungs-) Prozeßstruktur zu unterscheiden.

Hinsichtlich der Problemstruktur kann man zwischen den Extremfällen eines *wohlstrukturierten* und *schlechtstrukturierten Problems* differenzieren. Der Grad der Strukturiertheit des Problems hängt dabei von der Formulierung des Zielsystems sowie der Anfangs- und Rahmenbedingungen ab. In der chemischen F&E gehören die zu lösenden Probleme aufgrund ihres hochkomplexen und innovativen Charakters eher zur Kategorie der schlechtstrukturierten Probleme.

Von der Determiniertheit des Problems ist die Strukturierung des Entscheidungsprozesses zu unterscheiden. Der *Prozeß* ist *wohlstrukturiert*, wenn konkrete Handlungsvorgaben zur Problemlösung verfügbar sind. Er ist dagegen *schlecht-strukturiert*, wenn es keine Lösungsalgorithmen gibt bzw. auf deren Anwendung aus Gründen der Ökonomie oder aus Unkenntnis verzichtet wird. Ein Beispiel für einen wohlstrukturierten Entscheidungsprozeß ist die Anwendung von Arbeits- und Verfahrensanweisungen bei der Produktion von chemischen Stoffen. Diese Anweisungen enthalten konkrete Vorgaben, wie auf ein bestimmtes Problem, z.B. den zu schnellen Temperaturanstieg im Falle der Zudosierung einer Reaktionskomponente, zu reagieren ist. In diesem Fall sind sowohl das Problem als auch der Prozeß wohlstrukturiert.

Tabelle 6.12. Häufige Ursachen von Mißerfolgen bei F&E-Projekten nach [6.37, S. 1093 ff.]

Ursachen des Scheiterns von F&E-Projekten
Vor Projektbeginn
• zu wenig Zeit für die Planung
• Projektdefinition und -ziele zu unspezifisch
• Zeit- und Ressourceneinschätzung von den falschen Abteilungen durchgeführt
• fehlende Erfahrung bei der Einschätzung der Projektdauer
• Meinungsverschiedenheiten der beteiligten Funktionen
• mangelndes Engagement und Interesse
Projektstart
• Verantwortlichkeiten, Aufgaben und Kompetenzen des Projektleiters nicht klar definiert
• unzweckmäßige Einbindung der Projektgruppe in die Unternehmenshierarchie
• keine übergeordneten (funktionierenden) Steuerungs- und Kontrollinstanzen
• Überorganisation
• unzureichende Dokumentation als Arbeitsgrundlage
Projektdurchführung
• fachliche Inkompetenzen
• unerwarteter Ressourcenbedarf
• mangelhaftes Berichtswesen und Kommunikation
• Kompetenzkonflikte
• Mangel an Kontrollpunkten
• Mangel an Instrumenten, Techniken und Methoden
• Führungsschwäche des Projektleiters
• bürokratisches Vorgehen
Projektabschluß
• keine Projektevaluation
• Projekthistorie nicht dokumentiert
• mangelhafte Dokumentation zur Weitergabe

F&E-Projekte stellen in der Regel schlechtstrukturierte Probleme mit schlechtsturukturierten Entscheidungsprozessen dar, was sich allgemein auf folgende Faktoren zurückführen läßt:

- Es sind eine Vielzahl von geistigen Leistungsbeiträgen (Operationen, Tätigkeiten, Aufgaben) durchzuführen, um die informatorische Grundlage zur Aufstellung von Alternativen und für die Entscheidung zu gewährleisten.
- Der Finalentschluß ist das Produkt einer ganzen Reihe von Vor- und Teilentschlüssen.
- An dem Prozeß sind viele Entscheidungsträger beteiligt, die sich in ihren Schwerpunkten und ihrem Verhalten voneinander unterscheiden.
- F&E-Projekte laufen meistens über einen längeren Zeitraum ab, so daß sich die entscheidungsrelevanten Einflußfaktoren verändern.

Damit stellt sich die Frage, inwieweit es sinnvoll ist, den Entscheidungsprozeß für F&E-Projekte in der chemischen Industrie durch den Einsatz von formalen Entscheidungsverfahren zu strukturieren.

Eine Entscheidungssituation stellt vom Handlungsablauf her eine Barriere dar, die erst durch einen Entschluß überwunden wird. Sie wird von den F&E-Mitarbeitern dann bewußt wahrgenommen, wenn sie eine gewisse "Höhe" überschritten hat.

Bewußte Entscheidungssituationen können entweder mittels einer *improvisierten* oder einer *methodisch unterstützten Vorgehensweise* bewältigt werden. In der chemischen F&E sind improvisierte Entscheidungen nicht selten. Der Entschluß wird dabei unsystematisch vorbereitet und beruht hauptsächlich auf der subjektiven Einschätzung der Entscheidungsträger. Diese Beurteilung der Entscheidungssituation resultiert aus dem Fachwissen, der Erfahrung und der "Intuition" des jeweiligen Entscheidungsträgers. Über die *Qualität* dieser improvisierten Entscheidungen kann primär keine Aussage gemacht werden, denn es handelt sich hierbei um *subjektive* Eigenschaften, die entsprechend ihrer Beschaffenheit sowohl zu "richtigen" als auch zu "falschen" Entschcidungcn führen können.

Bei der Auswahl von Handlungsalternativen, die eine große Tragweite auf den weiteren Verlauf des F&E-Projekts haben, ist ein improvisiertes Vorgehen jedoch aus zwei Gründen nicht angebracht. Die Art von Entscheidungen muß erstens für die Steuerungs- und Kontrollinstanzen nachvollziehbar sein. Zweitens werden solche Entscheidungen im allgemeinen von mehreren Mitarbeitern getroffen, deren Fachwissen und intuitives Verhalten unterschiedlich sind, weshalb sie ad hoc kaum zum selben Entschluß gelangen werden. Um die *Nachvollziehbarkeit* der Entscheidung zu gewährleisten und Entscheidungskonflikte zu minimieren, ist es in diesen Fällen sinnvoll, eine methodisch unterstützte Entscheidung durchzuführen.

Bei dieser Art von Entscheidungen wird von der Annahme ausgegangen, daß die Qualität der Entscheidung in dem Maße wächst, in dem das Wissen über die Konsequenzen möglicher Entscheidungen bei allen Entscheidungsträgern *einheitlich* zunimmt. Das bedeutet, daß Bewertungskriterien explizit vorhanden sein müssen, die in Bewertungsmethoden bzw. -instrumenten zur Analyse und Bewertung der alternativspezifischen Informationen verwendet werden können. Da dies sehr aufwendig ist, sollten bei immer wiederkehrenden ähnlichen Entscheidungssituationen Entscheidungsroutinen bzw. -regeln aufgestellt werden, die eine beschleunigte Abwicklung des gesamten Auswahlverfahrens zur Folge haben. Dabei ist eine Überanwendung der organisatorischen Maßnahmen des Entscheidungsprozesses zu vermeiden, da dies die Innovationsfähigkeit der betroffenen Mitarbeiter lähmen kann.

Es wird von den Autoren die These aufgestellt, daß erstens der Einsatz angepaßter Bewertungskriterien und -verfahren zur methodischen Unterstützung der F&E-Entscheidungsprozesse den produktionsintegrierten Umweltschutz in der chemischen Industrie fördert; zweitens, daß die Aussicht auf Erfolg eines solchen organisatorischen Eingriffs am besten ist, wenn er im Rahmen eines betrieblichen Umweltmanagementsystems erfolgt.

Bevor solche Bewertungskriterien und -verfahren entwickelt werden können, bedarf es der eingehenden Analyse der chemietypischen Entscheidungssituationen, wie sie in diesem und im nächsten Kapitel dargestellt werden.

6.4.2 Exemplarische Darstellung chemietypischer Entscheidungsprobleme

6.4.2.1 Funktion und Faktoren von Entscheidungen in der F&E

Entscheidungsprozesse haben in der chemischen F&E eine Art Filterfunktion, durch die die Anzahl der Alternativen von Entscheidung zu Entscheidung verringert wird. Die Notwendigkeit zur Verringerung der Alternativen ergibt sich aus den exponentiell steigenden F&E-Kosten, je weiter die jeweiligen Alternativen entwickelt werden. Dieser Filtermechanismus kommt besonders deutlich am Beispiel der in Meilensteinen formalisierten Entscheidungsprozesse zum Ausdruck. Diese Meilensteine sind in der chemischen Industrie zwischen gut abgrenzbaren Entwicklungsphasen plaziert. Ist die Molekülstruktur des Produktes definiert, so kann man den Prozeß der Verfahrensentwicklung idealtypisch, wie in Abb. 6.11 aufgezeigt, darstellen. In der betrieblichen Praxis wird man bestrebt sein, die Anzahl der zu bearbeitenden Alternativen so schnell wie möglich, z.B. unter Einsatz von K.o.-Kriterien zu reduzieren, so daß eine gewisse Anzahl von Alternativen immer schon *zwischen* den Prüfpunkten eliminiert wird.

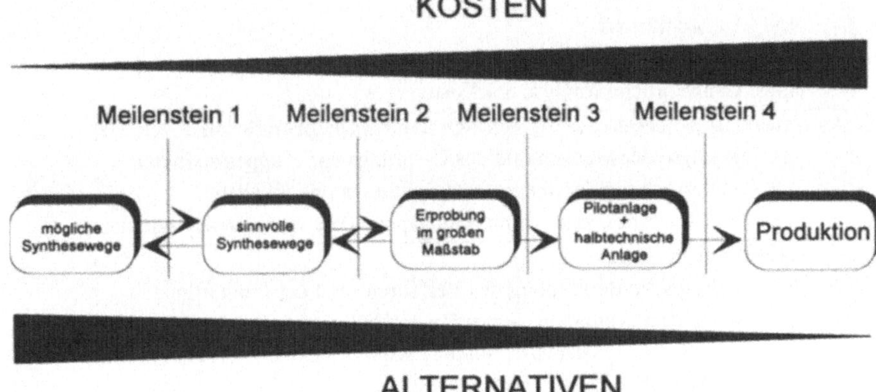

Abb. 6.11. Vereinfachtes Ablaufmodell der chemischen F&E mit Meilensteinen

Um einen Einblick in die Bewertungskategorien bei der Entwicklung eines chemischen Verfahrens zu geben, werden in Tabelle 6.13 einige Bewertungsaspekte zusammengestellt, die besonders in den Phasen der Verfahrensoptimierung und der Technikumsversuche eine wichtige Rolle spielen.

Tabelle 6.13. Bewertungskategorien bei der Verfahrensoptimierung

1. Bewertung von Verfahren nach chemischen und technischen Gesichtspunkten	
1.1	Bewertung der Erkenntnisse aus der Literatur- und Patentrecherche
1.2	Know-how im Unternehmen
1.3	Know-how außerhalb des Unternehmens (z.B. Kunde, Konkurrenz)
2. Ökologische Beurteilung	
2.1	Ist-Zustand der Belastungen von Wasser und Luft sowie des Abfallaufkommens
2.2	Einschätzung der ökologischen Verbesserungsmöglichkeiten des Verfahrens
3. Analyse der eingesetzten Verfahrenstechnik	
3.1	Prozeßablauf und -führung, Sichtung und Ermittlung der Daten
3.2	Reaktoreigenschaften
3.3	Techniken der Vorbereitung und Aufarbeitung
3.4	Fördertechnik
3.5	Automatisierungsgrad und -potentiale
3.6	Meß- und Regeltechnik
3.7	erzielte Ausbeute, Selektivität und Produktqualität
4. Kostenanalyse	
4.1	Ermittlung der wichtigsten "Kostenverursacher"
4.2	Überprüfung der Energie- und Materialeinsätze
4.3	Personalkosten
4.4	Umweltkosten
4.5	Instandhaltungskosten
4.6	Ganzheitliche Analyse der Kosten
5. Beurteilung des Verfahrens hinsichtlich der Kuppelproduktion	
5.1	Analyse der Mengen und des Ursprungs von Kuppelprodukten
5.2	Untersuchung der alternativen Synthesemöglichkeiten
5.3	Verwendungs- und Vermarktungspotentiale von Kuppelprodukten
6. Strategische Bewertung	
6.1	Strategische Beurteilung des Verfahrens und der Produktlinie
6.2	Wettbewerbssituation: derzeitige und zukünftige Beschaffungs-, Entsorgungs- und Absatzmarktsituation, Konkurrenzfähigkeit der Produkte (Qualität und Preis)
6.3	Chancen und Risiken einer Verfahrensüberarbeitung unter Schätzung des Aufwandes
6.4	Erstellung eines prioritären Maßnahmenkataloges zur Optimierung bestehender Verfahren
6.5	Formulierung von Forschungszielen

Entscheidungen auf dem Niveau der Meilensteine werden aufgrund ihrer Tragweite normalerweise (wenigstens teilweise) methodisch unterstützt und können daher in ihren Bewertungskriterien hinsichtlich des Anforderungsprofils des produktionsintegrierten Umweltschutzes am besten optimiert werden. Will man dies durchführen, so muß man zunächst die Einflußfaktoren der Entscheidungsfindung in der chemischen F&E genauer betrachten. Auf einem abstrakten Niveau kann man diese Einflußfaktoren, wie in Abb. 6.12 aufgeführt, unterteilen.

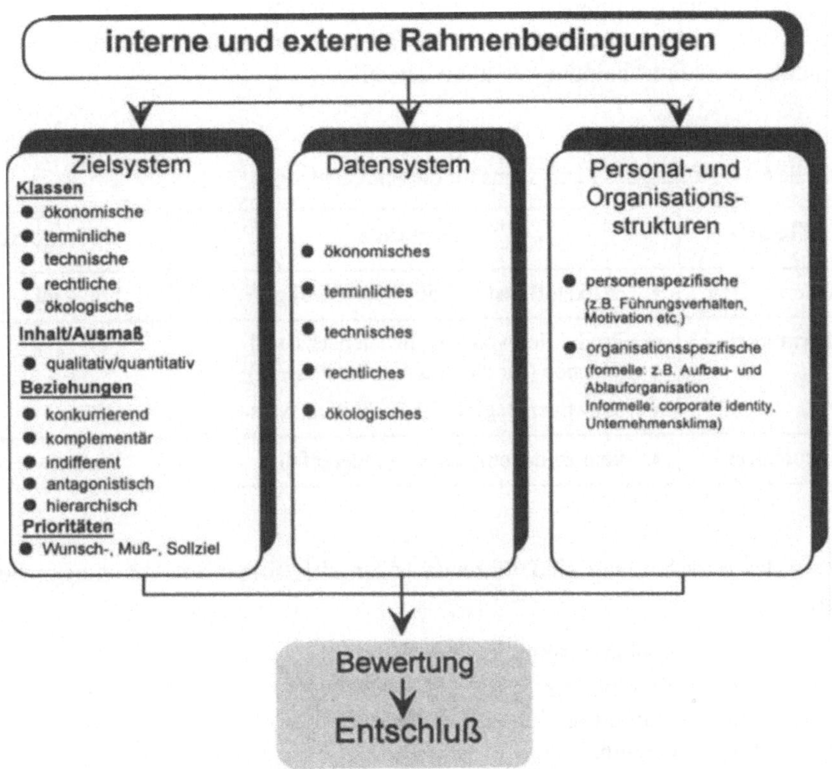

Abb. 6.12. Faktoren des Entscheidungsprozesses

Die in Abb. 6.12 aufgeführten Faktoren und ihr Zusammenhang mit dem produktionsintegrierten Umweltschutz lassen sich am besten an einem Beispiel darstellen, welches im nächsten Abschnitt beschrieben wird.

6.4.2.2 Beschreibung einer Entscheidungssituation

Die hier dargestellte Entscheidungssituation ist *fiktiv* und dient zur Veranschaulichung der Komplexität von Entscheidungen in der F&E.

Bei dem Beispiel handelt es sich um ein pharmazeutisches F&E-Projekt mit dem Ziel, ein Schlafmittel zu entwickeln. Das F&E-Projekt befindet sich in der Phase der Syntheseoptimierung. Zwei Synthesen stehen zur Auswahl. Dabei muß vor der Durchführung von Versuchen im Technikum ein formaler Entscheidungspunkt durchlaufen werden. Da die Kosten der nächsten Entwicklungsphase stark ansteigen und in dem betroffenen Unternehmen Personalengpässe im Bereich des Technikums bestehen, sei ferner angenommen, daß nur eine der beiden Synthesen weiterentwickelt werden kann. Die Beschreibung der Entscheidungssituation orientiert sich an den in Abb. 6.12 aufgeführten Einflußfaktoren und wird soweit wie möglich tabellarisch vorgenommen. Zur Vereinfachung wird in Tabelle 6.14 ein Auszug aus dem *Zielsystem* aufgeführt, das die objektive Grundlage der Entscheidungssituation darstellt.

Tabelle 6.14. Auszug des Zielsystems für die Entscheidung

Zielarten	Angaben	Kategorie
Ökonomisch	• Wirkstoffkosten ≤ 50 000,-- DM/kg	Soll-Ziel
Terminlich	• Produktion von 2 kg in den nächsten 4 Wochen (für die präklinische Phase II) • sofortiger Beginn der Technikumsversuche	Soll-Ziel
Ökologisch	• kein zu deponierender Sonderabfall	Wunsch-Ziel

An der Entscheidung sind führende Mitarbeiter folgender Abteilungen beteiligt:

- Verfahrensentwicklung und -optimierung,
- Technikums,
- Marketing,
- Qualität,
- Produktion und
- für die F&E ein zuständiges Mitglied des Vorstandes.

Die *Entscheidungsstrukturen* sind formal durch betriebsinterne Vereinbarungen des Projektmanagements für F&E-Projekte in der Form geregelt, daß eine Entscheidung nur im Konsens aller Beteiligten getroffen werden kann. Eine methodische Unterstützung des Entscheidungsvorgangs ist nicht vorgesehen.

Die Entscheidungssituation ist durch die in Tabelle 6.15 aufgeführten internen und externen *Rahmenbedingungen* geprägt.

Tabelle 6.15. Rahmenbedingungen der Entscheidung

Interne Rahmenbedingungen	Externe Rahmenbedingungen
• dem F&E-Projekt ist seitens des Vorstandes oberste Priorität eingeräumt worden, wobei auf eine schnelle Markteinführung gedrängt wird • mangelnde Personalressourcen im Bereich des Technikums	• der größte Konkurrent des Unternehmens hat ein ähnlich wirkendes Schlafmittel patentiert

Ein Auszug aus dem *Datensystem* mit den hypothetischen Eigenschaften der zwei zur Auswahl stehenden Synthesewege ist in Tabelle 6.16 aufgeführt.

Tabelle 6.16. Auszug des Datensystems der zur Auswahl stehenden Synthesewege

Charakteristiken	Syntheseweg I	Syntheseweg II
Anzahl der Reaktionsstufen	5	6
Struktur der Reaktionsstufen	linear	parallel
Ausbeute (gesamt)	25 %	30 %
Gestehungskosten [DM/kg]	50 000	40 000
Reststoffe [kg/kg Produkt]	600 (20 % Recycling; 25 % Verbrennung; 40 % Abwasser; 15 % fester Sonderabfall)	300 (40 % Recycling; 25 % Verbrennung; 30 % Abwasser; 5 % fester Sonderabfall)
Verunreinigungen des Produkts	1 %	3 %

Die Diskussion der Entscheidungsträger hat folgende thematische Schwerpunkte:

1. Wirtschaftlichkeit,
2. technische Machbarkeit bei der Maßstabsvergrößerung,
3. GMP-Anforderungsprofil,
4. Verbesserungspotentiale in der Scale-up-Phase, in den anderen Phasen der Verfahrensentwicklung bzw. -optimierung und
5. Sicherheits- und Umweltschutzgesichtspunkte.

Aus der bisherigen Darstellung wird die Komplexität der Entscheidungsdaten deutlich. Hinzu kommen die subjektiven Einschätzungen der Entscheidungsträger (personen- und funktionsspezifisches Verhalten). So wird der Mitarbeiter des Qualitätsbereiches der Tatsache der unterschiedlichen Verunreinigungsprofile eine höhere Priorität einräumen als z.B. der Mitarbeiter der Produktion. Die verantwortliche Instanz für die Entsorgung des Reststoffanfalls bei der Produktion wird beispielsweise erhebliche Vorbehalte gegenüber Syntheseweg I haben. Diese Darstellung der subjektiven Einschätzung der Entscheidungsträger kann beliebig fortgesetzt werden, wobei diese Art der Entscheidungsproblematik nicht auf den konkreten Fall der pharmazeutischen Forschung beschränkt ist, sondern bei allen betrieblichen Entscheidungsvorgängen vorliegt.

Zur besseren Übersicht der bei der Entscheidung stattfindenden Diskussion sind einige der von den Beteiligten vorgebrachten Pro- und Kontra-Argumente in Tabelle 6.17 zusammengefaßt.

Tabelle 6.17. Pro- und Kontra-Argumente

Syntheseweg I	**Syntheseweg II**
Pro: • günstiges Verunreinigungsprofil • geringes sicherheitstechnisches Gefahrenpotential der Einsatzstoffe • geringes thermisches Gefahrenpotential der Reaktionen	**Pro:** • hohe Ausbeute • geringere Gestehungskosten • billige Einsatzstoffe • kurze Reaktionszeiten • Lösemittel lassen sich gut aufarbeiten
Kontra: • lange Reaktionszeiten • entstehende Lösemittelgemische lassen sich gar nicht oder schlecht aufarbeiten • 2 chromatographische Trennungen notwendig • eine Destillation unter Vakuum notwendig • teuere Einsatzstoffe • höhere Gestehungskosten • geringere Ausbeute • größere Mengen an Abwasser und an zu deponierenden Sonderabfällen	**Kontra:** • Vorhandensein einer Chlormethylierungsreaktion • ungünstiges Verunreinigungsprofil • Struktur der Reaktionsstufen führt zu einem höheren apparativen Aufwand (Zwischenlagerung notwendig, kann außerdem zu Qualitätsproblemen führen)

An dieser Stelle soll dieses Beispiel nicht weiter ausgebaut werden, jedoch ist damit zu rechnen, daß man sich auf folgende duale Vorgehensweise einigen wird: Einerseits macht die Präsenz des Chlormethylierungsschrittes den Syntheseweg II inakzeptabel, auch wenn dieser in pharmazeutischen Prozessen nicht unüblich ist [6.38, S. 114]. Andererseits ist der Syntheseweg II dem Syntheseweg I in vielen Hinsichten überlegen. Aus diesem Grund wird man den Syntheseweg II weiter in kleinem Maßstab mit dem Ziel optimieren, den Chlormethylierungsschritt zu substituieren. Gleichzeitig wird man Syntheseweg I im Technikum durchführen, um erstens den Bedarf an Wirkstoff zu befriedigen und zweitens das Verfahren im Versuchsbetrieb weiterzuentwickeln.

Dieses Beispiel sollte die Komplexität und die Multidimensionalität der Entscheidungssituationen verdeutlichen, die häufig a priori keine "richtige" Entscheidung zulassen. Komplexe Datensysteme sind bei der Entscheidungsfindung in der F&E in der chemischen Industrie die Regel, und eine monodimensionale Analyse und Bewertung (z.B. ausschließlich aus der Perspektive des Umweltschutzes) kann daher der Entscheidungssituation nicht gerecht werden.

In den bisherigen Abschnitten des 6. Kapitels wurde die F&E in der chemischen Industrie unter einem allgemeinen Blickwinkel beschrieben und analysiert. Im Mittelpunkt standen dabei die organisatorischen Strukturen und Abläufe. Ansatzweise wurden die Schwierigkeiten bei der Berücksichtigung des produktionsintegrierten Umweltschutzes dargestellt. Im nächsten Abschnitt soll auf den aktuellen Zustand der Integration des Umweltschutzes in den F&E-Prozeß in der chemischen Industrie näher eingegangen werden, um das Verbesserungspotential von Maßnahmen im Rahmen des Umweltmanagements in der F&E zu verdeutlichen.

6.4.3 Integration des Umweltschutzes in den F&E-Prozeß

6.4.3.1 Ist-Situation der organisatorischen Implementierung

Der Gesetzgeber hat zur Förderung der Integration des Umweltschutzes in die Tätigkeiten der Linienfunktionen die Umweltschutzbeauftragten mit einer Reihe von Pflichten und Rechten versehen. So ist z.B. der Betriebsbeauftragte für Immissionsschutz laut § 54 (1) BImSchG *berechtigt und verpflichtet:*

1. auf die Entwicklung und Einführung a) umweltfreundlicher Verfahren .... und b) umweltfreundlicher Erzeugnisse, einschließlich Verfahren zur Wiedergewinnung und Wiederverwendung, hinzuwirken und
2. bei der Entwicklung und Einführung umweltfreundlicher Verfahren und Erzeugnisse mitzuwirken, insbesondere durch Begutachtung der Verfahren und Erzeugnisse unter Gesichtspunkten der Umweltfreundlichkeit.

Indem der Gesetzgeber eine Art innerbetriebliches "ökologisches Gewissen" in Form des Immissionsschutzbeauftragten vorschreibt, bezweckt er den Abbau von Hemmnissen bei Produkt- und Verfahrensinnovationen gegenüber dem integrierten Umweltschutz.

Die Frage ist, ob in der chemischen Industrie die Einzelperson des Immissionsschutzbeauftragten diese Hemmnisse abbauen kann. Dies ist nicht nur aufgrund des Aufgabenumfangs, sondern auch wegen der Komplexität und der fachlichen Anforderungen bei Entscheidungen in der F&E sehr unwahrscheinlich. Aus diesem Grund obliegt diese Aufgabe nicht der einzelnen Person des

Immissionsschutzbeauftragten, sondern gehört in der Regel zum Aufgabenbereich der betrieblichen Umweltschutzorganisation (zur Beauftragtenorganisation siehe Kap. 2.2.7).

In der chemischen Industrie ist die Aufbauorganisation häufig durch die parallele Existenz einer zentralen und einer geschäftsbereichseigenen Umweltschutzabteilung geprägt. Selten findet man eine F&E-eigene Stabsstelle für Umweltschutz. Die Umweltschutzabteilung muß zwar Verfahren und Produkte begutachten, ökologische Daten ermitteln und am Ende des Innovationsprozesses die Genehmigung erteilen. Jedoch ist die betriebliche Realität in der chemischen Industrie folgendermaßen gekennzeichnet:

1. Die Mitarbeiter von zentralen Umweltschutzabteilungen haben wenig Einblick und Einfluß auf die F&E.
2. Die betrieblichen Umweltschutzabteilungen üben auf den Ablauf der F&E nur indirekt durch die Vorgabe von K.o.-Kriterien und Dokumentationspflichten (Checklisten) Einfluß aus.
3. Sie können in manchen Fällen aufgrund fehlender Fachkenntnis nicht beurteilen, welche ökologischen Verbesserungspotentiale vorliegen.

Eine Dezentralisierung der Umweltschutzaufgaben hin zu den Abteilungen der F&E im Sinne der *Eigenverantwortung* ist eine notwendige Voraussetzung für den produktionsintegrierten Umweltschutz. Maßnahmen des Umweltmanagements auf der Ebene der F&E in der chemischen Industrie müssen daher den Zweck haben, die Mitarbeiter dieser Abteilungen organisatorisch und instrumentell mit den für die Erfüllung der Aufgaben des produktionsintegrierten Umweltschutzes notwendigen Rahmenbedingungen zu versorgen. Dabei muß auf die schon existierenden Instrumente und Kriterien zurückgegriffen werden.

6.4.3.2 Existierende Kriterien und Instrumente des Umweltschutzes in der F&E

Die in der Industrie angewandten Umweltschutzkriterien sind eine Mischung aus sicherheitsrelevanten, emissionsrechtlichen, abfallrechtlichen und sonstigen Kriterien. Eine Reihe von diesen Kriterien wurde schon in Kap. 3.4 aufgeführt.

Bewertungskriterien müssen in irgendeiner Form instrumentalisiert werden, um im chronologischen Ablauf des F&E-Projekts eingesetzt werden zu können. Das Instrument, das sich in der Praxis am meisten dafür durchgesetzt hat, ist die *Checkliste*. Die Charakteristiken von Checklisten wurden in Kap. 5.2 besprochen.

Checklisten im Umweltschutzbereich haben größtenteils einen *Muß-Charakter*, da die darin enthaltenen Fragestellungen, die sich an gesetzlichen Vorgaben orientieren, beantwortet werden müssen. Demgegenüber existieren auch Umweltschutz-Checklisten mit *Kann-Charakter*, deren Prinzip des gezielten Fragens die Integration von Umweltschutzgesichtspunkten in den problemorientierten Denkprozeß der F&E fördern soll (z.B. "Wird die Prozeßwärme (teilweise) zurückgewonnen? Wenn nein, warum nicht?").

Weitere Instrumente zur Integration des Umweltschutzes in den F&E-Ablauf werden in der Praxis kaum verwendet (siehe hierzu Kap. 7.4.2). Dies mag verwunderlich erscheinen, denn in der Literatur wird viel über die Instrumente der Ökobilanzierung und die Produktlinienanalyse, auch seitens der chemischen Industrie, geschrieben. Diese Instrumente werden jedoch erstens aufgrund fehlender Standards und zweitens aufgrund ihrer Komplexität und ihres Aufwandes in der F&E-Praxis kaum bzw. gar nicht eingesetzt (für eine ausführliche Darstellung der instrumentellen Aspekte des Umweltmanagements und des produktionsintegrierten Umweltschutzes mit den entsprechenden Literaturangaben siehe Kap. 7.4).

Am Beispiel des Checklistenverfahrens für die Verfahrensentwicklung der Hoechst AG soll der Einsatz von Checklisten des Umweltschutzes kurz besprochen werden (siehe hierzu [6.39, S. 97-119]). Dieses Checklistensystem soll auf den Planungs- und F&E-Ablauf von Anlagen im Sinne des integrierten Umweltschutzes einwirken. Dieses System besteht aus vier Checklisten, die folgende Themengebiete bei der Verfahrens- und Produktentwicklung abdecken:

- Stoffdaten und Mengenbilanzen,
- Sicherheitsanalyse,
- alternative Reaktionen,
- Reststoffe/Abfälle/Emissionen,
- Umgang mit wassergefährdenden Stoffen sowie
- Störungen des Normalbetriebes.

Die organisatorische Integration der Checklisten in den Projektablauf ist in Abb. 6.13 schematisch dargestellt.

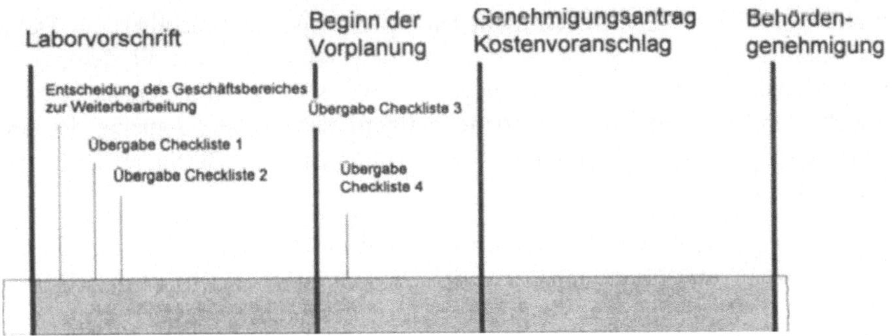

Abb. 6.13. Integration der Checklisten in den Projektablauf der Hoechst AG nach [6.39, S. 102]

F&E-Projekte werden bei der Hoechst AG im Rahmen des betrieblichen Projektmanagements bearbeitet. Es obliegt dem Projektleiter, auf die vollständige Bearbeitung der Checklisten zu achten. Um die in den Checklisten aufgeführten Fragestellungen zu beantworten, ist es die Aufgabe des Projektteams, die Beratung diverser betrieblicher Dienstleister (Zentraler Umweltschutz, Sicherheitsüberwachung, Bauabteilung usw.) in Anspruch zu nehmen. Um an dieser Stelle einen Eindruck von den Fragestellungen der vier Checklisten zu geben, werden die thematischen Schwerpunkte in Tabelle 6.18 zusammengefaßt.

Tabelle 6.18. Überblick zu den Inhalten des Checklistensystems der Hoechst AG nach [6.39, S. 97-119]

Checkliste 1	Checkliste 2	Checkliste 3	Checkliste 4
- Laborvorschrift - Stoffdatenprotokoll - Mengenbilanz (Einsatzstoffe, Fertig- und Nebenprodukte, Abwasser, Abfälle , Emissionen) - Stoffe nach der Störfall-VO - Alternative Reaktionen - Vermeidung/ Verminderung/ Verwertung (Beseitigung von Reststoffen, Abfällen, Abwasser, Emissionen)	- Checkliste 1 - Technikumsvorschrift - Produktverwendung - Abwärmenutzung - Verfahrensfließbilder - Mengenermittlung nach Störfall-VO - Zusammensetzung der Reststoffe und Abfälle	- Checkliste 1, 2 - Vorläufige Betriebsvorschrift - Nebeneinrichtungen (Lager, Abfüllanlagen, Abluftverbrennung, Energie) - Umgang mit wassergefährdenden Stoffen (Grundwasser, Löschwasser, Entwässerung) - Angaben zum Betrieb und zu Betriebs-störungen	- Checkliste 1, 2, 3 - Schallprognose - Lageplan und Umgebungsbeschreibung - Detailuntersuchung für wasserwirtschaftliche Belange - Sicherheitsanalyse nach Störfall-VO

Die Checklisten hinterfragen nicht nur Informationen hinsichtlich der Dokumentation, sondern dienen auch als Steuerungsinstrument zur Förderung des produktionsintegrierten Umweltschutzes in der F&E. So enthalten sie gezielte Fragen, durch die die F&E-Mitarbeiter aufgefordert werden, Aspekte des produktionsintegrierten Umweltschutzes zu berücksichtigen. Beispiele für solche Fragen sind z.B.:

- In welchen Prozeßschritten und durch welche Maßnahmen wird die Entstehung von Luftverunreinigungen vermieden (z.B. Pendelleitungen, Pumpen statt Drücken, Abluftkondensation und Kondensatrückführung)?
- Wurden alle Maßnahmen zur Vermeidung von Emissionen getroffen? Wenn nein, warum nicht?

Als abschließendes Beispiel für existierende Ansätze von Umweltmanagementsystemen in der chemischen Industrie für die F&E wird an dieser Stelle das Umweltmanagementsystem der Boehringer Mannheim GmbH kurz beschrieben (siehe hierzu [6.40, S. 15 ff.]). In diesem Unternehmen werden neue Produkte und Produktionsverfahren durch ein formalisiertes System der sogenannten "Internen ökologischen Produkt- und Verfahrensbewertung" auf ihre ökologischen

Auswirkungen hin geprüft. Als Zielperspektive gilt wiederum, Verfahren und Produkte in einem Stadium zu bewerten, wo Veränderungen noch möglich und wirtschaftlich realisierbar sind. Konkret läuft diese Überprüfung in drei Stufen ab:

0. Stufe:	kritische Sichtung der vorgesehenen Einsatzstoffe durch die F&E-Mitarbeiter selbst;
1. Stufe:	Bewertung der Produktidee (z.B. der ersten Laborrezeptur) durch Umweltschutzfachkräfte;
2. Stufe:	Bewertung der Herstellungsvorschrift durch Umweltschutzfachkräfte vor der Übergabe an den Produktionsbetrieb.

Bei der 0. Stufe stehen den Entwicklern folgende Hilfen zur Verfügung:

- Listen von möglichst zu vermeidenden Einsatzstoffgruppen,
- Nutzung der betriebsinternen Gefahrenstoffdatei GEFA als "Nachschlagewerk" und
- Beratung durch die betrieblichen Umweltschutzfachkräfte.

Die Gefahrenstoffdatei "GEFA" ist eine multidimensionale Datenbank, mit Hilfe derer stoffbezogene Informationen ermittelt und ausgewertet werden können.

Den wichtigsten Teil der ökologischen Bewertung stellt die 1. Stufe dar. Sie betrifft die:

- Eigenschaften der Ausgangsstoffe und Produkte,
- potentielle Gefährdung der Mitarbeiter bei der Herstellung und betriebsinternen Handhabung,
- Umweltrelevanz des Produktionsverfahrens (Emissionen, Abwasser, Reststoffe) und
- Produktfolgen für die Kunden.

In allen Bewertungsstufen werden wiederum detaillierte Checklisten eingesetzt.

6.5 Zusammenfassung und Schlußfolgerungen

In diesem Kapitel wurden die Grundlagen des derzeitig existierenden F&E-Managements in der chemischen Industrie dargestellt und mit Beispielen verdeutlicht. Dabei lag ein Schwerpunkt auf der Veranschaulichung der Komplexität und Multidimensionalität der Entscheidungsfindung in der chemischen F&E. Im

Rahmen dieser Darstellung wurde der derzeitige Stand der Integration des Umweltschutzes in den F&E-Ablauf analysiert und das Instrumentarium der Checklisten exemplarisch erläutert.

In Bezug auf die im vorigen Kapitel diskutierten umweltschutz-, qualitäts- und sicherheitsrelevanten Aspekten kann man für den Bereich der chemischen F&E feststellen, daß auf der operativen Ebene die getrennte Existenz unterschiedlicher Managementsysteme mit den jeweils zu beachtenden Verfahrens- und Arbeitsanweisungen nicht praktikabel sein kann. Die F&E-Mitarbeiter müssen sich fast ausschließlich mit Fragen auseinandersetzen, die *simultan* mit qualitäts-, umweltschutz- und sicherheitsrelevant sind.

Es ist daher an den F&E-Führungsinstanzen und an den unterstützenden Stabsstellen zu überlegen, wie man die rechtlichen und normativen Anforderungen im Qualitäts-, Sicherheits- und Umweltschutzbereich erfüllen kann, und gleichzeitig den F&E-Mitarbeitern vor Ort zeitaufwendige Formalismen und Verwirrungen ersparen kann. Diese Problematik ist in ihrer Wichtigkeit nicht zu unterschätzen, denn werden die F&E-Mitarbeiter mit einer unübersichtlichen Flut von Verfahrens- und Arbeitsanweisungen der einzelnen Managementsysteme konfrontiert, kann es dazu kommen, daß diese einfach ignoriert werden. Die Folgen hiervon sind in der chemischen Industrie vor allem im Sicherheitsbereich zu sehen, wo es in der letzten Zeit trotz der Existenz aufwendiger Sicherheitsmanagementsysteme zu vermeidbaren Unfällen gekommen ist. So wird auch aus den Reihen der chemischen Industrie ein mangelhaftes Managementsystem im Bereich der Sicherheit als die Hauptursache betrieblicher Störungen gesehen [6.41, S. 21].

Aus diesem Grund ist es notwendig, auch operativ einsetzbare Grundstrukturen eines angepaßten Umweltmanagementsystems für die chemische Industrie im allgemeinen und für die F&E als Schlüsselfunktion für den Umweltschutz im speziellen zu entwickeln.

7. Aufbau von Umweltmanagementsystemen am Beispiel der F&E in der chemischen Industrie

7.1 Einleitung

Um Kriterien des produktionsintegrierten Umweltschutzes bei der Entwicklung neuer und bei der Überarbeitung bereits bestehender chemischer Verfahren effizient zu integrieren, bedarf es einer Reihe organisatorischer, instrumenteller und personeller Voraussetzungen. Diese können langfristig am besten durch ein Umweltmanagementsystem geschaffen werden, das die F&E mit einbezieht.

Die chemische F&E ist aufgrund ihrer Aufgabenstellung ein sehr heterogener und teilweise auch autonom agierender Bestandteil der innerbetrieblichen Organisation. Herkömmliche Führungstechniken zur Planung, Organisation, Steuerung und Kontrolle, die in anderen betrieblichen Einheiten, wie z.B. der Produktion, routinemäßig eingesetzt werden, können daher in der F&E nur begrenzt Anwendung finden. Eine zu starke Formalisierung der Abläufe im Sinne eines rein formalistischen Umweltmanagementsystems mit starrer Aufbau- und Abläuforganisation in Verbindung mit inflexiblen ökologischen Restriktionen würde den Gegebenheiten der chemischen F&E nicht gerecht. Da die chemische F&E jedoch die entscheidende Schlüsselposition für den produktionsintegrierten Umweltschutz einnimmt, stellt sich die Frage, durch welche Maßnahmen Aspekte des Umweltschutzes effektiv in das bestehende F&E-Management integriert werden können (zu den Managementaufgaben siehe Kap. 4.1.1).

Der F&E-Prozeß ist kein einmaliger und isolierter Vorgang, sondern ein komplexes System von verschiedenen, aufeinander aufbauenden und teilweise parallel verlaufenden F&E-Phasen (siehe hierzu das Beispiel in Kap. 6.4.2.2), in denen die Managementaufgaben immer wieder "abgearbeitet" werden müssen. Ein funktionsfähiges, F&E-spezifisches Umweltmanagementsystem muß dieser besonderen Komplexität des F&E-Ablaufes gerecht werden.

In den folgenden Abschnitten wird als erstes eine qualitative Darstellung der Ausgangssituation in der chemischen F&E vorgenommen. Ein zweiter Abschnitt wird sich darauf aufbauend mit den Grundstrukturen eines Umweltmanagements für die chemische F&E befassen. In einem dritten Abschnitt werden exemplarisch Techniken des Umweltmanagements am Beispiel der F&E präzisiert.

7.2 Qualitative Analyse der Ausgangssituation in der chemischen F&E

7.2.1 Prinzipien zur Analyse der Entscheidungsprozesse

Die Entscheidungsprozesse des F&E-Ablaufes nehmen eine Schlüsselfunktion für die Förderung des produktionsintegrierten Umweltschutzes in der chemischen Industrie ein. Denn durch sie wird die Umweltrelevanz der jeweiligen chemischen Verfahren und Produkte langfristig festgelegt. Ein wichtiges Ziel eines Umweltmanagementsystems ist konsequenterweise, diese Entscheidungsprozesse im Sinne eines produktionsintegrierten Umweltschutzes zu beeinflussen.

Die Analyse dieser Entscheidungsprozesse, die die notwendige Grundlage zu ihrer systematischen Beeinflussung schafft, erfordert eine gewisse Abstraktion. Nur durch diese ist es dann möglich, eine modellhafte Abbildung der Problematik aufzustellen, durch deren fortschreitende Konkretisierung Vorschläge für ein Lösungskonzept erarbeitet werden können. Bei der Übertragung des Konzeptes auf die Realität bzw. auf die spezielle Unternehmenssituation muß eine Anpassung an die spezifischen Anforderungen erfolgen, so daß am Ende des Prozesses ein funktionsfähiges Handlungskonzept steht. Diese grundlegende Vorgehensweise ist in Abb. 7.1 graphisch dargestellt.

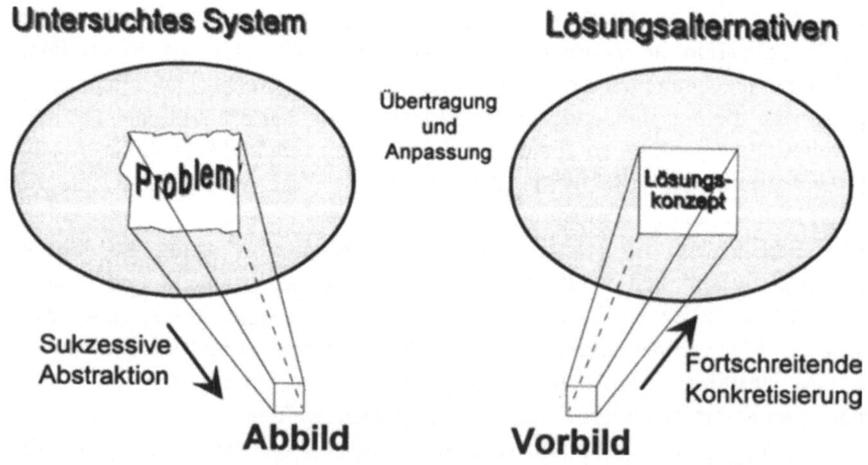

Abb. 7.1. Abstraktion und Konkretisierung zur Entwicklung von Lösungskonzepten

Untersuchungen der F&E-Funktionen in der chemischen Industrie ergaben primär folgende allgemeine Fragestellungen:

- Wie werden Problemlösungen in der F&E generiert?
- Durch welche Faktoren sind die Entscheidungsprozesse geprägt?
- Wie fließen Umweltschutzkriterien in den Entscheidungsprozeß ein?
- Welche Probleme treten dabei auf?
- Wie kann die Ist-Situation verbessert werden?

Diese Fragen gehen auf die in Kap. 6.4.2.1 und vor allem in Abb. 6.12 aufgeführten Faktoren des Entscheidungsprozesses zurück. Auf der Basis dieser in Kap. 6 beschriebenen Faktoren des Entscheidungsprozesses läßt sich ein entsprechender Fragenkatalog aufstellen (siehe Tabelle 7.1). Dieser ist nicht speziell auf die Entscheidungen der chemischen F&E beschränkt, sondern allgemein von Interesse für den Aufbau von Umweltmanagementsystemen, da ohne die Erhebung dieser Informationen die betrieblichen Entscheidungsprozesse nicht im Sinne eines nachhaltigen Umweltschutzes beeinflußt werden können.

Tabelle 7.1. Beispiel einer Fragenkatalogstruktur zur Ermittlung von umweltrelevanten Entscheidungsfaktoren

Rahmenbedingungen	• betriebsexterne • betriebsinterne
Entscheidungsziele	• ablauforganisatorische • ökonomische • chemisch-technische • rechtliche • terminliche • ökologische • sicherheitstechnische
Entscheidungsdaten	• ablauforganisatorische • ökonomische • chemisch-technische • rechtliche • terminliche • ökologische • sicherheitstechnische
Entscheidungsstrukturen	• personenspezifische • organisationsspezifische • formelle • informelle

7.2.2 Rahmenbedingungen der Entscheidungsfindung in der F&E

In Kap. 2.2 wurden als erstes nur die betriebsexternen Rahmenbedingungen beschrieben, die einen branchenspezifischen Einfluß auf den betrieblichen Umweltschutz der chemischen Industrie haben. Diese externen Rahmenbedingungen müssen für die F&E projektspezifisch konkretisiert werden und gehören zum projektspezifischen Soll-Profil. Außer den unternehmensexternen gibt es jedoch auch unternehmensinterne Rahmenbedingungen, wie z.B. die finanziellen Ressourcen oder die zur Verfügung stehenden Fachleute, die die Tätigkeit der F&E beeinflussen (siehe hierzu Kap. 6.4.2.1).

Im diesem Zusammenhang werden die Rahmenbedingungen als Zielfindungs- und Entscheidungseinflußfaktoren definiert, die die Entscheidungsfindung indirekt beeinflussen (d.h. sie sind meistens nicht primär F&E-projektspezifisch). In Abhängigkeit von dem jeweiligen Einflußpotential der Rahmenbedingungen auf das F&E-Projekt werden diese für die Ziel- und Entscheidungsfindung in einem ersten Schritt identifiziert und in einem zweiten projektspezifisch konkretisiert. In ihrer Gesamtheit stellen die Rahmenbedingungen das F&E-*Projektumfeld* dar (in der betriebswirtschaftlichen Entscheidungslehre auch als *Zustandsraum* bezeichnet) und beeinflussen maßgeblich die Berücksichtigung produktionsintegrierter Umweltschutzkriterien.

Dabei ist es wichtig zu verstehen, daß es nicht unbedingt entscheidend ist, wie die Rahmenbedingungen objektiv beschaffen sind, sondern vielmehr, wie die Entscheidungsträger die Rahmenbedingungen subjektiv wahrnehmen. Die Wahrnehmung ist dabei sowohl abhängig von dem Informationssystem als auch von der jeweiligen Situation und von den personenspezifischen Einstellungen der Führungskräfte sowie der Mitglieder der Projektgruppe. Daraus wird deutlich, daß die Thematik der Wahrnehmung von Rahmenbedingungen eine maßgebliche Rolle bei der Integration von Umweltschutzkriterien in der chemischen F&E spielt.

Naturgemäß führen Befragungen in der chemischen Industrie hinsichtlich der umweltrelevanten Rahmenbedingungen zu ganz unterschiedlichen Einschätzungen, die sich aus der jeweiligen Situation erklären lassen. Auf der Basis empirischer Erfahrungen und ohne auf die unternehmensspezifischen Situationen eingehen zu wollen, konnten folgende wichtige *betriebsinterne* Rahmenbedingungen der F&E-Ziel- und Entscheidungsfindung ermittelt werden:

- Umweltpolitik: Leitlinien des Umweltschutzes,
- Leitlinien bzw. Richtlinien zur Personalführung,
- F&E-Personalstärke, -ausbildung, -motivation, -fluktuation,
- Outsourcing,
- Informations-/Kommunikationssystem,
- formale Vorgaben zum Projektmanagement,
- finanzwirtschaftliche Situation,
- technologisches Know-how,
- F&E-Anlagenkapazität (z.B. die Kapazität der Pilotanlagen),
- Schnittstellenmanagement mit den beteiligten Abteilungen (Marketing, Produktion usw.),

- Produktionsanlagen und -kapazitäten und
- interne Entsorgungskapazitäten.

Als wichtige *betriebsexterne* Rahmenbedingungen der F&E-Ziel- und Entscheidungsfindung für den produktionsintegrierten Umweltschutz ergaben sich:

- Patentsituation,
- Stand der Technik,
- Wettbewerber,
- Marktwachstum,
- Beschaffungsmarkt für Rohstoffe und Zwischenprodukte,
- behördliche Genehmigungspraktiken,
- Umweltrecht (Abfall-, Wasser-, Immissionsschutzrecht und Gefahrstoffverordnung),
- Arbeitsschutz,
- Kapazitäten des externen Entsorgungsmarktes,
- Entsorgungskosten der Produktionsrückstände,
- Entsorgungskosten der Produkte und
- Einflußnahme der Öffentlichkeit.

Nicht alle aufgeführten internen und externen Rahmenbedingungen erscheinen auf den ersten Blick unmittelbar für die Umsetzung des produktionsintegrierten Umweltschutzes relevant zu sein. Bei genauerer Betrachtung wird jedoch deutlich, daß beispielsweise auch solche Faktoren, wie der aktuelle Stand der Technik oder die Wettbewerbssituation, entscheidend die Umsetzung der Ziele des produktionsintegrierten Umweltschutzes und den Aufbau von Umweltmanagementsystemen beeinflussen.

In der betrieblichen Praxis werden meistens externe und teilweise auch interne Rahmenbedingungen, wie z.B. ökonomische und marketingrelevante, identifiziert und projektspezifisch konkretisiert. Ein Beispiel aus der Industrie ist hierfür ein sogenanntes "Projektblatt" oder "Lastenheft" (siehe hierzu Kap. 7.2.3), in dem u.a. projektspezifische Angaben zur jeweiligen Wettbewerbs- und zur Patentsituation erfragt werden. Häufig mangelt es jedoch in der F&E an einer ausreichenden Systematik zur Identifikation, Konkretisierung und Dokumentation der ausschlaggebenden Rahmenbedingungen und deren Umweltrelevanz.

Die daraus erwachsenen Gefahren lassen sich auf ein unvermeidbares Maß reduzieren, wenn durch funktionstüchtige Frühwarnsysteme "bedrohliche" Veränderungen des F&E-Projektumfeldes wahrgenommen und die entsprechenden Informationen an die zuständigen Mitarbeiter weitergeleitet würden (zur Thematik der Frühwarnsysteme siehe z.B. [7.1], [7.2]). Für die direkt umweltrelevanten Rahmenbedingungen übernehmen die betrieblichen Abteilungen für Umweltschutz im Prinzip diese "Frühwarnaufgabe". Zentrale Umweltschutzabteilungen können jedoch dieser Funktion nicht immer gerecht werden, denn ihre Kenntnisse über die F&E-Projekte und ihre Einflußmöglichkeiten sind eher gering. Besser dafür geeignet sind die der F&E direkt zugeordneten Umweltschutz-Organisationseinheiten, wobei sich hier die Frage stellt, ob diese personell und instrumentell für die Aufgabe der Früherkennung von "projektbedrohlichen" Veränderungen der umweltrelevanten Rahmenbedingungen ausgerüstet sind. Hierüber läßt sich aus den gewonnenen Erkenntnissen kein allgemeines Urteil ableiten.

7.2.3 Entscheidungsziele

Entscheidungsziele von F&E-Projekten können wie folgt definiert werden:

> Ein *Entscheidungsziel* stellt einen Teil der Zielfunktion dar, die sich für ein F&E-Projekt aus der strategischen F&E-Planung und dem Projektumfeld (externe und interne Rahmenbedingungen) ergibt. Die Summe aller Entscheidungsziele bildet die Zielfunktion, die das Anforderungsprofil oder auch Soll-Profil an den projektbezogenen F&E-Ablauf und dessen Ergebnisse darstellt. Es werden hierbei ökonomische, chemisch-technische, rechtliche, terminliche, ökologische und sicherheitstechnische Kategorien von Entscheidungszielen unterschieden.

Die Grundlagen der Zielbildung in der chemischen F&E wurden in Kap. 6 beschrieben, wobei sich beim Aufbau eines Umweltmanagementsystems folgende Fragen ergeben:

- Wie werden die Kriterien der einzelnen Zielkategorien ermittelt und dokumentiert?
- Wie werden die wechselseitigen Zielbeziehungen (konkurrierend, komplementär, antagonistisch oder indifferent) ermittelt und dokumentiert?
- In welcher Art und Weise werden die Ziele kommuniziert?
- Unter welchen Voraussetzungen und wie werden im Laufe des F&E-Projekts die Ziele angepaßt?

Empirische Erkenntnisse aus der chemischen Industrie machen deutlich, daß es sich bei der Zielfindung am Projektbeginn und bei der Zielanpassung während des Projektablaufes um Prozesse handelt, die aufgrund ihrer früheren mangelhaften Transparenz, Effektivität und Effizienz in den 90er Jahren verbessert wurden bzw. weiter verbessert werden. Dabei ist zu berücksichtigen, daß es hierbei große unternehmens- und spartenspezifische Unterschiede gibt. Trotz dieser positiven Entwicklung bei einigen Unternehmen der Chemiebranche besteht noch weiterer Verbesserungsbedarf. Die folgende Auflistung zeigt einige Verbesserungsaspekte auf:

- Neben den klar quantifizierbaren F&E-Zielen (z.B. Herstellkostenziele, Eigenschaftsprofile, Zeitpunkt der Markteinführung) sollten auch schwer quantifizierbare Aspekte bei der Zielfindung einfließen (z.B. zukünftige Entsorgungsaspekte, Umweltimage, zukünftige Betriebskosten für additive Umweltschutztechnologien).
- Der Zielfindungsprozeß sollte nachvollziehbarer gestaltet werden.
- Die Zielanpassung aufgrund veränderter projektrelevanter Rahmenbedingungen und neuer F&E-Erkenntnisse sollte systematischer gestaltet werden, wobei

die Verantwortlichkeiten festgelegt werden müssen. Hierfür ist der Aufbau eines Frühwarnsystems angebracht.

- Die Wechselwirkungen der einzelnen Zielarten (z.B. zwischen ökonomischen und ökologischen Zielen) sollten explizit berücksichtigt werden.
- Es sollte die projektspezifische Aufstellung der Umweltschutzziele weiter gefördert und die ausschließliche Verwendung von projektunspezifischen Checklisten vermieden werden.
- Der Zielfindungsprozeß liegt dann im subjektiven Ermessen einzelner F&E-Mitarbeiter, wenn die Kontrollfunktionen durch entsprechende Kontrollgremien und/oder durch das Linienmanagement nicht wahrgenommen werden. Dies tritt bei unzureichender Festlegung der Aufbau- und Ablauforganisation und bei fehlenden Formalismen für die Projektberichterstattung auf.
- Umweltschutzziele, die über das gesetzliche Maß hinausgehen, sollten auch dann aufgestellt werden, wenn sie nicht kurzfristig bis mittelfristig komplementär zu ökonomischen Zielen sind.

Als Beispiel für die oben genannte Formalisierung der Zielfindung und -dokumentation wird hier ein sogenanntes "Projektblatt" aus der chemischen Industrie vorgestellt. So müssen potentielle Forschungsvorhaben bei den entsprechenden Arbeitskreisen des Unternehmens präsentiert und genehmigt werden, wobei die primäre Zieldefinition in Form eines einseitigen sogenannten "Projektblattes" dokumentiert wird. Dieses Dokument ist ein Formular, in dem folgende Informationen vom Antragsteller abgefragt werden:

- Thema,
- Bearbeiter,
- beteiligte Einheiten,
- Motivation bezüglich Stand der Technik (multiple choice: "Aufholen?; Halten? oder Absetzen?")
- Priorität (numerisch) und Aufwand (in Mannjahren),
- zeitliche Abwicklung (Start und Zeitbedarf),
- verbale Beschreibung der Zielsetzung,
- technisches Anforderungsprofil,
- erwarteter wirtschaftlicher Nutzen (Zielgruppe, Marktpotential, Übertragbarkeit auf andere Interessenten),
- Wettbewerbssituation,
- Stand der Technik (Patentlage),
- Umwelt- und Sicherheitsaspekte,
- Zusatzinformationen und weitere Vorgaben.

Die Formulierung der Entscheidungsziele hängt maßgeblich mit den gewonnenen Entscheidungsdaten zusammen, wie im nächsten Kapitel aufgezeigt wird.

7.2.4 Entscheidungsdaten und projektbegleitende Dokumentation

F&E-Entscheidungsdaten und die projektbegleitende Dokumentation können wie folgt definiert werden:

> Die Summe der *Entscheidungsdaten* stellt eine Zustandsfunktion dar, die das Ist-Profil des F&E-Projekts dokumentiert und die zur Entscheidungsfindung eingesetzt wird. Nicht monetäre Datentypen (z.B. chemisch-technische, umweltrelevante) werden bei Bedarf in monetären Größen ausgedrückt. Analog zu den Zielen werden ökonomische, chemisch-technische, rechtliche, terminliche, ökologische und sicherheitstechnische Kategorien von Entscheidungsdaten unterschieden. Die *projektbegleitende Dokumentation* enthält teilweise die Beschreibung des F&E-Ablaufes und die dabei gewonnenen Erkenntnisse. Sie hat einerseits eine Archivierungsfunktion, dient andererseits als Kommunikationsmittel.

Die Identifikation und die ökonomisch vertretbare Förderung von projektspezifischen Verbesserungspotentialen im Sinne des produktionsintegrierten Umweltschutzes ist ganz entscheidend davon abhängig, ob das folgende *"5-R-Prinzip "* berücksichtigt wird, ob:

1. die *richtigen Daten*,
2. zum *richtigen Zeitpunkt*,
3. mit dem *richtigen Detaillierungsgrad*,
4. bei den *richtigen Entscheidungsträgern* vorliegen und
5. im *richtigem Maße* berücksichtigt werden.

Damit sind die Entscheidungsdaten eng an die projektbegleitende Dokumentation gekoppelt. Diese dient primär als Informationsträger, durch den die Projektdaten weitergeleitet werden, die die Voraussetzung für die in Kap. 6 erwähnten F&E-Kontroll- und Steuerungsmaßnahmen bilden. Weiterhin ermöglicht eine "gute" Projektdokumentation die Nachvollziehbarkeit des F&E-Ablaufes, so daß sich Nichtbeteiligte ein objektives Bild über den Weg und die Ist-Situation des F&E-Projekts machen können. Eine solche Transparenz bietet den betrieblichen Umweltschutz- und Sicherheitsabteilungen die Möglichkeit, bei Bedarf frühzeitig zu intervenieren. Auch der Erfolg der sogenannten Projekt-Audits, die zunehmend als Mittel zur kontinuierlichen Verbesserung des Projektmanagements in der chemischen F&E eingesetzt werden, hängt ganz entscheidend von der Qualität der Dokumentation ab.

Diese auf den ersten Blick "trivialen" Anforderungen sind in der betrieblichen Praxis der chemischen F&E aus folgenden Gründen nicht so leicht umzusetzen:

- historisch gewachsene und teilweise unangepaßte Strukturen zur Datenermittlung, -weitergabe, -analyse und -bewertung,
- steigende Datenmenge,
- steigende Anzahl von Informationsempfängern und
- steigende Anforderungen an die Datenqualität.

Empirische Untersuchungen des Ist-Zustandes der Entscheidungsdaten sowie der projektbegleitenden Dokumentation machten deutlich, daß die Datenkategorien, -quantitäten und -qualitäten entscheidend von der jeweiligen Chemiesparte und dem F&E-Stadium abhängen. So wird einerseits in der pharmazeutischen Industrie ein ganz anderer Umfang von Daten generiert als bei Kunststoffproduzenten, und andererseits wird das projektspezifische Datenmaterial immer umfangreicher, je näher das F&E-Projekt seinem Abschluß kommt.

Im folgenden sind einige empirische Erkenntnisse hinsichtlich der Handhabung von Entscheidungsdaten und der projektspezifischen Dokumentation in der chemischen F&E zusammenfassend dargestellt:

- Es existieren betriebsintern konkrete Ansprüche, zu welchem Zeitpunkt des F&E-Ablaufes welche Daten vorhanden sein müssen.
- Es existieren rechtliche und betriebsinterne "Zwänge" zur formalen Dokumentation von F&E-Daten (z.B. im Laborjournal, Versuchsprotokoll).
- Computernetzwerke setzen sich zunehmend für die Datenspeicherung und für den reglementierten Datenzugang durch und werden die aktuelle Lage nachhaltig verbessern.
- Die projektspezifischen Daten und Erkenntnisse werden in Form von Berichten mit unterschiedlichem Detaillierungsgrad aufgearbeitet, dabei ist der Umfang des Berichtes von dem jeweiligen F&E-Stadium abhängig.
- Neben den klassischen Umweltschutz-Checklisten setzen sich langsam auch komplexere Instrumente zur Erfassung und zeitlichen Verfolgung ökologischer Projektdaten durch (z.B. Stoffstromanalysen, Abfallbilanzen).
- Die Verwendung von ökologischen Kennzahlen hat sich in der F&E bis jetzt noch nicht durchgesetzt.
- Aufgrund der traditionellen betrieblichen Kostenrechnung ist die Zurechnung von Umweltkosten noch nicht optimal.
- Die Gegenüberstellung und Ermittlung der Abhängigkeitsfunktionen umweltrelevanter Daten von anderen Datenkategorien, wie z.B. technischen oder ökonomischen, wird nicht formalisiert durchgeführt.
- Projektspezifische Erfahrungen und reaktions- und verfahrenstechnische Erkenntnisse zur Förderung des produktionsintegrierten Umweltschutzes werden nicht zentral gesammelt, ausgewertet, klassifiziert und in betrieblichen Datensystemen unternehmensweit zugänglich gemacht. Der "synergetische" Informationsaustausch findet fast nur auf informeller Ebene statt.

Diese verallgemeinerten Erkenntnisse sollen hier kurz am Beispiel einer sogenannten "Projektakte" aus der chemischen Industrie näher erläutert werden. Hierbei handelt es sich in der Regel um ein Dokument, das alle projektbezogenen reaktions- und verfahrenstechnischen Daten enthält. Die Einteilung der Projektakte in einzelne Fächer geschieht dabei häufig in Abhängigkeit vom chronologischen Verlauf der F&E. So werden beispielsweise von dem Forschungslabor in der ersten F&E-Phase folgende Datenkategorien in der Projektakte dokumentiert:

- Reaktionsschema,
- Literaturangaben,
- Verfahrensbeschreibung,
- spektrale Daten der Erst-Synthese sowie

- Auflistung und Informationen zu den erprobten alternativen Syntheseversuchen unter Angabe der Laborjournal-Referenz.

In den darauffolgenden F&E-Phasen werden von den unterschiedlichen F&E-Abteilungen die oben genannten Datenkategorien ergänzt und angepaßt sowie eine Reihe von neuen Datenkategorien hinzugefügt. Dabei handelt es sich meistens um:

- Stoff- und Energiebilanzen,
- Auflistung und Charakterisierung der Referenzproben aller Edukte, Zwischen- und Hauptprodukte sowie der Verunreinigungen,
- Verfahrensbeschreibung und Erstellung von Arbeitsanweisungen sowie
- Auflistung der erprobten, alternativen Syntheseversuche und Zusammenstellung weiterer Informationen dazu unter Angabe der Laborjournal-Referenz.

Umweltschutz- und sicherheitsbezogene Daten werden von allen beteiligten F&E-Abteilungen in der Projektdokumentation festgehalten. An den Meilensteinen zwischen den späteren F&E-Phasen sind in der Regel Vertreter von Umweltschutz- und Sicherheitsabteilungen beteiligt. Ihre Aufgabe ist zu verhindern, daß umweltgefährdende und sicherheitsproblematische Verfahren und Produkte produziert und vertrieben werden. Diese Aufgabe können die Abteilungen jedoch nur dann erfüllen, wenn die Anforderungen des 5-R-Prinzips bei der Einbeziehung der Umweltschutz- und Sicherheitsabteilungen berücksichtigt werden.

7.2.5 Organisatorische Entscheidungsstrukturen

Organisatorische F&E-Entscheidungsstrukturen können in *formelle*, *informelle* sowie *personenspezifische* Entscheidungsstrukturen unterschieden werden, die wie folgt definiert werden:

> *Formelle Entscheidungsstrukturen sind* festgelegte, standardisierte (d.h. in irgendeiner Form dokumentierte und damit nachvollziehbare) Entscheidungsfaktoren. Dabei sind die Abläufe an sich (d.h. die zeitliche Festlegung der Entscheidung im F&E-Ablauf, Festlegung der daran teilnehmenden Mitarbeiter, Festlegung des Vorgangs der Entscheidung an sich) und die verwendeten Entscheidungsinstrumente (z.B. Entscheidungsmatrizen, Nutzwertanalyse, Checklisten usw.) von Interesse.
>
> *Informelle Entscheidungsstrukturen* sind alle in der Praxis auftretenden bewußten oder unbewußten (d.h. nicht dokumentierten und damit nicht direkt nachvollziehbaren) Entscheidungsfaktoren.
>
> *Personenspezifische Entscheidungsstrukturen* sind die Einflußfaktoren, die konkret auf das Verhalten der Entscheidungsträger zurückgeführt werden können.

Die aktuelle Situation der Entscheidungsstrukturen in der chemischen F&E läßt sich qualitativ folgendermaßen charakterisieren:

- Aufgrund der Dominanz des Projektmanagements als Führungskonzept zur Durchführung von F&E-Projekten sind Zeitpunkt und Anzahl herausragender Entscheidungsprozesse in dem projektspezifischen Zeitplan festgelegt.
- Es werden Netzpläne verwendet, wenn es sich um umfangreiche F&E-Projekte handelt.
- Es existieren betriebsinterne Vorgaben, die festlegen, welche betrieblichen Funktionen mit welcher Hierarchieebene an welcher Entscheidung beteiligt sein müssen.
- Vertreter der betrieblichen Umweltschutzabteilungen sollten noch aktiver an den Entscheidungsprozessen teilnehmen und auf ihn einwirken können. Die Voraussetzung hierfür ist die kontinuierliche Information der Umweltschutzabteilungen und ein guter informeller Kontakt zu den F&E-Mitarbeitern.
- Es werden formlose Protokolle zu den Entscheidungsvorgängen angefertigt, die zur Dokumentation und als Mitteilungsinstrument verwendet werden.
- In der Praxis werden Instrumente zur Entscheidungsunterstützung nur in ganz wenigen Fällen eingesetzt (z.B. Nutzwertanalyse bei der Standortwahl neuer Anlagen).
- Im Vorfeld der Entscheidungen werden häufig Checklisten verwendet, um unbrauchbare Alternativen zu eliminieren. Dies betrifft vor allem Umweltschutz- und Sicherheitsaspekte.
- Das persönliche Verhältnis zwischen den Team-Mitgliedern eines F&E-Projekts birgt die Gefahr einer mangelnden Objektivität bei anstehenden Entscheidungen. Dies wird dann nicht der Fall sein, wenn die entsprechenden Gremien und das Linienmanagement ihre Kontrollaufgaben wahrnehmen.
- Der produktionsintegrierte Umweltschutz kann direkt komplementär zu wirtschaftlichen Zielen sein (z.B. Ausbeuteverbesserung). Führt der produktionsintegrierte Umweltschutz jedoch zu höheren Kosten (z.B. durch Einsatz teurerer Einsatzstoffe oder zusätzliche Investitionen in Anlagen), ohne daß dies gesetzlich vorgeschrieben ist, kommt es meistens zu Entscheidungskonflikten. Wie die einzelnen Alternativen bewertet werden, hängt dabei von der jeweiligen Entscheidungssituation und von den Entscheidungsträgern ab. In der Regel sind keine firmeninterne Fonds vorhanden, aus denen "teurere" Verfahrensalternativen des produktionsintegrierten Umweltschutzes gefördert werden könnten.

Wie sich aus dieser qualitativen Situationsbeschreibung entnehmen läßt, hängt es zur Zeit maßgeblich von der Einstellung des Projektteams und -leiters ab, ob und in welchem Umfang Kriterien des produktionsintegrierten Umweltschutzes bei den F&E-Entscheidungen berücksichtigt werden. Eine quantitative Ermittlung dieses "Bereitschaftsgrades" läßt sich schwer durchführen. Qualitativ läßt sich jedoch sagen, daß seitens der betroffenen Mitarbeiter Zweifel an einer effektiveren Integration von Kriterien des produktionsintegrierten Umweltschutzes durch Maßnahmen und Instrumente des Umweltmanagements bestehen. Dies beruht sicherlich auf der Erfahrung der F&E-Mitarbeiter, daß Formalismen zur Steuerung und Kontrolle der F&E nicht der Dynamik des F&E-Ablaufes gerecht werden. Andererseits ist diese "Abwehrhaltung" auch der Ausdruck einer mangelnden Bereitschaft, bestehende Strukturen in der F&E in Frage zu stellen. In der Literatur findet man drei Kategorien zu den Verhaltensmustern, die zu einer passiven oder aktiven Anpassungsverweigerung der F&E-Mitarbeiter führen [7.3, S. 911]:

1. *ballistisches Verhalten*, d.h. einmal getroffene Entscheidungen werden nicht weiter auf ihre Umsetzung und Wirksamkeit hin betrachtet,
2. *Intuitionsaktionismus*, d.h. man verwirft die komplizierte und frustrierende analytische Vorgehensweise und überläßt die eigene Verhaltenssteuerung der Intuition,
3. *Methodismus*, d.h. die situationsunabhängige Anwendung von vorgefertigten Formalismen ersetzt die inhaltliche Auseinandersetzung.

Auch wenn diese Art von Klassifizierung fragwürdig ist und eine Art "Kästchenmentalität" fördert, ist sie sinnvoll, um das Verhalten der Mitarbeiter hinsichtlich des Aufbaus und der Implementierung eines Umweltmanagementsystems zu analysieren. Hieraus können in einem zweiten Schritt angepaßte Handlungskonzepte entwickelt werden, die den notwendigen Veränderungsprozeß der betroffenen Organisationseinheiten fördern.

7.2.6 Zusammenfassende Darstellung

Der Projektablauf der chemischen F&E ist durch eine extreme Komplexität geprägt, wobei Kriterien des produktionsintegrierten Umweltschutzes derzeit meistens nur insoweit berücksichtigt werden, als sie in Form von Checklisten und K.o.-Kriterien quantifiziert werden können. Dies kann zu langwierigen und damit auch teuren Nachbesserungen oder aber zum langfristigen Einsatz von additiven Umweltschutzanlagen und damit zu hohen Kapital- und Betriebskosten führen, wenn sich herausstellt, daß die Ergebnisse der F&E nicht dem "tatsächlichen" ökologischen Anforderungsprofil entsprechen. Um diese Situation zu vermeiden, sollen Vorkehrungen im Rahmen des betrieblichen Umweltmanagementsystems getroffen werden. Da die Ausarbeitung von Handlungsanweisungen zum Aufbau und zur Implementierung eines Umweltmanagementsystems nur im Hinblick auf deren praktische Anwendbarkeit sinnvoll ist, werden an dieser Stelle ohne Anspruch auf Vollständigkeit Schlußfolgerungen aus der qualitativen Situationsbeschreibung der chemischen F&E gezogen:

- Externe und interne Rahmenbedingungen können bei Projektbeginn noch systematischer dokumentiert werden; ihre jeweiligen Einfluß- und Veränderungspotentiale, vor allem im Hinblick auf Umweltschutzfragen, können noch projektspezifischer analysiert werden. Die Veränderungen der relevanten Rahmenbedingungen im Laufe des Projektablaufes sollten noch besser erfaßt, dokumentiert und kommuniziert werden.

- Analoges gilt für die Ziele von F&E-Projekten, die größtenteils aus den Rahmenbedingungen resultieren und deren zunehmende Konkretisierung bei fortschreitendem Projektablauf nicht nachvollziehbar dokumentiert werden können. Die Aufstellung projektspezifischer "Umweltschutzziele", mit denen bewußt projektspezifische ökologische Verbesserungspotentiale festgelegt werden könnten, sollte weiter verbessert werden.
- Die Erfassung, Auswertung, Bereitstellung und Aktualisierung von ökologisch relevanten Daten kann systematischer strukturiert und organisiert werden. Die unterschiedlichen Datendimensionen (ökologischen, ökonomischen, technischen usw.) von Projektalternativen sollten besser zueinander ins Verhältnis gesetzt werden. Synergien zur Förderung des produktionsintegrierten Umweltschutzes sollten sich nicht nur auf informeller Ebene entwickeln. Die zentrale Erfassung und der Zugang zu umweltrelevanten Informationen können weiter verbessert werden.
- Die Projektdokumentation sollte einen umfassenden Einblick in den F&E-Ablauf gewähren, so daß Projekt-Audits von neutralen Stellen besser durchzuführen sind. Hierbei ist eine weitere Vereinheitlichung der einzelnen Projekt-Dokumente sinnvoll.
- Die Einsatzmöglichkeiten von Methoden, Techniken und Instrumenten zur Unterstützung der Entscheidungen sollte überprüft werden; die bestehenden Entscheidungsstrukturen sollten noch transparenter gestaltet werden.
- Managementsysteme für Qualität, Sicherheit und Umweltschutz sollten auf operativer Ebene miteinander gekoppelt werden.

Durch die oben genannten Maßnahmen würde der kontinuierliche Verbesserungsprozeß des gesamten F&E-Ablaufes sowohl aus ökologischer als auch aus ökonomischer Sicht weiter gefördert werden.

7.3 Grundstrukturen eines Umweltmanagementsystems für die F&E

7.3.1 Einleitung

Auf der Wissensbasis des Ist-Zustandes kann in einem nächsten Schritt ein Anforderungsprofil erstellt werden, welches die Voraussetzung für die Erarbeitung eines Lösungskonzepts zur Verbesserung der Integration von Kriterien des produktionsintegrierten Umweltschutzes darstellt (siehe Tabelle 7.2).

Tabelle 7.2. Anforderungsprofil an Umweltmanagementmaßnahmen und Instrumentarium zur Förderung des produktionsintegrierten Umweltschutzes in der F&E

	Anforderungen
Maßnahmen (im Rahmen des Umweltmanagement-systems)	• Aufstellung einer F&E-spezifischen Umweltpolitik • Aufstellung von projektneutralen Umweltzielen für die F&E • Erarbeitung von Umweltprogrammen für die F&E zur Umsetzung der Umweltziele, wobei hier projektspezifisch vorgegangen werden kann • Integration des Umweltmanagements in die bestehenden Sicherheits- und Qualitätsmanagementsysteme der F&E • Aufbau eines angepaßten Informationssystems für umweltrelevante Projektinformationen • Schulung und Motivation der F&E-Mitarbeiter • Erstellung eines Dokumentationssystems für das F&E-spezifische Umweltmanagementsystem (Handbuch, Verfahrensanweisungen und ggf. Arbeitsanweisungen) • Durchführung von Prozeß-(Ablauf-)Audits der abgeschlossenen F&E-Projekte
Instrumentarium (Rahmenbedingungen, Ziele, Daten, Dokumentation und Strukturen)	• Erfüllung der Kriterien: * Transparenz (Nachvollziehbarkeit) * Flexibilität * Multidimensionalität * Benutzerfreundlichkeit * Standardisierbarkeit • modularer und phasenorientierter Aufbau • Vermeidung von "Pseudo-Genauigkeit" • Anpassung an den jeweiligen phasenorientierten F&E-Ablauf • Minimierung des notwendigen Einsatzes betrieblicher Ressourcen (Zeit, Personal, Geld)

Die folgenden Abschnitte zeigen auf der Basis der qualitativen Erkenntnisse zur Ist-Situation in der chemischen F&E einige strukturelle Ansätze eines F&E-spezifischen Umweltmanagements auf. Diese können jedoch auch für andere betriebliche Teilbereiche in analoger Art und Weise beschrieben werden und sind daher von allgemeinem Interesse für den Aufbau und die Implementierung langfristig funktionsfähiger Umweltmanagementsysteme. Hierbei werden die normativen Vorgaben der ISO 14001 und der EMAS explizit berücksichtigt.

7.3.2 Integration ökologischer Aspekte in die Zielfindung und strategische Planung der F&E

7.3.2.1 Strategische Planungsinstrumente

Die strategische F&E-Planung definiert zukünftige Aktionsräume zur Sicherung bestehender und/oder zur Erschließung neuer Erfolgspotentiale eines Unternehmens. Die allgemeinen Phasen der strategischen Planung sind in Abb. 7.2 zusammenfassend dargestellt.

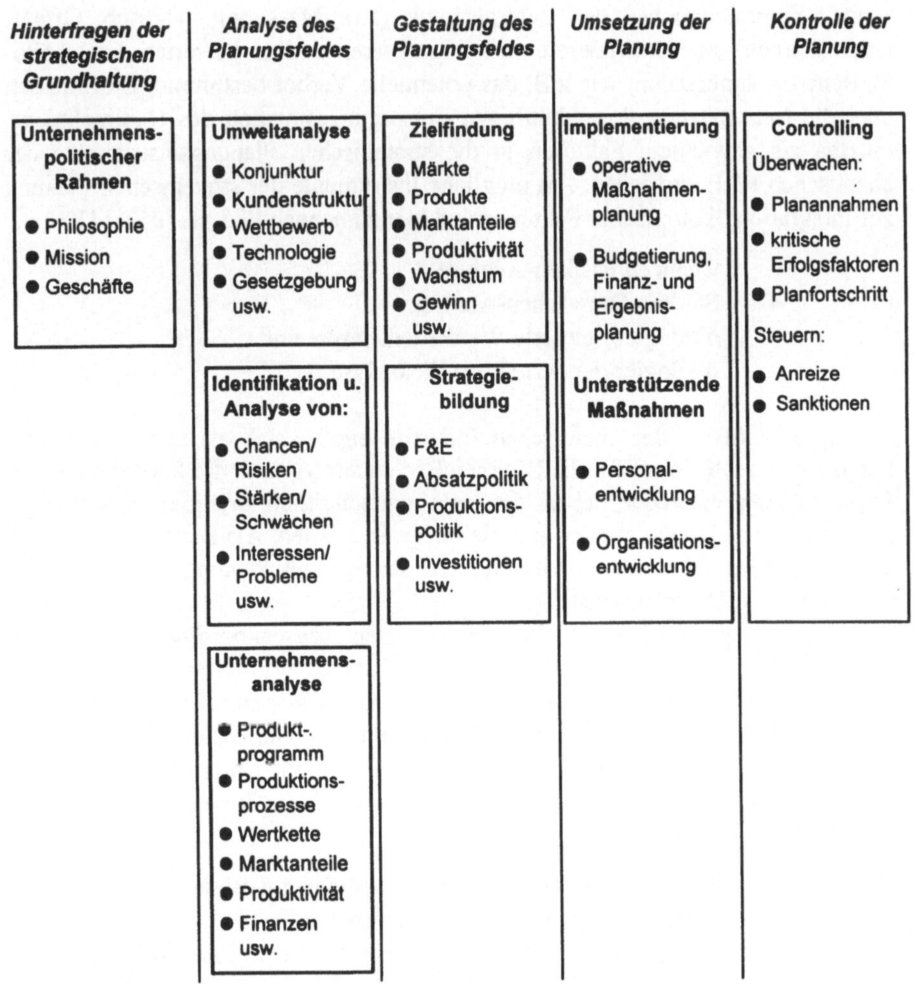

Abb. 7.2. Phasen der unternehmerischen Planung nach [7.4, S. 1911-1912]

Die grundsätzliche Zielbildungsstrategie bei der strategischen Planung in der chemischen F&E wurde schon in Kap. 6 ausführlich behandelt. Auf der Grundlage des dort aufgeführten Modells erfolgt die Zielbildungsstrategie bei ökologischen Zielen meistens "target-based" und nur in seltenen Fällen "science-based". Grund hierfür sind die gesetzlichen externen Rahmenbedingungen und die zunehmenden umweltorientierten Anforderungen der Konsumenten und der interessierten Öffentlichkeit. Wären die staatlichen Umweltauflagen und das öffentliche Interesse nicht vorhanden, so würden ökologische Zielstellungen nur in geringem Maße eine Rolle spielen, da die Umweltnutzung an sich keine betriebswirtschaftlichen Kosten verursacht.

Aus diesen Gründen ist es an der F&E-Organisation, die wichtigen ökologischen Faktoren für ihre zukünftigen Projekte in Zusammenarbeit mit unterstützenden Zentralbereichen des Unternehmens (z.B. Marketing, Vertrieb, Öffentlichkeitsarbeit) zu identifizieren, zu konkretisieren und zu bewerten. Diese ökologischen Rahmendaten, wie z.B. das potentielle Verbot bestimmter Stoffklassen oder die Einschätzung der zukünftigen Entsorgungssituation des Unternehmens, müssen als gewichtete Faktoren in die strategischen Planungsinstrumente der chemischen F&E einfließen. Als mögliche Instrumente der strategischen Planung zur Integration ökologischer Faktoren sind hier zu nennen [7.5, S. 105-111]:

- Chancen/Risiken-Analyse,
- Stärken/Schwächen-Analyse,
- ökologieorientierte Wertkettenanalyse und
- ökologieorientierte Portfolioanalyse.

Für die F&E in der chemischen Industrie eignen sich als strategische Planungsinstrumente vor allem die Chancen/Risikenanalyse und die Portfolioanalyse. Diese können entweder neben den rein wirtschaftlich orientierten Planungsinstrumenten angewendet oder in diese integriert werden. Als Beispiel hierfür soll das sogenannte Ökologieportfolio für die strategische Planung der F&E-Aktivitäten näher erläutert werden.

Beim Strategieportfolio werden auf der einen Achsenkoordinate externe Zustandsfaktoren und auf der anderen interne Zustandsfaktoren aufgetragen. Beim Ökologieportfolioansatz kann so zwischen den Dimensionen *Ökologieattraktivität* und *Risiko* unterschieden werden. Dabei steht die Dimension der Ökologieattraktivität für die Gesamtheit der Vorteile, die sich das Unternehmen durch die Überarbeitung des Produktionsverfahrens erhofft. Diese können beispielsweise sein:

- Einsparungen von produktionsbedingten Kosten,
- Differenzierung von den Konkurrenten,
- Einnahmen aus Lizenzgebühren für umweltfreundliche Verfahrenstechnologien,
- Technologieführerschaft,
- Verbesserung des Firmenimages bei Kunden, Behörden und der interessierten Öffentlichkeit usw.

Die zweite Dimension des Portfolios enthält alle Risikofaktoren, die F&E-Projekte mit sich bringen können, wie z.B.:

- Verbrauch und zeitliche Bindung betrieblicher Ressourcen durch die F&E-Projekte,
- mangelnde Planungssicherheit,
- F&E-Erfolge der Konkurrenten,
- Risiko des Scheiterns aus technologischen Gründen usw.

Ein solches Portfolio für die strategische Planung in der F&E läßt sich wie in Abb. 7.3 darstellen (siehe hierzu auch [7.6, S. 236-238]).

RISIKO ↑			
niedrig	unattraktive Projekte	sinnvolle Projekte	sehr attraktive Projekte
mittel	unsinnige Projekte	fragwürdige Projekte	sinnvolle Projekte
hoch	unsinnige Projekte	unattraktive Projekte	Vabanque-Projekte
	niedrig	mittel	hoch
		ÖKOLOGIEATTRAKTIVITÄT →	

Abb. 7.3. Ökologieportfolio für die strategische F&E-Planung

Werden ökologische Anforderungen in strategische Planungsinstrumente systematisch integriert, so führt dies:

1. zur Verringerung des Risikos für zukünftige F&E-Projekte,
2. zum systematischen Überwachen der ökologischen Rahmenbedingungen und
3. zur Schaffung der Grundlagen für die Formulierung von operativen Umweltzielen für F&E-Projekte.

Die strategischen Umweltziele der F&E bilden die Grundlage für die Aufstellung projektspezifischer Umweltziele (zu den Grundlagen des F&E-Projektmanagements siehe Kap. 6.3.3). Die Integration ökologischer Ziele in den Zielkatalog des F&E-Projekts bietet folgende Vorteile:

1. Aus den Umweltzielen entstehender Zeit- und Kostenbedarf kann im Rahmen der Projektplanung von vornherein berücksichtigt werden, und

2. bei der Planung, Durchführung und Kontrolle müssen ökologische Kriterien berücksichtigt werden, da die explizit festgelegten Umweltziele in die Entscheidungsprozesse einfließen müssen.

Umweltziele auf der F&E-Projektebene sind jedoch Größen, deren dynamische Veränderungen durch das Umweltmanagement antizipiert werden müssen. Gründe und Voraussetzungen hierfür sind Thema des nächsten Abschnittes.

7.3.2.2 Dynamische Anpassung von Umweltzielen

F&E-Projektziele und vor allem die Klasse der Umweltziele stellen keine statischen, sondern *dynamische* Größen dar und bedürfen daher während des Projektablaufes zahlreicher Anpassungen, Erweiterungen und Konkretisierungen. Geschieht dies nicht, so entstehen inadäquate Handlungsgrundlagen für die Entscheidungsprozesse. Dies kann so zu chemischen Verfahren und Produkten führen, die nicht den aktuellen Anforderungen entsprechen, so daß sie entweder aufwendig "nachgebessert" werden müssen oder nicht weiter verfolgt werden können.

Eine Hauptursache für diese Dynamik ist die zeitliche Veränderung der betriebs*externen* F&E-relevanten Rahmenbedingungen, auf denen die Projektziele beruhen. Während der üblicherweise langen F&E-Projektlaufzeiten können z.B. neue toxikologische Erkenntnisse die Vermarktung eines Produktes unmöglich machen. Vor Projektbeginn können nur die externen und internen umweltrelevanten Rahmenbedingungen bei der Zielbildung berücksichtigt werden, die zu diesem Zeitpunkt *bekannt* sind.

Eine Voraussetzung für die dynamische Anpassung der Umweltziele liegt darin, daß die Umweltziele bis auf die operative Projektebene der F&E "heruntergebrochen" werden müssen, um die umweltzielgerechte Planung, Durchführung, Steuerung und Kontrolle der F&E-Aktivitäten zu gewährleisten.

Die Änderungen der Rahmenbedingungen und die im Laufe des Projektes gewonnenen Erkenntnisse führen zur Notwendigkeit, Projektziele und dabei vor allem die Klasse der Umweltziele bei Bedarf zu ändern, zu erweitern und zu konkretisieren.

Im Rahmen eines Umweltmanagements in der F&E bedarf es daher einer institutionalisierten Systematik, um die Umweltziele entsprechend interner und externer Veränderungen kontinuierlich anzupassen und die sich daraus ergebenden Maßnahmen so früh wie möglich einzuleiten. Es wird die grundlegende Struktur einer solchen Systematik in Abb. 7.4 schematisch dargestellt.

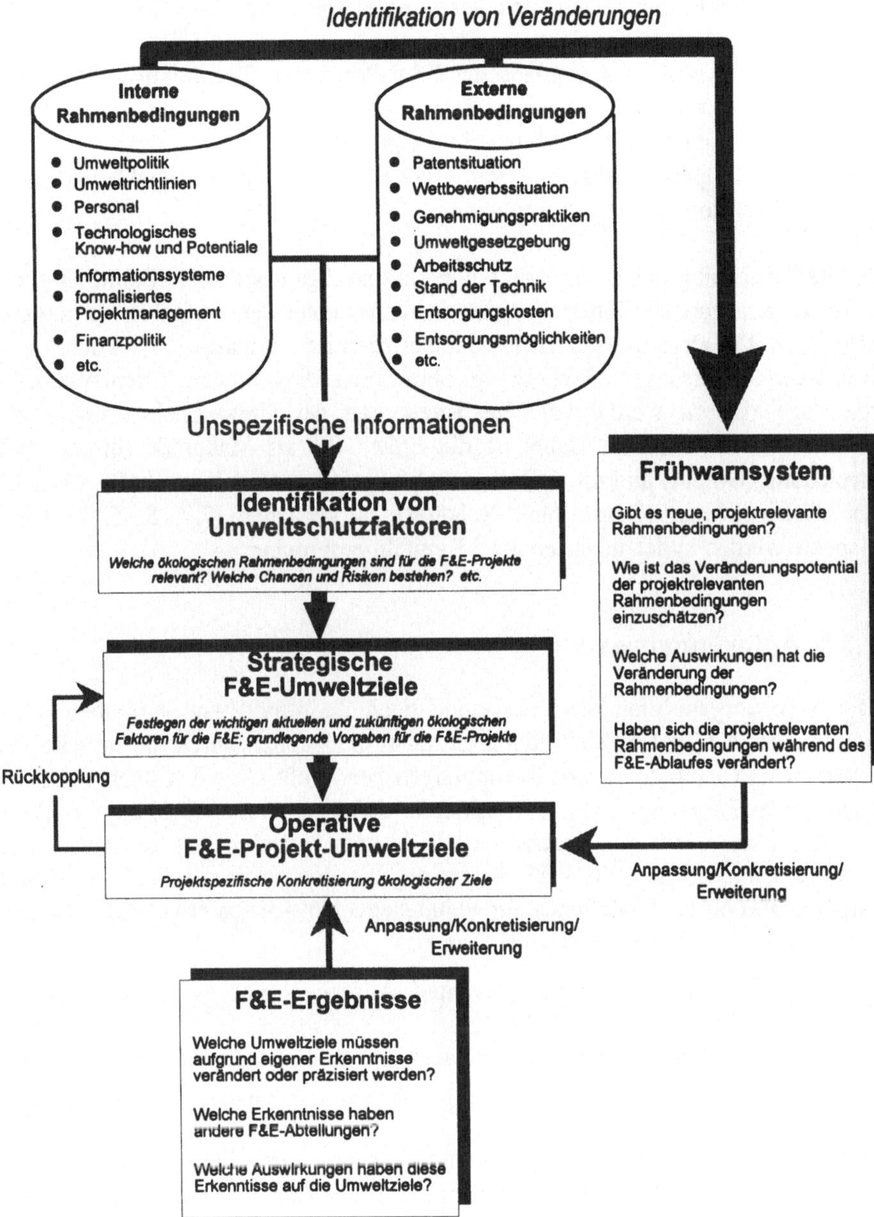

Abb. 7.4. Grundstrukturen einer dynamischen Identifikation und Anpassung von Umweltzielen in der F&E

Dabei muß das F&E-Management hinsichtlich der Zielbildung ein Mindestmaß an institutionalisierten Strukturen im Sinne eines Umweltmanagementsystems aufbauen und instrumentell unterstützen durch:

1. wirksame Such- und Auswahlverfahren der zu berücksichtigenden ökologisch relevanten Faktoren,
2. Aufstellung strategischer F&E-Prioritäten für zukünftige Produkte, Verfahren und Technologien im Sinne des produkt- und produktionsintegrierten Umweltschutzes und
3. Operationalisierung von Umweltzielen des F&E-Projekts und deren kontinuierliche Anpassung.

Die Umsetzung der Umweltziele ohne aufbauorganisatorische Zuordnung und ablauforganisatorische Integration der daraus entstehenden Aufgaben ist unwahrscheinlich. Die Organisation der F&E in der chemischen Industrie muß durch eine Reihe von Anpassungsmaßnahmen im Sinne eines Umweltmanagementsystems in die Lage versetzt werden, die Realisierbarkeit der Umweltziele effektiv und effizient zu untersuchen. Dabei ist die *Effektivität* als Maßgröße für die Zielerreichung (Output) und die *Effizienz* als Maßgröße für die Wirtschaftlichkeit bei der Zielerreichung (Output/Input-Relation) zu verstehen [7.7, S. 533]. Diese Aspekte werden in den nächsten zwei Kapiteln besprochen.

7.3.3 Aufbauorganisation

Die Aufbauorganisation dient der eindeutigen Zuordnung von Aufgaben (siehe hierzu Kap. 4.1.2). Die Zielbildung ist dabei maßgeblich durch die bestehenden externen und internen Rahmenbedingungen beeinflußt. Aus den übergeordneten Zielen der F&E-Organisation resultieren durch Operationalisierung konkrete Aufgaben, die durch die einzelnen F&E-Organisationseinheiten ausgeführt werden müssen. Will man die F&E-Aufbauorganisation sowie die F&E-Projektaufbauorganisation im Sinne eines Umweltmanagementsystems erweitern, so stellen sich hierbei folgende grundlegende Fragen:

- *Welche* umweltrelevanten Aufgaben gibt es im Rahmen der chemischen F&E?
- *Wem* sind diese Aufgaben durch die Aufbauorganisation zugeordnet?

Bei der ersten Frage muß man zwischen den umweltrelevanten Aufgaben unterscheiden, die durch die F&E-Tätigkeit selbst (also tätigkeitsbezogene Aufgaben) gegeben sind, und denen, die durch das zukünftige Produkt und Produktionsverfahren (also produkt- und produktionsbezogene Aufgaben) erst entstehen. Wie eingangs erwähnt, resultieren die umweltrelevanten Aufgaben aus situationsspezifischen Vorgaben bzw. Zielen. Es wurden einige dieser umweltrelevanten Vorgaben, die zu konkreten Aufgaben führen, empirisch ermittelt und in Tabelle 7.3 zusammengefaßt. Diese Aufzählung erhebt keinen Anspruch auf Vollständigkeit.

Tabelle 7.3. Umweltrelevante Vorgaben bzw. Ziele der chemischen F&E

Tätigkeitsbezogene Umweltaufgaben in der F&E	Produkt- und produktionsbezogene Umweltaufgaben in der F&E
Rechtlich: • Gefahrstoffverordnung • Unfallverhütungsvorschriften • Vorschriften der BG-Chemie • Kreislaufwirtschaftsgesetz **Sonstiges:** • Abfallverminderung bzw. -vermeidung während des F&E-Ablaufes durch organisatorische und technische Maßnahmen (z.B. Verringerung der notwendigen Versuche, Rezyklierung, Einsatz neuer verfahrenstechnischer Entwicklungsverfahren) • interne Richtlinien	**Rechtlich:** • Chemikaliengesetz – Prüfnachweisverordnung – Chemikalienverbotsverordnung – Gefahrstoffverordnung • ggf. Arzneimittelgesetz • ggf. Pflanzenschutzgesetz • Bundes-Immissionsschutzgesetz – Störfallverordnung – Halogenkohlenwasserstoff-Verordnung – Abfallverbrennungsverordnung • Wasserhaushaltsgesetz • Kreislaufwirtschaftsgesetz **Sonstiges:** • Aufstellung und Anpassung von Umweltzielen • Minimierung des Stoff- und Energieeinsatzes • Recycling • Ökobilanz des Produktionsprozesses • ggf. Rezyklierung des Produktes • interne Richtlinien

Wie aus Tabelle 7.3 zu ersehen ist, existiert eine Fülle vor allem rechtlicher Kriterien, die bei der F&E berücksichtigt werden müssen. An erster Stelle sei auf die umwelt- und arbeitsrechtlichen Forderungen der Laborarbeit hingewiesen. Diese Aufgaben sind dem leitenden Laborpersonal explizit zu übertragen. Hierbei muß sichergestellt sein, daß die betroffenen Mitarbeiter sich ihrer persönlichen Verantwortung für die ihnen unterstellten Mitarbeiter bewußt sind und die rechtlichen Anforderungen kennen.

Hinsichtlich der Verbesserungsmöglichkeiten beim Einsatz von Ressourcen innerhalb der F&E-Tätigkeiten selbst können wenige Aussagen getroffen werden, da eine objektive Beurteilung aufgrund der Versuchsanzahl und des Versuchsmaßstabes schwer möglich ist. Es ist aber anzunehmen, daß neben dem Zwang zu immer kürzeren Entwicklungszeiten auch die Notwendigkeit von Kosteneinsparungen in der chemischen F&E zu einer systematischeren Planung, Durchführung und Überprüfung von F&E-Versuchen führt bzw. führen wird. Dies wird automatisch eine Reduzierung der tätigkeitsbezogenen Umweltbelastungen der chemischen F&E zur Folge haben. Ein Beispiel hierfür ist der zunehmende Einsatz einer Kombination von Prozeßsimulation und Miniplant-Technik in der

Verfahrensentwicklung [7.8]. Neben den sonstigen verfahrenstechnischen Vorteilen, die die Miniplant-Technik mit sich bringt, verringert sie entstehende Abfallströme im Vergleich zu der sonst notwendigen Pilotanlage. Mit Hilfe der Miniplant-Technik in Kombination mit der Prozeßsimulation ist es heute möglich, Verfahren direkt aus dem Labormaßstab in den Produktionsmaßstab zu übertragen, ohne über den ressourcen- und zeitaufwendigen Schritt der Pilotanlage zu gehen.

Der wichtigste Umweltschutzaufgabenbereich der F&E betrifft jedoch die umweltrelevanten Eigenschaften des zu entwickelnden Produkts bzw. des Produktionsverfahrens. Im Rahmen eines effektiven Umweltmanagementsystems bedarf es hierbei einer transparenten Aufgabenzuordnung. Dadurch werden einerseits der Aufwand für nachträgliche Anpassungen des Produkts bzw. Produktionsverfahrens an die gesetzlichen Kriterien minimiert und andererseits die darüber hinausgehenden Kriterien des produktionsintegrierten Umweltschutzes (z.B. Minimierung des Ressourceneinsatzes) früh genug berücksichtigt. Die F&E-Leitung muß beim Aufbau eines eigenen Umweltmanagementsystems analysieren, wer mit diesen Aufgaben in der statischen Aufbauorganisation und in der zeitlich befristeten Projektorganisation betraut ist bzw. werden soll.

Hinsichtlich der statischen Aufbauorganisation erscheint es bei größeren Chemieunternehmen sinnvoll, die F&E einer *eigenen* Stabsabteilung für umweltrelevante Aufgaben zuzuordnen. Die Stabsstelle kann in Zusammenarbeit mit anderen betrieblichen Umweltschutz-Fachabteilungen die umweltrechtlichen und sonstigen umweltrelevanten Aufgaben bearbeiten. Dadurch kann die Planung und Koordination von umweltrelevanten Aufgaben besser gewährleistet werden. Zudem sollte ein Mitarbeiter dieser F&E-spezifischen Stabsstelle mit der Verantwortung für das Umweltmanagementsystem betraut werden. Die Aufgaben dieses Beauftragten bestehen erstens in der "Systempflege" (d.h. Aktualisierung der Dokumentation, Planung und Durchführung von Kontrollmaßnahmen, Durchführung von Anpassungsmaßnahmen usw.), zweitens in der Einflußnahme auf die F&E-Mitarbeiter und drittens in der Unterstützung der Entscheidungsprozesse.

Da umweltrelevante Fragestellungen in der chemischen F&E projektspezifisch sind, stellt sich die Frage, wie dieser Umstand in der zeitlich befristeten Aufbauorganisation des Projekts berücksichtigt werden soll. Am besten erscheint es hier, einen *Projektbeauftragten* für Umweltschutz und Sicherheit zu benennen, der die projektspezifischen Maßnahmen zu Umweltschutz- und Sicherheitsfragen in Zusammenarbeit mit dem oben genannten zentralen Umweltschutzbeauftragten und den betroffenen zentralen Funktionen plant, koordiniert und kontrolliert.

7.3.4 Ablauforganisation

F&E-Projekte müssen trotz ihres innovativen Charakters in ihrem zeitlichen Ablauf geplant werden (aus diesem Grunde werden hier Ablauf- und Projektablauforganisation gleichgesetzt). Durch die Standardisierung der Abläufe, z.B. in Form von Ablaufdiagrammen oder Netzplänen und schriftlichen Verfahrens- bzw. Arbeitsanweisungen, wird das F&E-Projekt vorstrukturiert. Dies dient der

Beherrschung der komplexen Handlungsaktivitäten. Die ablauforganisatorische Planung von F&E-Projekten ist von den jeweiligen Charakteristiken der Chemiesparte und den Projekten abhängig. Aufgrund der historisch gewachsenen, innerbetrieblichen Erfahrungen bestehen hierfür in der Regel institutionalisierte innerbetriebliche Planungsverfahren, in denen grob festgelegt ist:

- wie der Ablauf zu planen ist,
- wer an der Planung zu beteiligen ist und
- wie die Kosten für die einzelnen F&E-Phasen ermittelt werden.

Will man die F&E-Ablauforganisation im Sinne eines Umweltmanagementsystems erweitern, so stellen sich in Analogie zur Aufbauorganisation folgende Fragen:

- *Wann* sind *welche* umweltrelevanten Aufgaben durchzuführen?
- *Wie* sind diese durchzuführen?

Beide Fragen sind naturgemäß nicht für die ganze chemische Industrie allgemeingültig zu beantworten, jedoch können grundlegende Überlegungen hierzu angestellt werden.

Bei der Frage nach dem Zeitpunkt der Einflußnahme auf das F&E-Projekt im Sinne des produktionsintegrierten Umweltschutzes muß einerseits die Effektivität und andererseits die Effizienz dieser Einflußnahme gewährleistet sein. *Effektiv* ist eine solche Einflußnahme, wenn der grundlegende Steuerungsmechanismus des F&E-Projekts davon betroffen ist. Dieser Steuerungsmechanismus beinhaltet die Evaluierungsprozesse der F&E, im allgemeinen auch als Meilensteine bezeichnet (siehe hierzu Kap. 6).

Effizient ist eine Einflußnahme im Sinne des produktionsintegrierten Umweltschutzes dann, wenn das Verhältnis von Resultat zu Aufwand minimiert wird. Auf die Charakteristiken der chemischen F&E übertragen bedeutet dies, daß der Grad der Einflußnahme in Abhängigkeit von der jeweiligen F&E-Phase erfolgen muß. Der Grund hierfür liegt in der Anzahl der am Projektanfang verfolgten Alternativen. Würden diese mit ökologischen Restriktionen belegt und auf ihre ökologischen Auswirkungen geprüft, hätte dies einen großen Aufwand zur Folge. Dieser steht jedoch in keinem Verhältnis zum erzielten Ergebnis, da die Mehrzahl aller sich aus der Forschungsphase ergebenden Alternativen nicht weiterentwickelt wird.

Zur Verdeutlichung dieser Überlegungen wird der F&E-Ablauf sowohl für die Neuentwicklung als auch für die Überarbeitung chemischer Verfahren in vier Phasen unterteilt (siehe Abb. 7.5). Diese Phasen sind durch Meilensteine getrennt, bei denen einerseits die Art der Einflußnahme des Umweltmanagements und andererseits die zu beeinflussenden Variablen qualitativ aufgeführt werden.

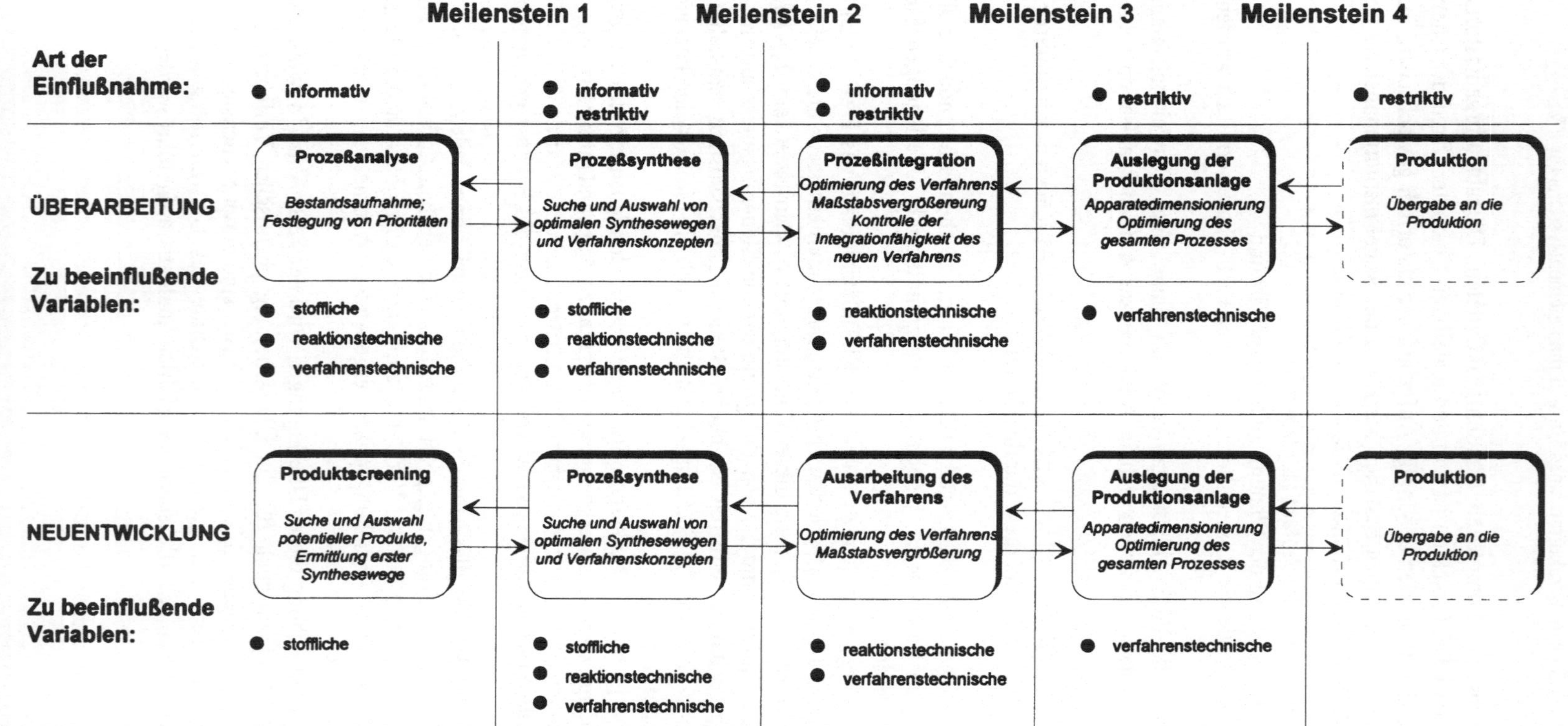

Abb. 7.5. Vereinfachtes Phasenmodell der chemischen F&E mit Meilensteinen

Um zu klären, wann und in welchem Umfang der F&E-Prozeß im Sinne des produktionsintegrierten Umweltschutzes zu beeinflussen ist, müssen erstens alle stoff- und anlagenbezogenen gesetzlichen Anforderungen an chemische Verfahren identifiziert werden. Diese von außen vorgegebenen "Muß-Ziele" müssen auf jeden Fall in die Evaluierungsprozesse einfließen. Über diese gesetzlichen Aspekte hinaus sind zusätzliche Projekt-Umweltziele festzulegen, die während des Projektablaufes konkretisiert, ergänzt und erweitert werden müssen. Diese ökologischen Anforderungen fließen entsprechend ihrer jeweiligen Zielgewichtung (Muß-, Soll- und Wunschziel) und der jeweiligen F&E-Phase als Summe in den Entscheidungsprozeß ein.

7.3.5 Ökologische Informationen für den Entscheidungsprozeß

Entscheidungsprozesse bei der F&E haben, wie bereits in Kap. 6 beschrieben, einen besonderen Stellenwert für die Förderung des produktionsintegrierten Umweltschutzes. Aus diesem Grunde werden die Charakteristiken dieses Prozesses genutzt, um die notwendigen informationsorientierten Maßnahmen des Umweltmanagementsystems aufzuzeigen, die:

1. zur Generierung möglichst vieler innovativer verfahrenstechnischer Alternativen im Sinne des produktionsintegrierten Umweltschutzes führen,
2. ein objektives und nachvollziehbares Auswahlverfahren unterstützen und
3. die Funktion sowie die kontinuierliche Verbesserung des Umweltmanagementsystems fördern.

In Abb. 7.6 sind die einzelnen Schritte des Entscheidungsprozesses und die möglichen Vorgehensweisen aufgeführt. Wie man daraus erkennen kann, hängt die Generierung von verfahrenstechnischen Alternativen im Sinne des produktionsintegrierten Umweltschutzes maßgeblich vom Verhalten der F&E-Mitarbeiter gegenüber ökologischen Informationen ab. Bei der Suche nach geeigneten Informationen im Rahmen des Entscheidungsprozesses und bei der Analyse der Entscheidungsmöglichkeiten können folgende zwei Extremfällen unterschieden werden [7.9]:

- Paralyse durch Analyse ("Paralysis by Analysis"),
- Auslöschung durch Instinkt ("Extinction by Instinct").

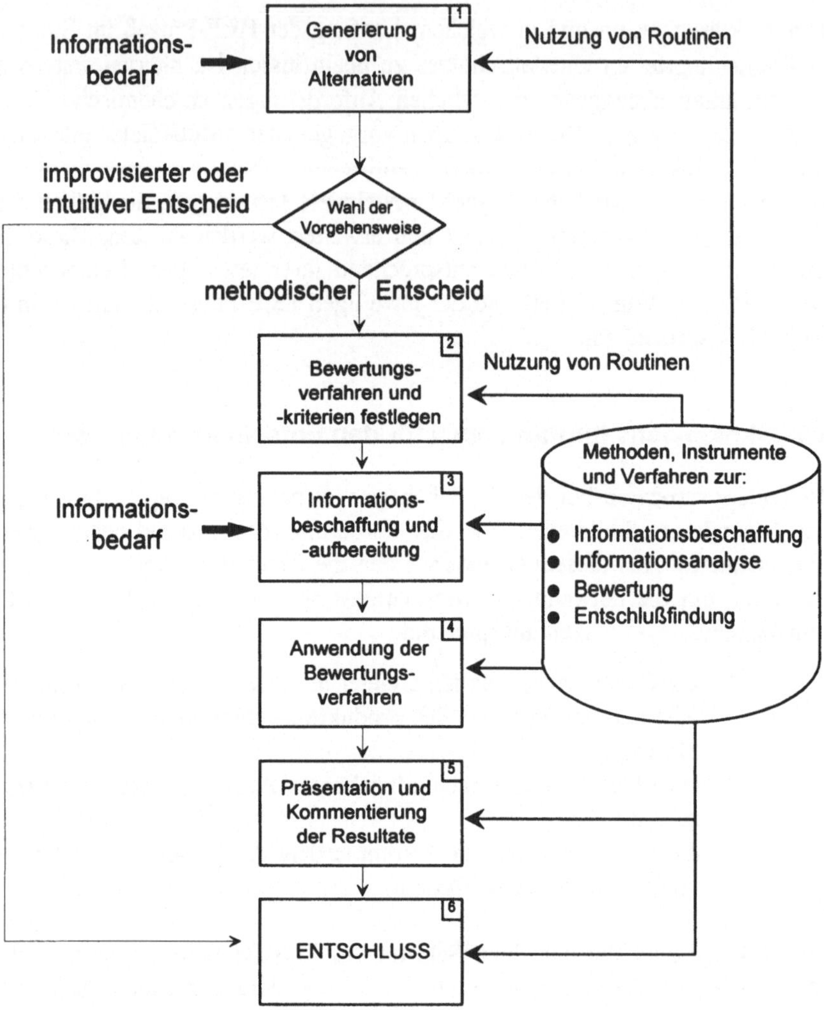

Abb. 7.6. Ablaufmodell des Entscheidungsprozesses

Die Einflußfaktoren, die diese beiden Extremfälle bestimmen, sind in Abb. 7.7 qualitativ dargestellt.

Das *Informationsverhalten* spielt hierbei eine ganz entscheidende Rolle, denn es bestimmt maßgeblich die Qualität und damit die Nachvollziehbarkeit der Entscheidung. Das Informationsverhalten kann dabei als "das auf Information gerichtete Tun und Unterlassen von Menschen" definiert werden [7.10, S. 1916]. So werden bei der F&E-Tätigkeit auf der Basis schon vorhandener Informationen neue Informationen zu reaktions- und verfahrenstechnischen Fragestellungen generiert.

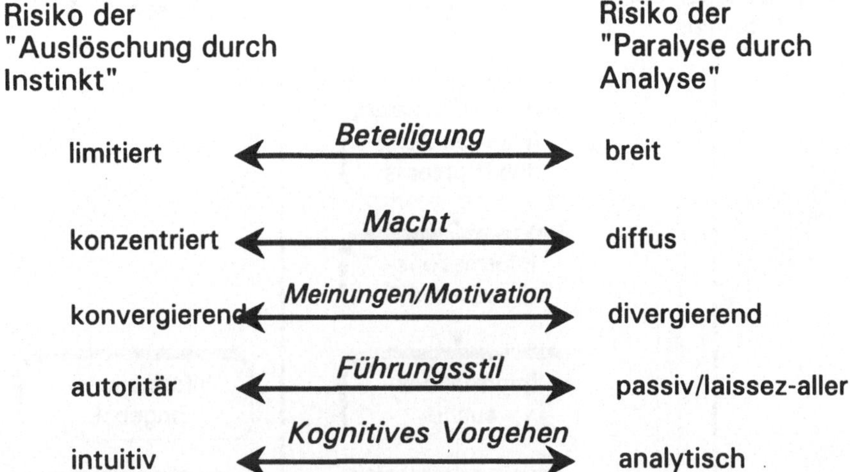

Abb. 7.7. Einflußfaktoren auf den Umfang des Entscheidungsprozesses nach [7.9]

Dies bedeutet hinsichtlich des produktionsintegrierten Umweltschutzes, daß nur die ökologischen Informationen zu Innovationen führen, die auch im Rahmen der F&E-Tätigkeit berücksichtigt werden. Aus diesem Grunde ist es primär notwendig, die *ökologisch motivierte Informationsbeschaffung* in der chemischen F&E zu fördern, durch die dann weitere ökologische Informationen zu den unterschiedlichen Verfahrensalternativen erzeugt werden. Um die Komplexität des Informationsverhaltens und die Einflußmöglichkeiten eines Umweltmanagementsystems zu verdeutlichen, ist es sinnvoll, dies graphisch wie in Abb. 7.8 darzustellen.

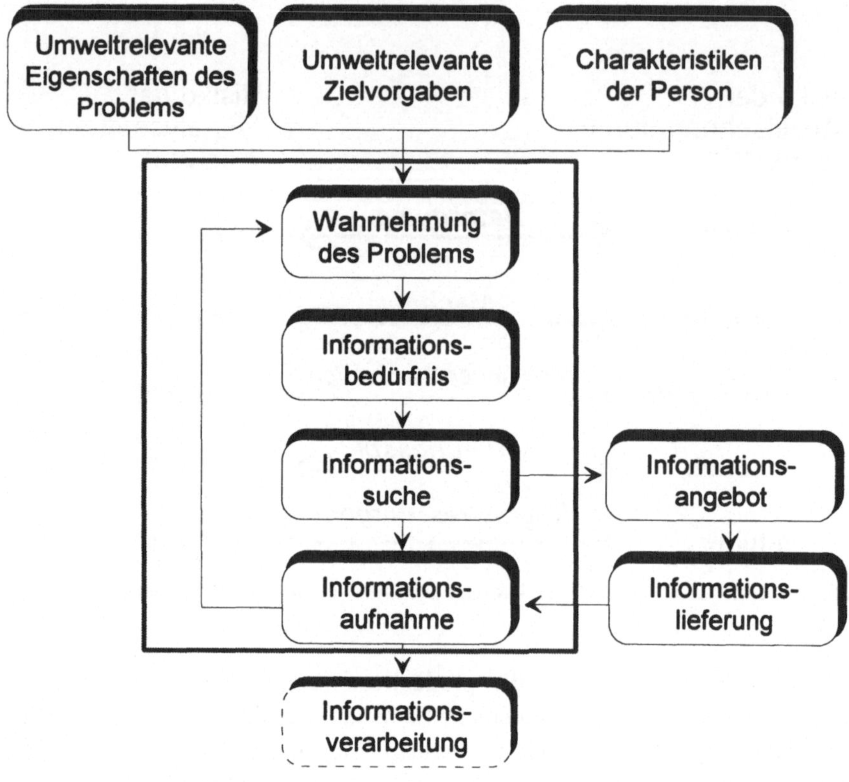

Abb. 7.8. Prozeßmodell der Informationsbeschaffung

Die Einflußmöglichkeiten, die ein Umweltmanagementsystem in der F&E auf die einzelnen Faktoren der Informationsbeschaffung nehmen kann, sind in Tabelle 7.4 zusammengefaßt.

In Kap. 6 wurde bereits auf das für die Dokumentation und Übermittlung von projektspezifischen Informationen notwendige Dokumentationssystem eingegangen. Diese Informationen werden im Rahmen der Entscheidungsprozesse für das Ist-Profil des F&E-Projekts benötigt (siehe Abb. 7.6). Hierfür müssen die Forderungen des *5-R-Prinzips* erfüllt sein (d.h. *die richtigen Daten* zum *richtigen Zeitpunkt* mit dem *richtigen Detaillierungsgrad* an die *richtigen Entscheidungsträger* weitergeben, die sie im *richtigem Maß* berücksichtigen). Dies stellt ein logistisches Problem des (ökologischen) Informationsmanagements dar, das im Rahmen des Umweltmanagementsystems dadurch gelöst werden kann, daß:

1. formale Dokumentationspflichten für eine Reihe von umweltrelevanten Datenkategorien in Abhängigkeit von der jeweiligen F&E-Phase aufgestellt werden und
2. die projektspezifischen umweltrelevanten Informationen vor der Entscheidung entsprechend aufbereitet werden, um sie im Rahmen von Entscheidungsroutinen auch verwenden zu können.

Tabelle 7.4. Einflußmöglichkeiten auf die Informationsbeschaffung in der F&E im Rahmen eines Umweltmanagementsystems

Faktoren der Informations-beschaffung	**Einflußmöglichkeiten im Rahmen des Umwelt-managementsystems**
Charakteristiken der Person	• Berücksichtigung der ökologischen Einstellung beim Personal-management (Personalbeschaffung, -freisetzung, -entwicklung) • Ermittlung des Weiterbildungsbedarfs und Durchführung von Weiterbildungsmaßnahmen zu ökologischen Themen • Vorschlagswesen zu ökologischen Themen • monetäres Anreizsystem für Innovationen im Sinne des produk-tionsintegrierten Umweltschutzes • Förderung des informellen Informationsaustausches zu ökologi-schen Themen im Rahmen von Umweltzirkeln
Umweltrelevante Zielvorgaben	• systematische Aufstellung und Dokumentation von Umweltzielen von der Unternehmensebene bis zur F&E-Projekt-Ebene • horizontale Differenzierung der Umweltziele (Zielklassen, Ziel-dimensionen, Zielbeziehungen und Zielgewichtung)
Infomations-suche	• Steuerung und Beeinflussung durch formale Dokumentati-onspflichten • instrumentelle Unterstützung • Unterstützung der F&E-Mitarbeiter durch den Umweltschutz-beauftragten • Aufbau bzw. Ausbau von betrieblichen und außerbetrieblichen Datenbanken zu umweltrelevanten Informationen • Aufstellung eines projektspezifischen "Informationspools" zu umweltrelevanten Informationen • Sammlung und Auswertung der Erfahrungen bei der Informati-onssuche durch den Umweltschutzbeauftragten
Informations-aufnahme	• Überprüfung des weiteren Informationsbedarfs in Zusammen-arbeit mit dem Umweltschutzbeauftragten • Überprüfung der Effizienz des gesamten Prozesses der Informa-tionsbeschaffung • Dokumentation der umweltrelevanten Informationen in der Projektdokumentation

Die formalen Dokumentationspflichten können z.B. durch Formulare geregelt werden, die in den bereits oben erwähnten "umweltrelevanten Informationspool" einfließen. Bei diesem Informationssystem kann es sich einfacherweise um zwei Ordner handeln, von denen der eine durch den Umweltschutzbeauftragten der Projektorganisation betreut wird und der andere zu den üblichen Projektunterlagen gehört. In diesen Formularen können beispielsweise ökologische Informationen über verwendete Lösemittel und Substitutionsmöglichkeiten abgefragt werden. Ein solches einfaches Dokumentationssystem kann z.B. für Lösemittelprobleme eingeführt werden. Vor allem für die pharmazeutische Industrie erscheint die betriebsinterne Klassifikation aller potentiell verwendeten Lösemittel, hinsichtlich ihrer Umweltrelevanz nach der ABC-Analyse ("A" für besonders umweltgefährdend bis zu "C" geringfügig umweltgefährdend) sinnvoll (siehe hierzu Kap. 5.5). Es können lösemittelspezifische Formulare eingesetzt werden, welche den Projektunterlagen hinzugefügt werden. In diesen Formularen sollen vor allem die Substitutionsversuche von "A"- oder "B"-Lösemitteln bei Reaktion, Extraktion und Kristallisation von den F&E-Mitarbeitern dokumentiert werden, um die Auswahl der "A"- bzw. "B"-Lösemittel nachvollziehbar zu rechtfertigen.

Der zweite Punkt, d.h. die effiziente Vorbereitung der Integration von ökologischen Kriterien in die Entscheidungsfindung, wird um so leichter fallen, je entscheidungsorientierter die umweltrelevanten Informationen dokumentiert und aufbereitet sind. Dies kann um so effizienter durchgeführt werden, je weiter der Entscheidungsprozeß durch Routinen unterstützt werden kann (siehe Abb. 7.6).

7.3.6 Promotorenmodell in der F&E

Eine betriebliche Organisation, wie die F&E in der chemischen Industrie, stellt ein komplexes System von Menschen und Sachmitteln dar, das mittels einer bestimmten Struktur bestimmte Aufgaben auszuführen versucht. Entsprechend dieser Vorstellung läßt sich eine Organisation mit Hilfe der folgenden vier interdependenten Variablengruppen beschreiben, die das sogenannte Leavitt-Modell ausmachen [7.11] (siehe Abb. 7.9):

1. *Task* (Ziele, Aufgaben),
2. *People/Actors* (Organisationsmitglieder, Menschen),
3. *Technology* (Technologie, Sachmittel),
4. *Structure* (Kommunikationsstruktur, Hierarchiestruktur, Rollenstruktur).

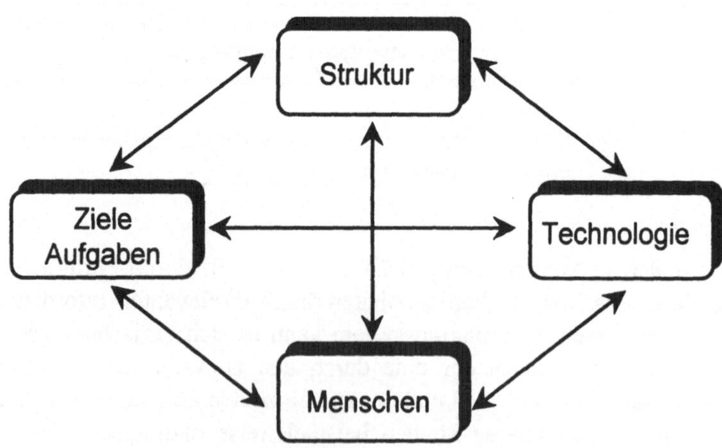

Abb. 7.9. Systemvariablen einer Organisation nach LEAVITT

Auf die Ziel-, Aufgaben- und strukturellen Variablen von Umweltmanagementsystemen in der chemischen F&E wurde schon in den vorangegangenen Ausführungen dieses Kapitels eingegangen, wobei bisher eine Betrachtung der verhaltensbedingten Probleme vermieden wurde. Das zentrale Problem des Umweltmanagements besteht jedoch darin, die geeignete Form der Arbeitsteilung und der funktionsübergreifenden Steuerung des Innovationsprozesses zu finden. Die Untersuchungen von Kreikebaum am Beispiel der chemischen Industrie haben gezeigt, daß Hemmnisse für Innovationen teilweise an der mangelhaften funktionsübergreifenden Kommunikation und den sich daraus entwickelnden Konflikten ergeben [7.12].

Wenn man diese Hemmnisse, die zu einer Verzögerung bzw. Verhinderung der Umsetzung der Ziele des produktionsintegrierten Umweltschutzes führen, systematisieren will, kommt man zu der in Abb. 7.10 dargestellten Unterteilung.

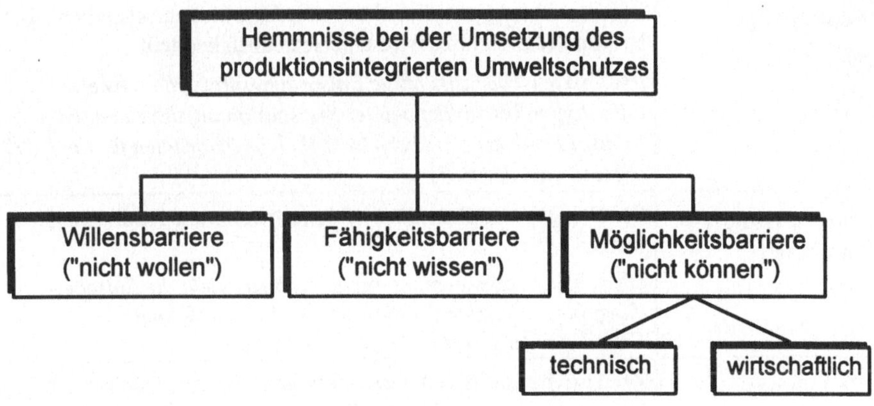

Abb. 7.10. Arten von Hemmnissen bei der Umsetzung des produktionsintegrierten Umweltschutzes

Um die Auswirkungen dieser drei Typen von Barrieren soweit wie möglich zu minimieren, muß im Rahmen des Aufbaus, der Implementierung und der Funktion eines Umweltmanagementsystems folgendermaßen vorgegangen werden:

1. Erfassung des Grades der Auswirkungen der einzelnen Barrieretypen in den einzelnen Organisationseinheiten,
2. Untersuchung der Ursachen,
3. Entwicklung angepaßter aufbau- und ablauforganisatorischer Lösungsalternativen sowie zielgruppenorientierter Informations- und Schulungsmaßnahmen,
4. Rücksprache mit den betroffenen Organisationseinheiten und Implementierung der Maßnahmen im Rahmen des Umweltmanagementsystems.

Die Berücksichtigung von Umweltschutzaspekten bei der Planung, Durchführung und Koordination der unterschiedlichen F&E-Aktivitäten ist nicht nur durch die in Abb. 7.10 dargestellten Hemmnisse geprägt, sondern führt auch zu Konflikten zwischen Abteilungen, Gruppen und Einzelpersonen. Diese Konflikte, die in gewisser Hinsicht ein normales Phänomen bei der gemeinschaftlichen Bearbeitung unternehmerischer Aufgaben sind, lassen sich einer begrenzten Anzahl von Konfliktarten zuordnen (siehe Tabelle 7.5).

Tabelle 7.5. Typische Konfliktarten in der F&E

Bezeichnung	Erläuterung
Zielkonflikte	Konkurrierende oder antagonistische Ziele mehrerer Parteien *(Bsp.: Soll das alte Verfahren weiter betrieben oder ein neues umweltfreundlicheres entwickelt werden?)*
Beurteilungs-konflikte	Die Gewichtung von Zielen bzw. die Eintrittswahrscheinlichkeit bestimmter Ereignisse wird unterschiedlich beurteilt *(Bsp.: Wie ist der zukünftige Entsorgungspreis von schwermetallhaltigen Reststoffen bei der Preisgestaltung des zu entwickelnden Produkts einzubeziehen? Welche Prioritäten für die F&E ergeben sich daraus?)*
Durchsetzungs-konflikte	Spannungen zwischen Entscheidungsträgern und Realisierungsträgern *(Bsp.: Die Syntheseoptimierung akzeptiert nicht die Entscheidung, eine bestimme Synthesealternative aus ökologischen Gründen aufzugeben.)*
Verteilungs-konflikte	Konkurrenz von Abteilungen, Gruppen oder Personen bei der Verteilung von betrieblichen Ressourcen für die F&E-Projekte *(Bsp.: Der Verfahrensentwicklung werden keine weiteren Personalstellen mehr genehmigt, wohingegen der Umweltschutzabteilung eine neue Stelle zugeteilt wird.)*
Kompetenz-konflikte	Gegensatz aufgrund unklarer oder fehlender Kompetenz-regelungen *(Bsp.: Der Einsatz von Chlorbenzol wird durch die Umweltschutzabteilung für neue Verfahrensentwicklungen untersagt. Die F&E-Führungskräfte akzeptieren einen solchen Eingriff nicht, da die Umweltschutzabteilung eigentlich keine direkte Weisungsbefugnis besitzt.)*

Häufig wird beim Auftreten von Konflikten eine "Konflikt-Unterdrückungs-Strategie" praktiziert. Dies ist nicht sinnvoll, denn Konflikte sind primär nicht kontraproduktiv, solange sie offen ausgetragen werden und nicht zu langwierigen und ritualisierten "Grabenkämpfen" führen. Es könnten viele Konflikte ganz vermieden oder wenigstens ihre negativen Auswirkungen minimiert werden, wenn eine systematische Konfliktantizipierung unter Einbeziehung der beteiligten Abteilungen, Gruppen und Personen vorgenommen würde.

Eine so kontroverse Thematik wie der betriebliche Umweltschutz und die Veränderung von bestehenden Strukturen durch die Einführung eines betrieblichen Umweltmanagementsystems werden jedoch immer zu betriebsinternen Konflikten führen. Im Rahmen eines Umweltmanagementsystems ist es daher notwendig, flexible Kommunikations- und Koordinationsmodelle zu erstellen und zu erhalten, mit denen Konflikte vermieden bzw. gesteuert werden können. Für diese Aufgabe scheint das *Promotorenmodell* am besten geeignet zu sein (siehe hierzu z.B. [7.13], [7.14]). In diesem Modell werden folgende Schlüsselpersonen unterschieden:

- *Fachpromotoren*, die über Fachkenntnisse verfügen, die zur Generierung von Problemlösungen benötigt werden,
- *Machtpromotoren*, die über die notwendigen Machtbasen verfügen, um Prioritäten bei Entscheidungsprozessen durchzusetzen, und
- *Prozeßpromotoren*, die die Verbindung zwischen Fach- und Machtpromotoren herstellen.

Durch die systematische Zusammenarbeit dieser drei Promotorentypen in solchen Bereichen, wie z.B. dem Aufbau, Implementierung und Funktion eines Umweltmanagementsystems, oder bei F&E-Projekten können zerstörerische Konflikte nachhaltig vermieden bzw. auf konstruktive Weise bewältigt werden. Die wichtigste Rolle in diesem Modell kommt dabei dem *Prozeßpromoter* zu, der vor allem über organisatorisches Geschick sowie über die Fähigkeit, komplexe umweltrelevante Sachverhalte vor anderen Mitarbeitern darzustellen, verfügen muß. Er steht zwischen *Macht-* und *Fachpromotor* und muß zwischen ihnen die notwendigen fachlichen und menschlichen Verknüpfungen herstellen, um beispielsweise Innovationen im Sinne des produktionsintegrierten Umweltschutzes zu fördern. Die Schlüsselqualifikation des Prozeßpromoters muß die Fähigkeit sein, komplexe Zusammenhänge zu erkennen und unter interdisziplinären Gesichtspunkten zu analysieren. Ergänzt wird das Anforderungsprofil durch die klassischen Anforderungen an Managementpositionen wie Teamfähigkeit, Kreativität, Einsatzbereitschaft, Überzeugungsfähigkeit und Motivationsvermögen. Diese Rolle des Prozeßpromoters sollte durch den oben genannten Umweltschutzbeauftragten der F&E-Projektorganisation übernommen werden, da er einerseits die notwendigen Fachkenntnisse und andererseits über den persönlichen Kontakt zu den jeweiligen Instanzen verfügt.

7.4 Techniken des Umweltmanagements für die F&E

7.4.1 Einleitung

Der Aufbau organisatorischer Strukturen eines Umweltmanagementsystems reicht für die Verwirklichung der Umweltziele nicht aus. Es müssen den Mitarbeitern Techniken zur Verfügung stehen, die ihnen den Zugang zu relevanten Informationen ermöglichen, deren Bewertung erleichtern und die zu einer transparenteren Entscheidungsfindung führen.

Dies ist im Rahmen der chemischen F&E von ganz besonderer Wichtigkeit; denn die dort zu treffenden Entscheidungen haben einen langfristigen Einfluß auf die umwelt- und sicherheitsbezogenen Charakteristiken der Produktionsverfahren und der daraus entstehenden Produkte. Die Erarbeitung, Verwendung und kontinuierliche Verbesserung von Techniken des Umweltmanagements in der chemischen F&E wird daher langfristig zu einer effektiven und effizienten Förderung des produktionsintegrierten Umweltschutzes führen.

In diesem Abschnitt werden einige der in Kap. 5 allgemein dargestellten Techniken des Umweltmanagements hinsichtlich ihrer Anwendung in der chemischen F&E behandelt. Diese Darstellung umfaßt einige exemplarisch ausgewählte Techniken und erhebt keinen Anspruch auf Vollständigkeit.

7.4.2 Checklisten zur ökologischen Steuerung des F&E-Ablaufes

7.4.2.1 Erfassungs-Checklisten

Die Erfassungs-Checklisten sind dazu geeignet, ökologische Fakten "abzufragen", indem

1. die F&E-Mitarbeiter zu festgelegten Zeitpunkten des F&E-Ablaufes Fragen zum umweltrelevanten Profil des zu entwickelnden Verfahrens beantworten müssen oder
2. die Fragen dazu dienen, den Ist-Zustand der umweltrelevanten Auswirkungen bei bestehenden Verfahren im Vorfeld zur Überarbeitung zu erfassen.

In beiden Fällen dienen diese Checklisten der Erfassung und Dokumentation von umweltrelevanten Ist-Daten und stellen damit die notwendige Ausgangsposition dar, um etwaige ökologische und auch sicherheitsbezogene Risiken festzustellen. Solche Checklistensysteme sind in der chemischen Industrie am weitesten verbreitet (siehe hierzu Kap. 5.2).

Die Erfassungs-Checklisten sollen hier am Beispiel der Lösemittelproblematik genauer beschrieben werden. Hier bietet sich ein Vorgehen in vier Schritten an:

1. Schritt:	Identifikation von Beschränkungen und Anforderungen für potentielle Lösemittel
2. Schritt:	Zusammenstellung aller Daten und Eigenschaften
3. Schritt:	Aufstellung einer Reihenfolge entsprechend den Beschränkungen und Anforderungen
4. Schritt:	Auswahl der geeigneten Lösemittel, ggf. mit Hilfe einer Simulation

Der zweite Schritt läßt sich am besten anhand einer Erfassungs-Checkliste durchführen, deren hypothetische Fragen in Tabelle 7.6 aufgeführt sind.

Die in dieser Checkliste abgefragten Daten sind aufwendig zu ermitteln. Es entspricht daher nicht dem Effizienzgrundsatz, komplexe ökologische Bewertungen und Auswahlverfahren in der frühen Forschungsphase durchzuführen. Zur Steuerung der Forschungsprozesse im Sinne des Umweltmanagements sind hierfür eher betriebliche *Klassifikationssysteme* angebracht, die für einen begrenzten Bereich Handlungsvorgaben zur Verfügung stellen.

Während der verfahrenstechnischen Entwicklung spielen jedoch umweltrelevante Aspekte, wie z.B. die Lösemittelproblematik, sowohl aus wirtschaftlicher als auch aus ökologischer Sicht eine zunehmend wichtige Rolle. Der Aufwand einer umfangreichen Datenerfassung und -darstellung sowie deren Bewertung erscheint hier als gerechtfertigt. Somit können Stärken und Schwächen der Verfahrenskomponenten identifiziert und Verbesserungspotentiale untersucht werden.

Tabelle 7.6. Checkliste zur Erfassung der Lösemitteldaten und -eigenschaften

1.	Geben Sie mit Hilfe eines Fließdiagramms an, welche Lösemittel in welchen Mengen in welchen Prozeßstufen und mit welchem Zweck eingesetzt werden.
2.	Charakterisierung der Lösemittel anhand ihrer Sicherheitsdatenblätter: *physikalische und chemische Eigenschaften, Stabilität und Reaktivität, Angaben zur Toxikologie, Angaben zum Abbauverhalten (BSB$_5$, CSB), WGK, VbF, Klasse nach TA Luft*
3.	Geben sie den prozentualen Lösemittelanteil an, der durch Verdampfen oder durch sonstige ungewollte Emissionen verloren geht.
4.	(Wenn der Verlust an Lösemittel hoch ist:) Können Sie das Ozonabbaupotential (ODP) der jeweiligen Lösemittel angeben? *(Anm.: ODP ist eine Maßzahl, die angibt, wie groß das Potential einer im Jahr emittierten Einheitsmenge eines Stoffes ist, den Ozon-Gehalt in der Stratosphäre zu verringern, relativ zum Effekt der gleichen Menge der Bezugssubstanz (hier: Trifluormethan bzw. FCKW 11, für das ein ODP = 1 festgelegt wurde):* $ODP_X = \frac{\Delta O_3(X)}{\Delta O_3(FCKW\ 11)}$ *ODP-Werte werden regelmäßig im Rahmen des Wissenschaftsprogramms des UN-Umweltamtes UNEP überprüft und veröffentlicht [7.15]).*
5.	(Wenn der Verlust an Lösemittel hoch ist:) Welche Lösemittel fördern die Bildung bodennahen Ozons? (Photochemische Aktivität)
6.	Klassifizierung der Lösemittel nach der Methode von Kortüm [7.16] *(Anm.: Diese Klassifikation in fünf Klassen beruht auf der unterschiedlichen Fähigkeit der Moleküle, H-Brückenbindungen einzugehen; sie kann genutzt werden, um alternative Lösemittel aufzufinden; siehe hierzu z.B.* [7.16]*).*
7.	Sind die Lösemittel thermisch stabil? Sind die Lösemittel chemisch stabil (z.B. Hydrolyse von Estern)? Entstehen aufgrund thermischer und/oder chemischer Instabilitäten Schadstoffe oder sonstige umwelt- bzw. sicherheitsrelevante Probleme?
8.	Können durch Lösemittel Korrosionsprobleme auftreten?
9.	Geben sie den prozentualen Lösemittelanteil an, der recycelt werden kann. Welche Probleme treten dabei auf (Emulsionsneigung, Bildung von Azeotropen)? Wie hoch ist die Verdampfungsenthalpie? *(Anm.: als nützliche Abschätzungsgleichung hierfür kann die Gleichung nach Riedel verwendet werden, siehe hierzu* [7.17]).
10.	Welche prozentuale Lösemittelmenge wird verbrannt? Wieviel Energie wird aus der Verbrennung gewonnen? Welche Emissionen entstehen durch die Verbrennung im Vergleich zu herkömmlichen Brennstoffen für die gleiche Energiemenge?
11.	Geben Sie die direkten und indirekten Lösemittelkosten an, die pro Masseneinheit bzw. Produkteinheit für den Prozeßschritt bzw. das Verfahren entstehen (Anschaffungs-, Handling-, Lager-, Recycling- und Entsorgungskosten).
12.	Welche Lösemittelsubstitutionen sind aufgrund des mengenmäßigen Verlustes, des Energieaufwandes zu dessen Recycling oder der umwelt- und sicherheitsrelevanten Kriterien als wünschenswert einzustufen?
13.	Welche Substitutionsmöglichkeiten wurden (falls notwendig) untersucht? Welche Schwierigkeiten treten bei diesen auf? Welche weiteren Substitutionsmöglichkeiten gibt es?

7.4.2.2 Heuristiken-Checklisten

Die heuristische Vorgehensweise spielt bei der Problembearbeitung in der chemischen F&E eine große Rolle. Umweltbezogene Checklisten können bei der heuristischen Vorgehensweise Kriterien des produktionsintegrierten Umweltschutzes effektiv und effizient integrieren. Es handelt sich dabei folglich um Checklisten, die zur umweltbezogenen Informationsbeschaffung und -generierung dienen, da sie F&E-Mitarbeiter mit potentiellen Problemlösungen im Sinne des produktionsintegrierten Umweltschutzes konfrontieren.

Die Anwendung dieser Checklisten sollte möglichst durch mehrere F&E-Mitarbeiter, z.B. im Rahmen einer gemeinsamen Besprechung von Problemlösungen, stattfinden. Sinnvoll ist auch der gekoppelte Einsatz mit intuitiv-kreativen Methoden, wie z.B. "Brainstorming" oder der "Methode 635" (zu den Kreativtechniken in der F&E siehe z.B. [7.18]). Einige Heuristiken-Checklisten sind in Tabelle 7.7, Tabelle 7.8 und Tabelle 7.9 angegeben. Sie sind in die folgenden Kategorien unterteilt:

1. reaktions- und verfahrenstechnische Maßnahmen,
2. Instandhaltungsmaßnahmen und
3. sonstige Maßnahmen.

Tabelle 7.7. Heuristiken-Checkliste zu reaktions- und verfahrenstechnischen Maßnahmen

Stoffvariablen	**Reaktor/Stoffumwandlung**
• Erfassung und Überprüfung aller ökologischen, toxikologischen, physikalischen und chemischen Stoffeigenschaften der Ausgangs-, Zwischen- und Endprodukte • Verbesserung der Qualität der Ausgangsstoffe • Einsatz von "off-spec"-Produkten • Verwendung von Inhibitoren zur Vermeidung von Neben- und Folgeprodukten • Verlängerung der Lebensdauer der Katalysatoren, Schaffung effizienterer Katalysatoraustauschsysteme • Reduzierung der Anzahl unterschiedlicher Lösemittel (z.B. gleiches Synthese- und Waschlösemittel) • Vermeidung von Fällungsreaktionen in Wasser (aufgrund der großen Volumina) • Vermeidung von Schwermetallen • Untersuchung alternativer Lösemittel (z.B. auch überkritisches CO_2) • Optimierung der Phasentrennung durch Zugabe von Schaumbrechern	• Optimierung der Ausbeute und Selektivität • Bevorzugung kontinuierlicher Prozesse • fluide Phasen • Untersuchung der Kühl- und Aufheiztechnik • Untersuchung und Verbesserung der Mischprozesse • Untersuchung unterschiedlicher Zugabemöglichkeiten der zudosierten Komponenten (z.B. als Puder, Flüssigkeit, Aufschlämmung) • Überprüfung der Zugabereihenfolge • Verwendung von glattwandigen und totraumfreien Reaktoren • Verminderung der Be- und Entlüftungsvorgänge besonders bei Verfahren mit leichtflüchtigen Lösemitteln • Prüfung der Verminderungsmöglichkeiten des N_2-Einsatzes bei Verfahren mit leichtflüchtigen Lösemitteln • keine direkte Kühlung leichtflüchtiger Lösemittel durch flüssiges N_2 oder Trockeneis

Tabelle 7.7 Heuristiken-Checkliste zu reaktions- und verfahrenstechnischen Maßnahmen (Fortsetzung)

Stoffvariablen	**Reaktor/Stoffumwandlung**
• Überprüfung der Feuchtigkeitsempfindlichkeit der Einsatzstoffe	• stufenweise Erhitzung bei temperaturempfindlichen Stoffen
Wärmetauscher • Überprüfung der Kopplungsmöglichkeiten von Wärmesenken und Wärmequellen • Mischung von Stoffströmen unterschiedlicher Temperatur vermeiden • Plazierung des Wärmetauschers am "Pinch" • Austauschleistung des Wärmetauschers so groß wie möglich • Einsatz von Glattrohrbündel-Wärmetauschern • Einsatz von Kratzwärmetauschern • Installation von Thermokompressoren zur Mischung von Hoch- und Niederdruckströmen • Verwendung von "on-line"-Reinigungsmethoden	**Destillationsanlage** • Einsatz von Destillationsanlagen zum Lösemittelrecycling • Einsatz von Dünnschichtverdampfern zur Rekuperation von Produkten aus dem Destillationssumpf • Erhöhung des Rückflußverhältnisses oder der Bodenzahl, um Trennleistung zu verbessern (ggf. Kolonnenpackung erneuern) • Verbesserung der Isolierung • Vorheizung des Zulaufstroms • Kombination von Rektifikation mit anderen Trennverfahren
Rohr- und Pumpsystem • Einsatz von zusammengeschweißten und ausgekleideten Rohrsystemen • Einsatz überirdischer Rohrleitungen • Vermeidung von Rückvermischungen durch entsprechende Rohrleitungsführungen • Zapfpistolen mit integrierter Abluftabfuhr • Verwendung von Drehschieberpumpen anstelle von Dampfstrahlluftsaugaggregaten • Verwendung dichtungsloser Pumpen • Verwendung von ex-geschützten Pumpsystemen anstelle von N_2- oder Luftdrucktransfersystemen **Betrachtung des Netzwerkes** • Bevorzugung von Schaltungen mit möglichst frühen Abtrennung problematischer Komponenten • Bevorzugung von Schaltungen mit möglichst frühen Abtrennung von Überschußkomponenten	**Sonstige verfahrenstechnische Maßnahmen:** • Verwendung von demontierbaren Isolierungen • Einsatz neuer, emissionsarmer Ventile • Einsatz von Anlagen zur Wiederverwendung des Kühlwassers • Einsatz von wiederverwendbaren Beutelfiltern • Einsatz und Kombination neuer Trenntechniken (z.B. Membrantechnik in Kombination mit Rektifikation) • Einsatz von Kontakttrocknern anstelle aufwendig zu reinigender Hordentrockner • Überprüfung der Sicherheitsventileinstellungen, um verfrühte Stoffaustritte zu verhindern • Einsatz von Gegenstromwaschanlagen • Einsatz von wiederverwendbaren Gebinden • Vermeidung unterirdischer Tanks

Tabelle 7.8. Heuristiken-Checkliste zu Instandhaltungsmaßnahmen

• Forcieren der präventiven Instandhaltung, Aufbau eines proaktiven Instandhaltungs-managements • systematische Erweiterung von Instandhaltungsmaßnahmen auf Trockner, Zentrifugen und andere verfahrenstechnische Anlagen • Erfassung von Lecks, Schätzungen der aufgrund von Lecks emittierten Stoffmengen • Minimierung von Vibrationen an Pumpen und Kompressoren	• Überprüfung und Klassifizierung der bei der Instandhaltung eingesetzten Chemikalien • Vermeidung von Sandstrahlreinigung, Substitution durch Trockeneisstrahlreinigung • Installation von Hochdruckkapseldüsen in Behältern, die häufig gereinigt werden müssen • Einsatz mechanischer Reinigungsmethoden anstelle von Lösemitteln

Tabelle 7.9. Heuristiken-Checkliste zu sonstigen Maßnahmen

• Aufbau der Lagerlogistik nach dem "first in/first out"-Prinzip • EDV-Erfassung von betrieblichen Stoffströmen	• Prüfung von Marktchancen für Chargen mit Qualitätsmängeln • Erfassung und Minimierung von Emissionen in der Lagerhaltung

Diese Heuristiken-Checklisten sind gut zur Optimierung bestehender Verfahren geeignet und enthalten qualitative Aussagen zu Problemlösungsmöglichkeiten im Sinne des produktionsintegrierten Umweltschutzes.

Diese Art von Zusammenstellung wird überwiegend im nordamerikanischem Raum praktiziert (zur Literatur siehe z.B. [7.19], [7.20], [7.21], [7.22]).

Da heuristische Regeln in ihren Aussagen prinzipiell unscharf sind, ist bei allen in Heuristiken-Checklisten enthaltenen Ausführungen der Zusatz "wenn andere Gesichtspunkte nicht entgegenstehen" hinzuzufügen. Die hier aufgeführten Checklisten sind daher als ein Instrument für den Beginn der Verfahrensoptimierung zu sehen.

Eine zweite Art der Heuristiken-Checklisten basiert auf dem Prinzip der gezielten Fragestellung. Diese wird schon lange in der Sicherheitstechnik angewandt und läßt sich auf den Bereich des Umweltschutzes ausdehnen (siehe hierzu den Bereich der Unfallverhütungsvorschriften UVV der Berufsgenossenschaft der chemischen Industrie, so z.B. [7.23]). Die Fragen orientieren sich einerseits an den grundlegenden Umweltzielen und enthalten andererseits heuristische Erfahrungen. Den Mitarbeitern soll so ein Problembewußtsein vermittelt werden, das zur Generierung von Problemlösungen anregt. Solche Fragen sind z.B.:

- Gibt es Verfahrensalternativen, die im Sinne der Aufgabenstellung gleichwertig sind, aber mit weniger umweltgefährdenden Zwischenprodukten auskommen?
- Welche prozeßtechnischen Möglichkeiten führen zu dem nach Menge und Gefährdung geringstmöglichen Ausstoß von unerwünschten Produkten?

- Gibt es Substitutionsmöglichkeiten zu umweltgefährlichen Lösemitteln?
- Kann die Menge der recycelten Lösemittel erhöht werden?
- Kann verhindert werden, daß Lösemittelgemische entstehen, die schwer zu recyceln sind?
- Können die eingesetzten Volumina an Lösemitteln reduziert werden?
- Kann der Energieaufwand zum Trocknen reduziert werden?
- Kann durch eine effektivere Chargenplanung der Reinigungsaufwand der Anlage reduziert werden?
- Kann das Waschwasser noch weiter- oder wiederverwendet werden?
- Werden die durch Verdampfen verlorenen Volumina an Lösemitteln erfaßt? Lassen sie sich reduzieren?

Die Aufführung von heuristischen Aussagen in Checklistenform ließe sich beliebig fortführen. Daß es sich hierbei keineswegs um triviale Informationen handelt, wird angesichts der weit verbreiteten betriebsinternen Verwendung solcher erfahrungsorientierten Checklistensysteme deutlich. Die F&E in der chemischen Industrie sollte daher bestrebt sein, neben den anderen Instrumenten auch die Heuristiken-Checklisten zur Dokumentation von bei der Förderung des produktionsintegrierten Umweltschutzes mit der Zeit gewonnenen Erkenntnissen zu verwenden.

7.4.2.3 Informations-Checklisten

Informations-Checklisten sind eine Variation der Heuristiken-Checklisten in Form kompakter Wissensspeicher von betriebsintern oder betriebsextern gewonnenen Informationen. Der Unterschied zu den Heuristiken-Checklisten besteht darin, daß sie präzise Aussagen zu bestimmten Themengebieten machen. So kann man beispielsweise eine "Positiv-Negativ-Liste" über die Aufarbeitung von Lösemittelgemischen ausarbeiten. Hierbei bietet es sich an, eine Matrix zu erstellen, bei der für die betrieblich verwendeten Lösemittel bei einem Gemisch von 90/10 die Trennbarkeit der beiden Komponenten qualitativ in die drei Stufen "gut", "mittel" und "schlecht bzw. nicht" eingeteilt wird.

Durch diese Checkliste werden die F&E-Mitarbeiter in die Lage versetzt, qualitativ eine Auswahl zu treffen. In Zukunft werden solche zu ökologischen Größen komprimierten Informationen zunehmend in die betrieblichen EDV-Systeme integriert, wodurch die Aktualität und der allgemeine Zugriff auf die Informationen effizienter gewährleistet werden kann.

7.4.2.4 Steuerungs-Checklisten

Steuerungs-Checklisten dienen zur Steuerung von Abläufen. Sie enthalten konkrete Anweisungen, nach denen vorgegangen werden soll, um z.B. umwelt- oder sicherheitsrelevante Probleme zu beherrschen und zu lösen. Es handelt sich dabei im Prinzip um Arbeitsanweisungen bzw. Verfahrensanweisungen, in denen vor allem geregelt wird, wie und wann die F&E-Mitarbeiter Substitutionsmöglichkeiten von Lösemitteln zu prüfen haben. Meistens enthalten solche Checklisten "wenn-dann"-Anweisungen, durch die die Mitarbeiter ersehen können, welche Alternativen sie prüfen müssen. Diese Checklisten werden im Prinzip überflüssig, wenn eine konkrete Ablauforganisation mit entsprechend spezifizierten Arbeitsanweisungen für das Umweltmanagementsystem besteht. In der Regel stellen sie jedoch auch in diesem Fall ein nützliches Hilfsmittel dar, um bei auftretenden ökologischen Fragestellungen den F&E-Mitarbeitern konkrete Verhaltensanweisungen zu geben.

Häufig orientieren sich solche Checklisten aufgrund ihres imperativen Steuerungscharakters an gesetzlichen Vorgaben. Das ist auch der Grund dafür, daß sie oft in der Sicherheitstechnik eingesetzt werden. Zur besseren Erläuterung seien im folgenden einige solcher Fragenkomplexe aufgeführt:

- Hat das Verfahren den Meilenstein X durchlaufen? Wenn ja, ist das Verfahren durch die Stabsstelle für Umweltschutz bewertet worden?
- Werden wassergefährdende Stoffe eingesetzt? Wenn ja, dann ist zu prüfen, ob die Lagerbehälter den dafür geltenden gesetzlichen Anforderungen entsprechen (z.B. Vorhandensein eines Auffangbeckens).
- Werden Stoffe eingesetzt, die im Anhang II der Störfallverordnung aufgeführt werden? Wenn ja, werden die dort vorgeschriebenen Mengenschwellen überschritten? Wenn ja, sind die gesetzlich vorgeschriebenen Sicherheitsanalysen durchgeführt worden?
- Werden chlorierte Lösemittel eingesetzt? Wenn ja, sind die Substitutionsmöglichkeiten eingehend geprüft worden?
- Ist eine Geruchsbelästigung durch das Verfahren zu befürchten? Wenn ja, welche Gegenmaßnahmen sind getroffen worden?

Wie man an dieser Liste erkennen kann, sind solche "wenn-dann"-Beziehungen gut geeignet, um in einem Ablaufdiagramm dargestellt zu werden. Dies wurde für die Thematik der Vorgehensweise bei der Entwicklung umweltfreundlicher Produktionsprozesse schon einmal durch Wiesner durchgeführt [7.24]. Der Nachteil eines solchen Ablaufdiagramms ist jedoch, daß es sehr komplex und unübersichtlich wird, wenn man versucht, alle wichtigen umweltrelevanten Faktoren dabei zu berücksichtigen. Diese Erkenntnis hat sicherlich dazu geführt, daß zum Themenkomplex des produktionsintegrierten Umweltschutzes in der 5. Auflage der Ullmann's Enzyklopädie auf ein solches Ablaufdiagramm verzichtet wurde.

7.4.2.5 Kennzahlen

In der chemischen F&E ist die Verwendung von Kennzahlen nichts Ungewöhnliches, da verfahrenstechnische Entscheidungen auch auf der Ermittlung und Analyse charakteristischer Kennzahlen beruhen. Zu nennen sind z.B. die Reynolds-, Nusselt-, Prandtl- oder Sherwood-Kennzahlen. Außer diesen verfahrenstechnischen werden auch sicherheitstechnische Kennzahlen ermittelt, so z.B. "Fire and Explosion Index" des Chemieunternehmens Dow Chemical (siehe hierzu [7.25]). So erscheint es im Rahmen der F&E-Tätigkeit nicht problematisch, zu den üblichen verfahrenstechnischen, auch ökologische Kennzahlen zu ermitteln. Dabei können die durch die Checklisten ermittelten ökologischen Informationen gleich in Form von Kennzahlen ausgedrückt werden, um so in kompakter Form bei der Bewertung des Verfahrens einzufließen. In Kap. 5.4 wurden einige Umweltkennzahlen aufgelistet, die primär auf den Input- und Outputstoffmengen beruhen und die auch in der F&E als Hilfsmittel eingesetzt werden können. Entsprechend den jeweiligen Bedürfnissen können die Kennzahlen für ein gesamtes Produktionsverfahren oder für einzelne Produktionsschritte ermittelt werden.

7.4.3 Klassifikation

ABC-Klassifikationen als Technik des Umweltmanagements wurden schon in Kap. 5.5 ausführlich beschrieben. Im Bereich der F&E kann diese Methode beispielsweise beim Lösemitteleinsatz verwendet werden. Hierbei können die im folgenden aufgeführten Kriterien bei der Klassifikation verwendet werden:

- Klassifikation nach VbF,
- Klassifikation nach TA Luft,
- WGK,
- Toxikologie,
- Abbauverhalten,
- Recyclingpotential *(Erfahrungswerte)* *und*
- Entsorgungsproblematik *(Erfahrungswerte.)*

Die entsprechenden Daten können für die üblicherweise verwendeten Lösemittel gesammelt und katalogisiert werden. Als Methode zur endgültigen Klassifikation ist es sinnvoll, eine verbal-argumentative Vorgehensweise zu benutzen, da es aufgrund der Berücksichtigung sehr unterschiedlicher Aspekte nicht sinnvoll erscheint, mit einem quantitativen Bewertungsverfahren (z.B. mittels eines Punktsystems) vorzugehen. Bei Bedarf können die betrachteten Kriterien erweitert bzw. den veränderten Erkenntnissen angepaßt werden.

Ein anderes Beispiel für den Einsatz qualitativer Klassifikationssysteme in der F&E ist das *Beurteilungsschema für Chemikalien und Substanzen* des Unternehmens Hoffmann-La Roche AG [7.26]. Das betriebsinterne Bewertungsschema ist ein Instrument der F&E-Mitarbeiter zur Selbsteinschätzung der ökologischen, sicherheits- und gesundheitsrelevanten Risiken der eingesetzten Stoffe. Es enthält für die drei Bewertungsklassen insgesamt 13 Bewertungskriterien:

- *Sicherheit*: Reaktivität, thermische Stabilität, Flüchtigkeit,
- *Gesundheit*: generelle Giftigkeit, Kanzerogenität, Teratogenität, Mutagenität, Auslösung von Allergien,
- *Umwelt*: Abbaubarkeit in der Umwelt, Akkumulation in der Umwelt, Luftschädlichkeit, Entsorgungsaufwand.

Jedes einzelne Kriterium wird durch die Zuordnung einer der drei Farben grün, gelb oder rot bewertet, wobei grün für eine positive und rot für eine negative Bewertung steht. In einem betriebsinternen Dokument werden die wichtigen Aspekte der Bewertungskriterien beschrieben, um die Bewertung zu erleichtern.

Diese rein qualitative Stoffbewertung wird durch die Angabe der Größenordnung der umgesetzten Stoffmenge ergänzt (drei Möglichkeiten: Umsatzmenge <1 t, 1-100 t oder >100 t). In einer abschließenden Gesamtbeurteilung soll der F&E-Mitarbeiter anhand der oben genannten Daten eine Gesamtbeurteilung zu dem Stoffeinsatz und zu den zukünftigen Maßnahmen abgeben. Die Anwendung des Bewertungsschemas ist ablauforganisatorisch bei der Hoffmann-La Roche AG nicht zwingend vorgeschrieben, und es resultieren keine Einsatzverbote aus den Stoffbewertungen.

7.4.4 Ablauf einer ökobilanziellen Bewertung in der F&E

Diese Methode, die in Kap. 5.3 mehr unter einem gesamtbetrieblichen Gesichtspunkt beschrieben wurde, kann auch im Rahmen des F&E-Ablaufes erfolgreich eingesetzt werden. Der Zeitpunkt zur Betrachtung chemischer Verfahren im Sinne einer Ökobilanz ist entweder in der Anfangsphase der Überarbeitung bestehender Verfahren oder in der Phase der Verfahrensoptimierung bei der Neuentwicklung festzulegen. Bilanzraum und Bilanzperiode sollten aufgrund der oben genannten Gründe soweit eingegrenzt werden, daß die Ermittlung der Daten mit einem vertretbaren Aufwand durchgeführt werden kann. Eine diesem Grundsatz entsprechende mögliche Vorgehensweise zur Durchführung einer Ökobilanz ist in Abb. 7.11 dargestellt. Hierbei handelt es sich um eine rein stofforientierte Betrachtung der verfahrenstechnischen Alternativen, die um energiebezogene Gesichtspunkte erweitert werden kann.

Dieser Ablauf orientiert sich an einer rein quantifizierbaren Vorgehensweise und bezieht ökonomische Aspekte in die Entscheidungsfindung mit ein. Nicht quantifizierbare Größen, wie z.B. das ökologische Image oder ökologische Marketingaspekte, können in verbal-argumentativer Form in die Entscheidungen zusätzlich integriert werden.

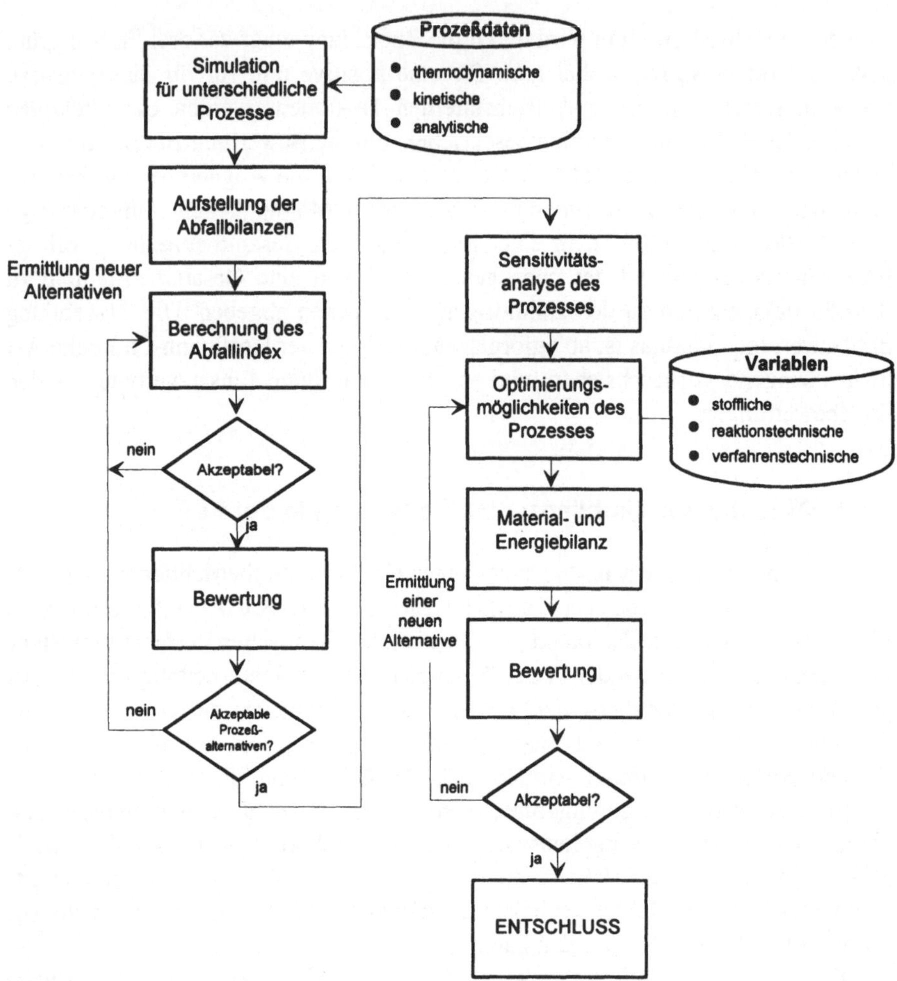

Abb. 7.11. Potentieller Ablauf einer stoffbezogenen Ökobilanz in der F&E

Die Datenerfassung und die Datenbewertung bei einer solchen ökobilanziellen Vorgehensweise in der F&E muß im Rahmen des Umweltmanagementsystems institutionalisiert sein. Es bietet sich für die Bewertung auch die Verwendung von Abfallindizes an, die in Kap. 5.3.4 schon besprochen wurden.

7.4.5 Informationsdarstellung

Daten zu den Verfahrensalternativen im allgemeinen und ökologische Daten im speziellen sind sehr unterschiedlicher Natur. Wie schon bei den Ausführungen zur Ökobilanz beschrieben, ist es notwendig, auf der Basis dieses sehr heterogenen Datenmaterials zu einer Bewertung der Handlungsalternativen zu gelangen. Hierfür ist die Darstellungsform der Information von zentraler Bedeutung.

Werden unterschiedliche Informationsklassen ohne eine sinnvolle Bearbeitung verwendet, besteht die Gefahr, daß die Entscheidungsträger nur die Informationen berücksichtigen, die sie subjektiv für wichtig halten. Diese Subjektivität kann dadurch entstehen, daß die Entscheidungsträger beispielsweise an der Erarbeitung einer bestimmten Datenklasse oder einer Verfahrensalternative beteiligt waren oder erfahrungsgemäß gewissen Daten von vornherein eine besondere Priorität zugeordnet wird. Diese Subjektivität ist prinzipiell nicht "schlecht", sie ist angesichts der Heterogenität der Daten auch normal, nur muß sie den einzelnen Entscheidungsträgern bewußt und für Externe nachvollziehbar sein. Ist dies nicht gewährleistet, so kann es bei stark unterschiedlichen Prioritäten der Entscheidungsträger zu einer Paralyse kommen, die eine Entscheidung verhindert bzw. maßgeblich verlängert. Aus diesem Grund sollte am Anfang des Entscheidungsprozesses eine einheitliche Datenbasis hergestellt werden, die am besten durch eine einheitliche Darstellungsweise der Informationen gewährleistet wird.

Für die Darstellung ökologischer Informationen besteht zuerst die Notwendigkeit, die *Stoff- und Energiebilanzen* differenziert aufzuarbeiten. Dabei wird naturgemäß auf die Stoffe ein Schwerpunkt gelegt, die aus ökologischen Aspekten als problematisch gelten. Hierzu wurden in Kap. 5 schon einige Methoden beschrieben (z.B. Ermittlung des Abfallindexes bzw. Verwendung anderer ökologischer Kennzahlen). Für die übersichtliche Darstellung dieses Datenmaterials können die üblichen Säulen- oder Kreisdiagramme verwendet werden.

Eine weitere einfache und in der technischen Chemie übliche Methode der Datendarstellung ist das *Fließbild.* Für die Belange des Umweltschutzes in der Verfahrensentwicklung sind besonders die in DIN 28004 genormten Grundfließbilder und Verfahrensfließbilder interessant. In diesen schematischen Darstellungen des Verfahrens sind vor allem folgende für den produktionsintegrierten Umweltschutz besonders wichtigen Informationen enthalten:

- Benennung der dargestellten Elementarfunktionen (ggf. Charakterisierung der verfahrenstechnischen Apparaturen),
- die Benennung aller Stoffströme und Mengenangaben und
- charakteristische Betriebsbedingungen.

Diese Darstellungsform des Verfahrens ist für alle Beteiligten verständlich, so daß allen deutlich wird, wie das Verfahren ablaufen soll.

Eine weitere Möglichkeit, die unterschiedlichen Aspekte eines chemischen Verfahrens in übersichtlicher Art und Weise zu präsentieren, ist, sie mittels eines *Polaritätsprofils* mit Polarkoordinaten darzustellen. Diese Technik wurde in Kap. 5.7.1 ausführlich beschrieben.

In manchen Fällen ist es auch sinnvoll, komplexe kausale Zusammenhänge zu analysieren und auch zu dokumentieren. Die *Ursachenmatrix* ist dafür die geeignete Darstellungsform. Die notwendige Vorgehensweise basiert auf folgenden Stufen:

1. Identifikation des problemspezifischen Wirkungsnetzes, in welchem die Wirkungszusammenhänge von einem Element auf ein anderes

erfaßt werden (dies kann bei komplexen Wirkungszusammenhängen auch graphisch dargestellt werden), und
2. Aufstellung einer Matrix, in welcher die Spalten die verschiedenen auftretenden Symptome darstellen und die Zeilen die möglichen Ursachen.

Diese einfache Technik muß auf die vorliegenden Thematiken angepaßt werden. Wird z.B. bei der Optimierung einer homogenen Katalyse in einem Batch-Prozeß "nur" der Parameter des Katalysatoreinsatzes variiert, so können die Wirkungszusammenhänge zwischen den interessierenden Größen wie Selektivität, Ausbeute, Zusammensetzung der Nebenprodukte usw. entweder aus Erfahrung geschätzt oder aus experimentell gewonnenen Daten ermittelt werden. In einer zu erstellenden Ursachenmatrix zeigen die Spalten verschiedene auftretende Symptome, während die Zeilen mögliche Ursachen auflisten. Durch Ankreuzen oder Bewerten (z.B. "0" = kein Einfluß, "+" = positiver Einfluß, "-" = negativer Einfluß) der entsprechenden Felder können der Zusammenhang zwischen Ursache und Symptomen aufgezeigt und Schwerpunkte erkannt und übersichtlich dokumentiert werden (Abb. 7.12).

Wirkung / Ursachen	Umsatz	Selektivität	Zusammensetzung der Reststoffe	Wärmetönung	....
Katalysator vorlegen	+	-	-	+	
Katalysator portionsweise hinzugeben	-	+	+	0	
Reinheitsgrad des Katalysators	-	-	-	0	
Lagerung des Katalysators	-	-	-	0	
....					
....					

Abb. 7.12. Ursachenmatrix am Beispiel des Einsatzes eines Katalysators

Diese Vorgehensweise kann weiter variiert und den jeweiligen Problemstellungen angepaßt werden. Um die Anwendung dieser Technik zu erleichtern und zu propagieren, ist die Erstellung eines Formblattes, in dem der Bearbeiter die betreffenden Ursachen und Wirkungen nur noch einzutragen braucht, sinnvoll.

Es können weitere Darstellungstechniken entwickelt und den jeweiligen Bedürfnissen angepaßt werden. Im Rahmen eines Umweltmanagementsystems müssen sie jedoch *vereinheitlicht* sein. Ihre Anwendung in der Ablauforganisation muß festgelegt werden. So wird eine bessere Transparenz ökologischer Entscheidungsdaten gewährleistet. Hier sind wiederum die Beauftragten des F&E-Umweltmanagements gefordert, in Zusammenarbeit mit den F&E-Mitarbeitern entsprechende Formalismen zu erarbeiten und einzuführen.

7.4.6 Bewertungsmethoden

7.4.6.1 Einleitung

Bewertungsmethoden sollen eine Hilfe anbieten, um rasch, sicher und sachlich zu nachvollziehbaren Entscheidungen zu gelangen. Diese Techniken sind prinzipiell unabhängig von dem jeweiligen Entscheidungsobjekt und -subjekt. Sie kommen grundsätzlich immer dann zum Einsatz, wenn einem Entscheidungsträger auf eine offene Frage keine konkrete, vorfabrizierte Handlungsempfehlung in Form einer Routine oder einer Weisung zur Verfügung steht. Den Bewertungsmethoden sind jedoch in ihrer Wirksamkeit Grenzen gesetzt:

- Der objektiven Erfassung der Realität sind Schranken gesetzt, und zukünftige Ereignisse entziehen sich immer wieder jeder Berechnung und Voraussicht.
- Zudem lassen sich die Einflüsse von persönlichen Interessen und Machtansprüchen, von persönlichen Werturteilen und von persönlichen Sympathien und Antipathien durch den Einsatz geeigneter Methoden zwar transparenter machen, beseitigen lassen sie sich jedoch nicht.

In Abb. 7.13 ist zur besseren Übersicht eine Einteilung der Bewertungsmethoden dargestellt.

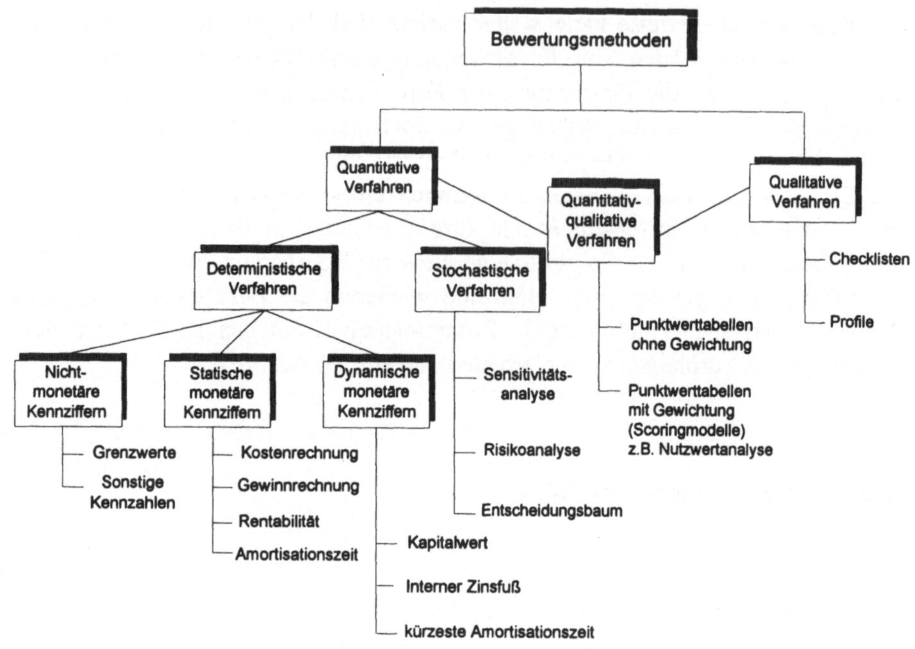

Abb. 7.13. Übersicht der wichtigsten Bewertungsmethoden nach [7.27, S. 281]

Ein entscheidendes Ziel des Umweltmanagementsystems in der chemischen F&E ist die systematische Integration von Entscheidungskriterien des produktionsintegrierten Umweltschutzes in die Entscheidungsprozesse. Es gibt dafür sowohl quantitative, qualitative als auch gemischte Methoden. Im folgenden werden zu jeder Klasse von Bewertungsmethoden einige Instrumente kurz vorgestellt und beispielhaft erläutert, da nur eine Kombination der Methoden eine optimale Entscheidung im Sinne des produktionsintegrierten Umweltschutzes ermöglicht.

7.4.6.2 Quantitative Bewertungsmethoden

Quantitative Bewertungsmethoden werden bei direkt quantifizierbaren Größen angewendet. In der chemischen F&E werden für die Entscheidung sowohl monetäre als auch nicht-monetäre quantifizierbare Größen verwendet.

Am weitesten sind *monetäre* Bewertungsmethoden in Form von statischen und dynamischen wirtschaftlichen Kennziffern bekannt. Sie setzen voraus, daß man Kenntnisse über die derzeitigen und teilweise auch zukünftigen wirtschaftlichen Daten besitzt bzw. diese abschätzen kann. Die verwendeten finanzwirtschaftlichen Bewertungsverfahren sind:

- statische Bewertungsverfahren:
  - Kosten- und Gewinnvergleichsrechnung
  - Rentabilitäts- und Amortisationsrechnung

- dynamische Bewertungsverfahren:
  - Kapitalwertmethode
  - Annuitätenmethode
  - Zinsfußmethode

Auf diese wirtschaftlichen Bewertungsmethoden und ihre allgemeine Anwendung in der chemischen Industrie soll hier nicht weiter eingegangen werden, hierfür wird auf die Standardliteratur verwiesen (z.B. [7.28], [7.29]). Die Frage, die sich jedoch angesichts dieser rein monetären Bewertungsverfahren stellt, ist, ob dabei Belange des produktionsintegrierten Umweltschutzes berücksichtigt werden bzw. werden können.

Ökologische Größen chemischer Verfahren haben auch eine monetäre Dimension und können daher in monetäre Bewertungsverfahren einfließen. So sind die Entsorgungskosten oder die Recyclingkosten monetär ermittelbare Größen, die sich jedoch nur dann adäquat bei der wirtschaftlichen Bewertung berücksichtigen lassen, wenn sie differenziert ermittelt und quantifiziert wurden. Leider ist dies immer noch nicht die Regel. Es kommt dagegen häufig vor, daß z.B. der Entsorgungsaufwand nur mit einer fiktiven Kostengröße in das Bewertungsverfahren einfließt, da die Umweltschutzkosten der betriebseigenen Entsorgungsanlagen als Gemeinkosten verrechnet werden.

Das kann dazu führen, daß die tatsächlichen Herstellungskosten in einem viel größeren Maße von den Umweltschutzkosten abhängen, als es die einfache Kostenrechnung aufzeigt. Es ist somit eine vorrangige Aufgabe des Umweltmanagements, auf die Entwicklung und Einführung eines betrieblichen Kostenrechnungssystems zu drängen, das die Umweltkosten aufwandsgerecht ermittelt. Nur so ist es möglich, das häufige Argument "Umweltschutz ist nur ein Kostenfaktor" mit ökonomischen Argumenten zu widerlegen. Daß sich nur die produktionsintegrierte Umweltschutzstrategie durchsetzt, die sich auch "rechnet", liegt in der Natur des marktwirtschaftlichen Systems und muß bei der Beeinflussung der Entscheidungsfindung im Sinne des produktionsintegrierten Umweltschutzes berücksichtigt werden.

Da besonders ökologische Kostengrößen der Gefahr unterliegen, sich mit der Zeit, sei es nun durch staatliche Vorgaben oder durch marktwirtschaftliche Gegebenheiten, drastisch zu verändern, ist eine genauere Analyse der Kostenfunktionen durch *stochastische Bewertungsverfahren* sinnvoll. Ein einfaches und praktisches Verfahren hierfür ist die *Sensitivitätsanalyse*. Diese Methode befaßt sich mit der Analyse der Sensitivität bzw. Stabilität der Verfahrensalternativen in bezug auf eine Änderung bestimmter Parameter. Ein Beispiel hierfür ist die Kostenanalyse des Einsatzes von Rektifikations- oder Membrananlagen für Trennvorgänge. Hier sind die Investitionskosten der Rektifikationsanlagen im Verhältnis zu Trennanlagen, die auf der Membrantechnik beruhen, gering. Untersucht man jedoch die Abhängigkeit der Betriebskosten von den Energiekosten, so stellt sich heraus, daß die Steigungen der Kostengeraden aufgrund des charakteristischen Energieverbrauchs stark differieren. Es wird daher einen Energiepreis geben, bei dem die Rektifikation hinsichtlich der Gesamtkosten über dem der Membrantechnik liegen wird. Dies ist natürlich eine vereinfachte

Betrachtung, da man hier davon ausgeht, daß die beiden Trenntechniken sonst die gleichen Eigenschaften hätten.

Es ist nicht sinnvoll, im Rahmen einer Sensitivitätsanalyse alle Parameter der Kostenfunktionen zu variieren, sondern nur die, bei denen ein Risiko besteht, daß sie sich in Zukunft ändern könnten. Die Voraussetzung einer Sensitivitätsanalyse sollte daher eine *Risikoanalyse* der relevanten Verfahrensgrößen sein. Hinsichtlich der Kriterien des produktionsintegrierten Umweltschutzes bedeutet dies im Rahmen der quantitativen Bewertungsverfahren, daß man die umweltrelevanten Kostengrößen identifiziert,

1. deren Einfluß auf die Gesamtkostenfunktion hoch ist und
2. bei denen ein Risiko der Veränderung besteht.

Um die oben genannten Aspekte der wirtschaftlichen Bewertungsmethoden zu verdeutlichen, wird im folgenden ein Beispiel der wirtschaftlichen Bewertung aus der Lebensmittelchemie erläutert [7.30].

In der Lebensmittelindustrie wird zur spezifischen Entfernung von Polyphenolen aus Frucht-, Gemüsesäften und Bier (um eine längere Haltbarkeit zu erzielen) ein Absorbens eingesetzt. Nach Abfiltrieren der beladenen Absorbentien werden diese mit 1-3 % NaOH regeneriert. Die entstehende Abfall-Lauge ist hoch belastet und hat einen CSB >13 g O_2/l. Diese Lauge wird neutralisiert und der Kläranlage zugeleitet. Dies bedingt erstens einen hohen Wasserverbrauch, zweitens einen hohen Salzanfall und drittens eine Störung des biologischen Abbauverhaltens der Kläranlage, da Polyphenole schwer abbaubar sind und eine toxische Wirkung auf die Organismen in der Kläranlage haben. Im Sinne des produktionsintegrierten Umweltschutzes wurde in einem ersten Schritt die Membranbehandlung dieser Lauge mittels Nanofiltration untersucht und als technisch machbar beurteilt. Ein zweiter Schritt bestand in der Bewertung der ökonomischen Aspekte, wobei die Problematik des Retentats eine Schlüsselfunktion hatte. In der Investitionsrechnung wurden drei Fälle berücksichtigt:

A Das Retentat wird mit einer Wasserausbeute von 50 % in eine anaerobe Kläranlage geleitet
(Resultat: Wassereinsparung und Gasgewinnung aus der anaeroben Kläranlage)

B Das Retentat kann mit einer Wasserausbeute von 87,5 % kostenlos als Viehfutter abgegeben werden.
(Resultat: Wassereinsparung und Vermeidung der Abwasserbelastung)

C Das Retentat kann zwar als Viehfutter eingesetzt werden, der Transport muß jedoch bei einer Wasserausbeute von 85,7 % mit 8 DM/m^3 verrechnet werden.
(Resultat: Wassereinsparung und Vermeidung der Abwasserbelastung)

Die daraus entstehende Investitionsrechnung ist in Tabelle 7.10 zusammengefaßt.

Tabelle 7.10. Investitionsrechnung zu Verfahrensvarianten der Abwasserbehandlung im Sinne des produktionsintegrierten Umweltschutzes nach [7.30]

	A	B	C
I. Einmalkosten: *(alle Kosten in TDM)*			
Investitionskosten			
Investition Membran-Anlage	284	284	284
Investition anaerobe Stufe	700	0	0
Summe der Investitionen	984	284	284
II. Laufender Überschuß:			
Ersparnis an Abwasserkosten	621	621	621
Lfd. Kosten Membran-Anlage			
Verzinsung Fremdkapital (7 %)	19	19	19
Energiekosten	27	27	27
Membran-Ersatz	7	7	7
Reinigung	7	7	7
Labor-/Personalkosten	96	96	96
Summe der lfd. Kosten	156	156	156
Lfd. Ausgaben für Abwasser (Permeat)	171	340	340
Lfd. Ausgaben für Abwasser (Retentat)	151	0	0
Lfd. Ausgaben für Vertrieb (Retentat)	0	0	80
Lfd. Kosten anaerobe Stufe			
Verzinsung Fremdkapital (7 %)	49	0	0
Lfd. Einnahmen aus der Gasgewinnung	57	0	0
Lfd. Ausgaben für die Gasgewinnung	8	0	0
Lfd. Überschuß			
Summe lfd. Ersparnisse/Einnahmen	678	621	621
Summe lfd. Ausgaben	535	496	576
Summe Überschuß	143	125	45
III. Ergebnis:			
Summe Einmalinvestition	**984**	**284**	**284**
Summe lfd. Überschuß	**143**	**125**	**45**
Amortisation in Jahren	**6,9**	**2,3**	**6,8**
Erläuterungen			
Kosten der Gasgewinnung p. a. 1,1 % aus Investitionssumme von 700 TDM	8 000 DM		
Erträge aus Gasgewinnung p. a. 0,4 m^3 pro kg BSB, 0,4 × 353 600 kg	141 440 m^3		
10 kWh/ m^3 Methan und 0,04 DM /kWh	56 576 DM		

Wie man aus der Amortisationszeit ersehen kann, erscheint die Variante B als die günstigste, was jedoch nur dann gilt, wenn die Voraussetzung der kostenlosen Abgabe des Retentats als Viehfutter gewährleistet ist. Ist dies nicht der Fall, so wird die Alternative ungünstiger und ab einem Abgabepreis von DM 11,2 pro m^3 sogar unwirtschaftlich. Analoges gilt für die Variante C.

Die Methoden der Wirtschaftlichkeitsrechnung sind nur dann zur Bewertung und Auswahl von Alternativen anwendbar, wenn Bewertungskriterien in Geldeinheiten ausgedrückt werden können. Viele und gerade wesentliche technische und ökologische Kriterien sind nicht direkt in Geldeinheiten zu messen. Würde man sich allein auf die kostenmäßigen Bewertungen beschränken, müßten wesentliche Bewertungskriterien außer acht bleiben, so z.B. die zukünftige Entsorgungssituation für Sonderabfälle, das fehlende betriebsinterne Know-how und die dadurch entstehenden potentiellen Schwierigkeiten. Alle diese Größen lassen sich nur schwer monetär quantifizieren und können daher nicht direkt in eine rein monetäre Bewertung einfließen.

7.4.6.3 Qualitative Bewertungsmethoden

Man setzt qualitative Bewertungsmethoden entweder als Ersatz oder als Ergänzung zu den quantitativen Methoden ein. In Abb. 7.13 sind als qualitative Methoden die Checklisten und die Profile aufgeführt. Die Thematik der *Checklisten* wurde schon in Kap. 5.2 und in diesem Kapitel ausführlich behandelt und wird hier nicht weiter ausgeführt. Im folgenden wird nur die *Argumentenbilanz* als Beispiel eines *Profils* besprochen.

Die Grundidee dieser Methode besteht darin, die ökologischen Vorteile und Nachteile der einzelnen Verfahrensalternativen in Form verbaler Argumente aufzulisten. Damit wird eine gewisse Übersicht zu den qualitativen Kriterien geschaffen. Um herauszuheben, welche Argumente wichtig sind, kann man die Methode etwas erweitern, indem man die Argumente nach ihrer Wichtigkeit klassifiziert. Die Methode ist zwar nicht besonders leistungsfähig, sie ist jedoch in der Lage, Kriterien der unterschiedlichsten Dimension zu berücksichtigen. Ein Beispiel soll dies verdeutlichen. In Tabelle 7.11 ist ein Ausschnitt einer potentiellen Argumentenbilanz zu Abwasserreinigungstechniken aufgeführt.

Tabelle 7.11. Argumentenbilanz zu Methoden der Abwasserreinigung nach [7.31]

	Eignung	Vorteile	Nachteile
Sedimentation	• Öl • Feststoff-suspensionen	• kostengünstig • geringe Betriebs- und Instandhaltungskosten • einfach zu betreiben • kein mechanischer Verschleiß	• Emissionen leichtflüchtiger Stoffe • geringe Trennleistung (nur Feststoffe) • große Mengen von zu entsorgendem Klärschlamm
Verdampfung	• Lösemittel • Volumen-verminderung	• einfach zu betreiben • Verminderung des Abfallvolumens • Abtrennung gelöster Stoffe	• hohe Energiekosten • Foulingneigung • Emissionen leichtflüchtiger Stoffe • hoher Instandhaltungs-aufwand
Filtration	• Ölemulsionen • Feststoff-abtrennung	• geringe Energiekosten • einfach zu betreiben	• hoher Instandhaltungs-aufwand • Foulingneigung • Waschwassereinsatz notwendig • Geruchsbelastung • Gefahr bakteriellen Befalls
Adsorption	• org. Stoffe • teilw. anorg. Stoffe	• Entfernung von gelösten Stoffen • einfach zu betreiben • geringe Kapitalkosten	• Geruchsbelastung • Foulingneigung • Gefahr bakteriellen Befalls • hoher Instandhaltungs-aufwand
Stripping	• flüchtige org. Stoffe	• Entfernung von gelösten Stoffen • geringe Kapitalkosten	• hohe Energiekosten • hoher Instandhaltungs-aufwand • Foulingneigung • Emissionen • keine Abtrennung anorg. Stoffe
Extraktion	• org. Stoffe • teilw. anorg. Stoffe	• Entfernung von gelösten Stoffen • geringe Kapitalkosten • einfach zu betreiben	• hohe Energiekosten • Emissionen • zusätzliche zu behandelnde Stoffströme

Es läßt sich die verbale Argumentenbilanz auch um quantitative Informationen erweitern, so wie es in Tabelle 7.12 am Beispiel der Reinigungsmethoden für lösemittelhaltige Abluft demonstriert wird.

Tabelle 7.12. Charakteristiken von Abluftreinigungsverfahren für leichtflüchtige Lösemittel nach [7.32]

Technologie	Konzentrationsbereich	Kapazitätsbereich	Effizienz der Reinigung	Kosten	Sekundäremission	Vorteile	Nachteile/Einschränkungen
Verbrennung	100-2000 [ppm]	groß	95-99 %	hoch	Verbrennungsprodukte	Energetische Rückgewinnung bis 95%	Halogenhaltige Lösemittel können nur in Spezialanlagen mit einer zusätzlichen Abluftreinigungsstufe verbrannt werden. Das Verfahren ist nicht für Batch-Prozesse geeignet.
Katalytische Oxidation	100-2000 [ppm]	mittel	90-95 %	mittel	Verbrennungsprodukte	Energetische Rückgewinnung bis 70%	Halogenhaltige Lösemittel erfordern eine zusätzliche Abluftreinigungsstufe. Es besteht die Gefahr der Vergiftung des Katalysators durch Blei, Arsen, Phosphor, Chlor, Schwefel etc. Die Rückgewinnung der thermischen Energie wird durch die auftretenden Veränderungen der Betriebsbedingungen beeinträchtigt.
Kondensation	> 5000 [ppm]	gering	50-90 %	gering	Kondensat	Kosteneinsparung durch Stoffrecycling	Nicht empfehlenswert für Lösemittel mit einem Sdp. > 55°C, Foulingneigung des Kondensators
Aktivkohle Adsorption	20-5000 [ppm]	mittel	90-98 %	gering	Aktivkohle; adsorbierte Lösemittel	Kosteneinsparung durch Stoffrecycling	Nicht empfehlenswert für feuchte Abluftströme (relative Luftfeuchtigkeit > 50 %). Verminderung der Leistungsfähigkeit bei Ketonen, Aldehyden und Estern durch Verstopfen der Poren der Aktivkohle.
Absorption	500-5000 [ppm]	mittel	95-98 %	mittel	belastete Waschflüssigkeit; Abwasser	Kosteneinsparung durch Stoffrecycling	Gaswaschturm ist anfällig für Verstopfung und Fouling. Krustenbildung durch Wechselwirkungen Absorbens/Absorber.

7.5 Zusammenfassung

In den vorangegangenen Kapiteln des Buches wurden die Grundlagen für die Erarbeitung eines Umweltmanagementsystems in der chemischen Industrie zur Förderung des produktionsintegrierten Umweltschutzes erarbeitet. Hierauf aufbauend wurde untersucht, wie man für die F&E, die die Schlüsselfunktion für den produktionsintegrierten Umweltschutz einnimmt, ein angepaßtes Umweltmanagement aufbauen und methodisch unterstützen kann.

In einem ersten Schritt wurden durch eine qualitative Analyse der Ausgangssituation der F&E die hierfür notwendigen zielgruppenspezifischen Informationen ermittelt. Dabei wurde u.a. deutlich, daß die Kriterien des produktionsintegrierten Umweltschutzes systematischer in den F&E-Ablauf und vor allem in die Entscheidungsprozesse einfließen sollten.

In einem zweiten Schritt wurden die grundlegenden Elemente eines Umweltmanagementsystems in der chemischen F&E und dessen Auswirkungen auf das F&E-Projektmanagement erläutert. Diese Elemente werden in Abb. 7.14 zusammenfassend dargestellt.

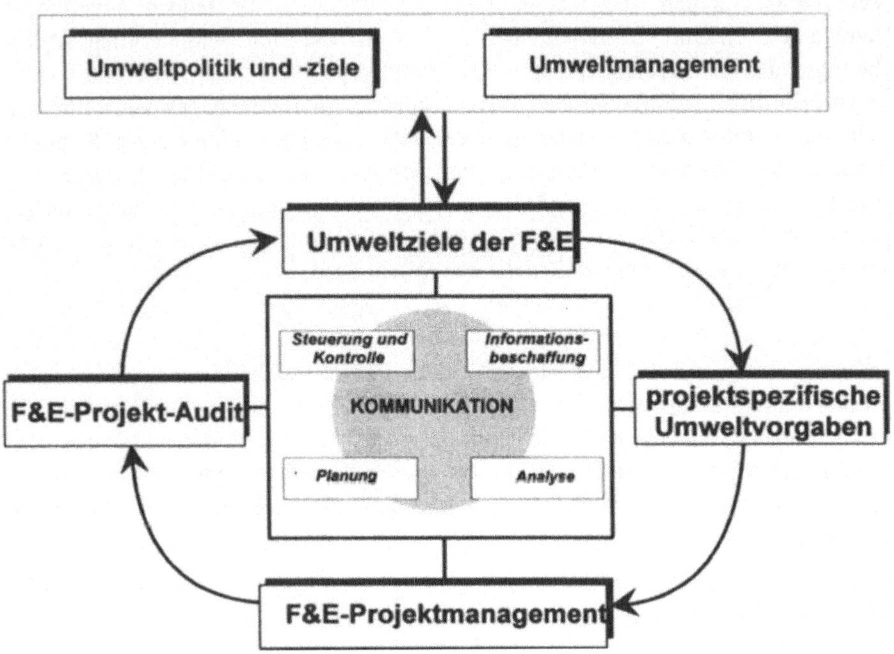

Abb. 7.14. Elemente eines F&E-spezifischen Umweltmanagementsystems

Die Umweltpolitik, die Kenntnisse der eigenen Umweltauswirkungen und die externen Umweltanforderungen müssen die Grundlage zur Formulierung allgemeiner unternehmensweiter Umweltziele bilden. In den einzelnen betrieblichen Organisationseinheiten müssen diese Vorgaben in Abhängigkeit von den jeweiligen Rahmenbedingungen weiter spezifiziert werden, um die Planung angepaßter Maßnahmen zu gewährleisten. Für die chemische F&E bedeutet dies in einem ersten Schritt die Formulierung eigener *Umweltziele*, die in einem zweiten Schritt projektorientiert konkretisiert werden müssen. Die Umweltziele müssen in die strategische Planung der F&E-Aktivitäten einfließen und für F&E-Projekte dann in Form projektspezifischer *Umweltvorgaben* konkretisiert werden. Diese werden dann das *F&E-Projektmanagement* beeinflussen und stellen nach Abschluß des Projekts eine Bewertungsgrundlage im Rahmen eines *F&E-Projekt-Audits* dar. Die Ergebnisse der Überprüfung der Zielerreichung sollten anschließend genutzt werden, um die anfangs formulierten *Umweltziele* den tatsächlichen Möglichkeiten anzupassen. Bei all diesen Stufen müssen Informationen beschafft und analysiert werden sowie der operative Projektablauf muß *geplant*, *gesteuert* und *kontrolliert* werden. Für diese Phasen und die damit verbundenen umweltrelevanten Aufgabenfelder sind im Rahmen des Umweltmanagementsystems aufbau- und ablauforganisatorische Regelungen aufzustellen, die einerseits Verantwortlichkeiten und Vorgehensweisen festlegen, die jedoch andererseits genügend Freiraum beinhalten, um flexibel auf die sich verändernden Anforderungen des F&E-Ablaufes reagieren zu können.

Um die F&E-Mitarbeiter bei ihren Aufgaben im Rahmen des Umweltmanagements zu unterstützen, wurden in einem dritten Abschnitt einige der in Kapitel 5 aufgeführten Methoden, Techniken und Instrumente exemplarisch dargestellt. Hierbei wurde verdeutlicht, daß durch den systematischen Einsatz dieser Instrumente des Umweltmanagements eine hohe Entscheidungstransparenz und damit auch höhere Entscheidungssicherheit ermöglicht wird.

Diese am Beispiel der chemischen F&E dargestellten organisatorischen und instrumentellen Strukturen eines Umweltmanagementsystems in der chemischen Industrie lassen sich auch auf andere Unternehmensbereiche übertragen. Es wurde jedoch explizit an diesem Beispiel verdeutlicht, daß man nicht völlig formalistisch beim Aufbau und der Implementierung eines Umweltmanagementsystems vorgehen darf. Es muß vielmehr immer wieder darauf geachtet werden, daß ein solches System den Bedürfnissen und Möglichkeiten der jeweiligen Zielgruppe entspricht.

8. Zusammenfassung und Ausblick

Die chemische Industrie ist aufgrund ihrer produktionsbedingten Umweltbelastungen und des ökologischen Risikos ihrer Produktionssysteme in besonderem Maße von umweltrelevanten Rahmenbedingungen betroffen. Diese sind vor allem rechtliche, wirtschaftliche, öko-toxikologische, technische und gesellschaftliche. Neben den gesellschaftlichen Rahmenbedingungen, die von den gesellschaftlichen Anspruchsgruppen formuliert werden, sind die rechtlichen Rahmenbedingungen die wichtigsten. Die letzteren nehmen ihren Ausdruck in einer Fülle von Gesetzen, Verordnungen, Verwaltungsvorschriften und technischen Regelwerken, deren Anzahl bei 3000 liegen dürfte.

Die Beeinträchtigung der Umweltmedien durch die Produktion der chemischen Industrie ist primär ein Stoffstromproblem, das aus der Produktion nicht nur von erwünschten Produkten, sondern auch von Reststoffen resultiert. Die produktionsbedingten Stoffströme sind aus ökologischer Sicht wegen ihres mengenmäßigen Auftretens, ihrer umweltrelevanten Eigenschaften und ihrer Einwirkung auf ökologische Systeme problematisch.

Die genannten Rahmenbedingungen zwingen die chemische Industrie dazu, große Summen in Umweltschutzanlagen, vor allem für den Gewässerschutz und die Luftreinhaltung, in Form von additiven Umweltschutzanlagen zu investieren. Zwar laufen die langfristigen Investitionsprogramme für Großprojekte des Umweltschutzes in Deutschland langsam aus, die Umweltschutzanlagen müssen aber mit einem finanziellen Aufwand betrieben werden, der viel größer ist als die ursprünglichen Investitionen.

Außerdem werden die Umweltschutzanforderungen immer aufwendiger und zunehmend restriktiver, so daß deren Voraussagbarkeit und die Planungssicherheit immer geringer werden. Dadurch werden die umweltrelevanten Auswirkungen der chemischen Produkte und ihre Herstellungsverfahren zu wichtigen Wettbewerbsfaktoren.

Die einzige Möglichkeit zur Verringerung der Betriebskosten für die additiven Umweltschutztechnologien und zur Erhöhung der Planungssicherheit ist die konsequente Umsetzung des produktionsintegrierten Umweltschutzes. Er ist dafür geeignet, einerseits flexibel die Umweltschutzanforderungen zu erfüllen und andererseits die umweltrelevanten Auswirkungen chemischer Verfahren und Produkte zu minimieren. Damit nimmt man aber den Anlagen des additiven Umweltschutzes nur teilweise ihre Berechtigungsgrundlage; denn die in der chemischen Industrie eingesetzten Umweltschutztechnologien werden immer eine Kombination aus additiven und produktionsintegrierten Techniken sein.

Der produktionsintegrierte Umweltschutz kann durch verschiedene Methoden realisiert werden, die auf den unterschiedlichen Hierarchieebenen eines Chemieunternehmens in Angriff genommen werden. Realisierungsmöglichkeiten bestehen z.B. bei der Gestaltung des Produktionsprogramms, der chemischen Forschung und Verfahrensentwicklung, der Verfahrensauswahl und der Prozeßoptimierung. Dabei werden in allen diesen Methoden die Kriterien des produktionsintegrierten Umweltschutzes formuliert und in die Ziele integriert.

Eine systematische und nachvollziehbare Vorgehensweise, um die Aufgaben des betrieblichen Umweltschutzes zu planen, durchzuführen und zu kontrollieren wird durch die Einführung eines funktionsfähigen Umweltmanagementsystems ermöglicht. Gleichzeitig wird dadurch die Organisation in ihrer Effizienz und Effektivität weiter verbessert,

Qualitätssicherungssysteme nach der ISO 9000er Normenreihe bilden den Vorläufer und das Vorbild für die Umweltmanagementsysteme. Beide sind durch die nachprüfbare Systematisierung aller Leitungs- und Kontrolltätigkeiten gekennzeichnet. Dabei müssen die durchzuführenden Tätigkeiten in eindeutigen Anweisungen spezifiziert, Methoden zu deren Durchführung zur Verfügung gestellt und Regelkreise für Berichts- und Kontrollaufgaben installiert werden.

Diese Vorstellung der nachvollziehbaren Festlegung der Aufbau- und Ablauforganisation findet sich explizit in der ISO 9000er und ISO 14000er Normenreihe sowie auch teilweise in EMAS (EG-Öko-Audit-Verordnung) wieder.

In der Aufbauphase eines Umweltmanagementsystems ist es wichtig, von vornherein eine möglichst breite Akzeptanz des Managementsystems sicherzustellen. Hierfür sollen die einzelnen betrieblichen Funktionen bei der Erstellung der sie betreffenden Regelungen soweit wie möglich beteiligt werden. Die Konsensfindung bei der Erarbeitung der abteilungsspezifischen aufbau- und ablauforganisatorischen Regelungen ist die Voraussetzung für die Funktionsfähigkeit des Systems. Nur so können die abteilungsspezifischen Multiplikatoren die Mitarbeiter, die zusätzlich zu ihrem Tagesgeschäft die Anforderungen des Managementsystems erfüllen sollen, von dem Nutzen des gesamten Projekts überzeugen.

Die Implementierungsphase entscheidet maßgeblich über den langfristigen Erfolg von Umweltmanagementsystemen. Ein wichtiger Grund für mögliche Verzögerungen in der Implementierung liegt in dem personal- und zeitintensiven Aufwand für die zu erstellende systemkonforme Dokumentation und für die eventuell notwendige Anpassung der bestehenden betriebsinternen Abläufe. Für die Durchführung dieser Aufgaben können einerseits in Teilbereichen die notwendigen Ressourcen und andererseits auch die notwendige Motivation fehlen.

Die Pflege und Auditierung des Umweltmanagementsystems ist bei einem großen Unternehmen einer Stabsstelle, bei kleineren Unternehmen einem Umweltschutzbeauftragten zu übertragen. Durch die Auditierung soll vor allem die Existenz und Funktionsfähigkeit der organisatorischen Abläufe, Verfahrensanweisungen und Arbeitsanweisungen überprüft werden. Bei Feststellung von etwaigen Mängeln ist es die Aufgabe der Stabsstelle bzw. des Beauftragten, die Einleitung und Durchführung von Korrekturmaßnahmen zu fördern und zu überwachen. Durch ein entsprechendes Berichtswesen sind dem oberen Management die Auditaktivitäten und deren Ergebnisse mitzuteilen.

Eine spezielle Eigenschaft der chemischen Industrie liegt darin, daß Qualität, Sicherheit und Umweltschutz in besonderer Art miteinander verknüpft sind. Da die Umsetzung der Sicherheits-, Qualitäts- und Umweltziele zunehmend in Form von Managementsystemen geschieht, können diese völlig oder teilweise miteinander gekoppelt werden. Zu empfehlen ist jedoch eine teilweise Kopplung, bei der die Verknüpfung nur auf der operativen Ebene stattfindet. So werden auf der Ebene der Arbeitsanweisungen sicherheits-, qualitäts- und umweltschutzrelevante Aspekte gemeinsam behandelt. Jedoch bleibt auf der strategischen Ebene eine Trennung der Handbücher und der jeweiligen Umwelt-, Qualitäts- und Sicherheitspolitik bestehen.

Die Erfüllung aller organisatorischen und dokumentarischen Anforderungen an ein Umweltmanagementsystem führen von sich aus nicht zu einer effektiven und effizienten Förderung des produktionsintegrierten Umweltschutzes. Hierfür ist es notwendig, im Rahmen des Umweltmanagements adäquate Methoden, Techniken und Instrumente einzusetzen, die die Mitarbeiter bei ihren umweltrelevanten Abläufen unterstützen. Basierend auf diesen Überlegungen wurden verschiedene Instrumente, Methoden und Techniken vorgestellt, die im Rahmen des Umweltmanagementsystems allgemein eingesetzt werden können.

Dazu gehören die Checklisten, die das einfachste und am weitesten verbreitete Hilfsmittel des Umweltmanagements darstellen. Sie sind seit langem ein bewährtes Hilfsmittel in der Sicherheitstechnik.

Die Ökobilanzen stellen auf betrieblicher Ebene ein brauchbares Instrument zur Schwachstellenanalyse und zur Verbesserung des Umweltschutzes dar. Vor allem sind solche Ökobilanzen im Rahmen von Umweltmanagementsystemen auch zur Förderung des produktionsintegrierten Umweltschutzes von großem Nutzen. Wesentlich schwieriger ist es, Produkt-Ökobilanzen aufzustellen oder diese gar für Vergleiche mit konkurrierenden Produkten zu verwenden. Neben dem großen Aufwand ist Subjektivität bei der Beurteilung der Umweltbelastung der Stoffe ein wichtiges Hindernis.

Ökologische Kennzahlen werden in der chemischen Industrie ebenfalls eingesetzt, und zwar zum Zeitvergleich, Soll-Ist-Vergleich und Vergleich von Alternativen. Unter Umständen ist die Entwicklung von Kennzahlensystemen sinnvoll. Ökologische Kennzahlen und Kennzahlensysteme lassen sich im Rahmen des Umweltmanagements sowohl bei der unternehmerischen Planung, Steuerung und Kontrolle als auch bei Entscheidungsvorgängen gut verwenden.

Die Verwendung qualitativer Klassifikationssysteme als ein weiteres Instrument, wie die ABC-Analyse, führt zu einer Verringerung der Komplexität und ermöglicht damit die notwendige Anwendbarkeit umweltrelevanter Daten.

Die Anwendung und kontinuierliche Verbesserung der Techniken sollte ablauf- und aufbauorganisatorisch im Umweltmanagementsystem verankert sein. Nur so ist gewährleistet, daß umweltrelevante Kriterien langfristig in transparenter Art und Weise in die Managementabläufe ("Ziele setzen, planen, entscheiden, realisieren und kontrollieren") einfließen.

Langfristig wäre eine Form der standardisierten Aufstellung branchenspezifischer Instrumente und Techniken zur ökologieorientierten Bewertung von chemischen Verfahren und Produkten wünschenswert. Dies sollte im Rahmen der nationalen und internationalen Institutionen der Chemiebranche geschehen. Eine solche Entwicklung erscheint allerdings für die nahe Zukunft unwahrscheinlich, da es schwer sein wird, den notwendigen Konsens hierfür zu erreichen. Aus diesem Grund ist auf betrieblicher Ebene nicht nur aus ökologischen, sondern auch aus wirtschaftlichen Überlegungen heraus Eigeninitiative gefragt, um ein Umweltmanagementsystem mit den entsprechenden institutionalisierten Techniken und Instrumenten auf allen Ebenen des Unternehmens aufzubauen und langfristig zu erhalten.

Die Schlüsselfunktion zur Förderung des produktionsintegrierten Umweltschutzes in der chemischen Industrie ist die Forschung und Entwicklung. Durch ihre Tätigkeit werden die produktionsbedingten Umweltbelastungen langfristig festgelegt. Um Investitions- und Betriebskosten für die nötigen additiven Umweltschutztechniken und zusätzliche Entwicklungskosten für die Nachbesserung der Verfahren zu sparen, ist eine systematische Einflußnahme auf die Innovationsprozesse in diesem betrieblichen Teilbereich notwendig.

In einem ersten Schritt werden durch eine qualitative Analyse der Ausgangssituation der F&E die hierfür notwendigen zielgruppenspezifischen Informationen ermittelt. Die Kriterien des produktionsintegrierten Umweltschutzes sollten dann systematisch in den F&E-Ablauf und vor allem in die Entscheidungsprozesse einfließen.

In einem zweiten Schritt werden die grundlegenden Elemente eines Umweltmanagementsystems in der chemischen F&E und dessen Auswirkungen auf das F&E-Projektmanagement untersucht.

Die F&E-Mitarbeiter müssen sich fast ausschließlich mit Fragen auseinandersetzen, die simultan umweltschutz-, qualitäts- und sicherheitsrelevant sind. Es ist daher zu überlegen, wie man die rechtlichen und normativen Anforderungen in diesen Bereichen erfüllen kann, und gleichzeitig den F&E-Mitarbeitern vor Ort zeitaufwendige Formalismen und Verwirrungen ersparen kann. Diese Problematik ist in ihrer Wichtigkeit nicht zu unterschätzen, denn werden die F&E-Mitarbeiter mit einer unübersichtlichen Flut von Verfahrens- und Arbeitsanweisungen der einzelnen Managementsysteme konfrontiert, kann es dazu kommen, daß diese einfach ignoriert werden. Die Folgen hiervon sind in der chemischen Industrie vor allem im Sicherheitsbereich zu sehen, wo es in der letzten Zeit trotz der Existenz aufwendiger Sicherheitsmanagementsysteme zu vermeidbaren Unfällen gekommen ist. So wird auch aus den Reihen der chemischen Industrie ein mangelhaftes Managementsystem im Bereich der Sicherheit als die Hauptursache betrieblicher Störungen gesehen.

Aus diesem Grund ist es notwendig, auch operativ einsetzbare Grundstrukturen eines angepaßten Umweltmanagementsystems für die chemische Industrie im allgemeinen und für die F&E als Schlüsselfunktion für den Umweltschutz im speziellen zu entwickeln.

Die Umweltpolitik, die Kenntnisse der eigenen Umweltauswirkungen und die externen Umweltanforderungen müssen die Grundlage zur Formulierung allgemeiner unternehmensweiter Umweltziele bilden. In den einzelnen betrieblichen Organisationseinheiten müssen diese Vorgaben in Abhängigkeit von den jeweiligen Rahmenbedingungen weiter spezifiziert werden, um die Planung angepaßter Maßnahmen zu gewährleisten. Für die chemische F&E bedeutet dies in einem ersten Schritt die Formulierung eigener Umweltziele, die in einem zweiten Schritt projektorientiert konkretisiert werden müssen. Die Umweltziele müssen in die strategische Planung der F&E-Aktivitäten einfließen und für F&E-Projekte dann in Form projektspezifischer Umweltvorgaben konkretisiert werden. Diese werden dann das F&E-Projektmanagement beeinflussen und stellen nach Abschluß des Projekts eine Bewertungsgrundlage im Rahmen eines F&E-Projekt-Audits dar. Die Ergebnisse der Überprüfung der Zielerreichung sollten anschliessend genutzt werden, um die anfangs formulierten Umweltziele den tatsächlichen Möglichkeiten anzupassen. Bei all diesen Stufen müssen Informationen beschafft und analysiert werden. Zudem muß der operative Projektablauf geplant, gesteuert und kontrolliert werden. Für diese Phasen und die damit verbundenen umweltrelevanten Aufgabenfelder sind im Rahmen des Umweltmanagementsystems aufbau- und ablauforganisatorische Regelungen aufzustellen, die einerseits Verantwortlichkeiten und Vorgehensweisen festlegen, die jedoch andererseits genügend Freiraum beinhalten, um flexibel auf die sich verändernden Anforderungen des F&E-Ablaufes reagieren zu können.

Durch den systematischen Einsatz dieser Instrumente des Umweltmanagements wird eine hohe Entscheidungstransparenz und damit auch höhere Entscheidungssicherheit ermöglicht.

Diese am Beispiel der chemischen F&E dargestellten organisatorischen und instrumentellen Strukturen eines Umweltmanagementsystems in der chemischen Industrie lassen sich auch auf andere Unternehmensbereiche übertragen. Es wurde jedoch explizit an diesem Beispiel verdeutlicht, daß man nicht völlig formalistisch beim Aufbau und der Implementierung eines Umweltmanagementsystems vorgehen darf. Es muß vielmehr immer wieder darauf geachtet werden, daß ein solches System den Bedürfnissen und Möglichkeiten der jeweiligen Zielgruppe entspricht.

In diesem Buch wurden auf der Basis vorhandener Konzepte und eigener Untersuchungen die Grundlagen für eine systematische Integration von Umweltschutzkriterien in der Forschung und Entwicklung dargelegt. Es wurde hierfür der Aufbau eines Umweltmanagements empfohlen, in dessen Rahmen angepaßte Instrumente zur Erfassung und Bewertung der Umweltauswirkungen erarbeitet werden können. Ein solches System bietet die Möglichkeit, sich flexibel an die dynamischen Rahmenbedingungen anzupassen, die Nachvollziehbarkeit der Entscheidungen zu gewährleisten sowie die Effizienz und Effektivität der Forschung und Entwicklung zu steigern. Es wird damit aufgezeigt, daß der produktionsintegrierte Umweltschutz nicht nur ökologische, sondern auch wirtschaftliche und rechtliche Vorteile mit sich bringt, die zur langfristigen Unternehmenssicherung beitragen.

Es konnten und sollten in dem vorliegenden Buch keine spezifizierten Handlungsanweisungen aufgestellt werden, da die Forschung und Entwicklung einen betrieblichen Teilbereich darstellt, deren Charakteristiken von Unternehmen zu Unternehmen stark differieren. Es ist vielmehr Aufgabe der Unternehmen selbst, anhand der hier dargelegten Grundlagen und Anforderungen eigene und angepaßte Strukturen aufzubauen, die eine Chance haben auch "gelebt" zu werden.

Literaturverzeichnis

[1.1] Fischer, K.; Schot, J. [Hrsg.]: Environmental Strategies for Industry - International Perspectives on Needs and Policy Implications, Washington; Covelo: Island Press, 1993

[2.1] Schworm, K.: Chemische Industrie, München: Vahlen, 1967

[2.2] Kölbel, H.; Schulze, J.: Der Absatz in der Chemischen Industrie, Heidelberg u.a.: Springer, 1970

[2.3] Kline, C.: Maximizing profits in chemicals, *Chemtech*, 6, 2, (1976), S. 110-117

[2.4] Amecke, H.: Chemiewirtschaft im Überblick - Produkte, Märkte, Strukturen, Weinheim; New York: VCH, 1987

[2.5] VCI [Hrsg.]: Chemiewirtschaft in Zahlen, 1995

[2.6] Beck-Texte: Umwelt-Recht, Wichtige Gesetze und Verordnungen zum Schutze der Umwelt, 8.Aufl., München 1995

[2.7] Storm, P.: Umweltrecht - Einführung, 4. Aufl., Berlin: Erich Schmidt, 1991

[2.8] Fiedler, H.; Lutz, U.: Das Umwelt-Rahmenhandbuch: Basis für ein systemorientiertes Umweltmanagement, *Technische Überwachung*, 33, (1992), Nr. 2, S. 62-65

[2.9] Faber, M. et al.: Umdenken in der Abfallwirtschaft, Heidelberg; New York: Springer, 1989

[2.10] Schmidt, R.: Einführung in das Umweltrecht, 3. Aufl., München: Beck, 1992

[2.11] Pohle, H.: Chemische Industrie - Umweltschutz, Arbeitsschutz, Anlagensicherheit, Weinheim u.a.: VCH, 1991

[2.12] Hörissen, H.: Die neue Umwelt-Haftpflichtversicherung, *Chemie-Technik*, 22, (1993), Nr.9, S. 64-65

[2.13] Schöbitz, A., Deutsche Industrie kritisiert die neue Umweltversicherung, *VDI-Nachrichten*, (1993), Nr. 19, S. 20

[2.14] Bayer AG [Hrsg.]: Umweltbericht 1995, 1995

[2.15] Schönefeld, L.: Kommunikation in der Krise - Erfahrungen der Hoechst AG im Umgang mit der Öffentlichkeit, Broschüre "Hoechst im Dialog", Frankfurt a.M., 1994

[2.16] Kloepfer, M.: Umweltrecht, München: Beck, 1989

[2.17] Hartkopf, G.: Ein ziemlich wilder Haufen, *Die Zeit*, (1986), Nr. 8, S. 28

[2.18] Fischer, H.: Plädoyer für eine Sanfte Chemie, Karlsruhe: C.F. Müller, 1993

[2.19] Deutscher Bundestag/Enquete-Kommission "Schutz des Menschen und der Umwelt - Bewertungskriterien und Perspektiven für umweltverträgliche Stoffkreisläufe in der Industriegesellschaft": Die Industriegesellschaft gestalten - Perspektiven für einen nachhaltigen Umgang mit Stoff-Materialströmen, Kurzfassung, Bonn: Deutscher Bundestag, 1994

[2.20] VCI - Verband der chemischen Industrie: Sustainable Development - Position der chemischen Industrie, Positionspapier, Frankfurt: VCI

[2.21] Held, M. [Hrsg.]: Chemiepolitik - Gespräche über eine neue Kontroverse, Weinheim u.a.: VCH, 1988

[2.22] Held, M. [Hrsg.]: Leitbilder der Chemiepolitik, Frankfurt a. M., New York: Campus-Verlag, 1991

[2.23] Schadow, E.: Intellektuelle Kraft zur Innovation, *CHEManager*, (1994), Nr. 7, S. 1 u. 14

[2.24] O.V.: Progress-Report der Hoechst AG, Frankfurt a.M. 1995

[2.25] Matzel, M.: Die Organisation des betrieblichen Umweltschutzes: eine organisatorisch theoretische Analyse der betrieblichen Teilfunktion Umweltschutz, Berlin: Erich Schmidt, 1994

[2.26] Bayer AG [Hrsg.]: Umwelterklärung 1995 für den Standort der Bayer AG und der Bayer Faser GmbH, Oktober 1995

[3.1] Spriggs, H. D.: Design for pollution prevention, in: El-Halwagi, M., Petrides, D. [Hrsg.]: Pollution Prevention via Process and Product Modifications, AIChE Symposium Series, (1994), 90, Nr. 303, S. 1-11

[3.2] Wiesner, J.: Umweltfreundliche Produktionsverfahren in der chemischen Technik, in: Bartholomé, E.; Biekert, E.; Hellmann, H.; Ley, H.; Weigert, W.M. [Hrsg]: Ullmanns Encyklopädie der technischen Chemie, Band 6, Weinheim: VCH, 4. Aufl., 1981

[3.3] Biedenkopf, G.: Verfahrenstechnik für den Umweltschutz, *Chem.-Ing.-Tech.*, (1979), 51, Nr. 12, S. 1229-1233

[3.4] Baum, F.: Umweltschutz in der Praxis, 2. Aufl., München: Oldenbourg, 1992

[3.5] Enderle, M.: Umwelttechnik - der große Bluff, *Wasser, Luft und Boden*, (1991), Nr. 11-12, S. 22-27

[3.6] Keller, V.: Versaute Chancen, Wirtschaftswoche, (1994), Nr. 38, S. 108-115

[3.7] Tevis, G.: Verfahrensänderung im Interesse des Umweltschutzes, *Chemische Industrie*, (1974), 26, Nr. 8, S. 493-496

[3.8] BUWAL: Verminderung von Sonderabfällen durch Vermeidung und Verwerten, Schriftenreihe Umwelt Nr. 161, Bundesamt für Umwelt, Wald und Landschaft [Hrsg.], Bern, 1991

[3.9] Förster, U.: Umweltschutztechnik, 4. Aufl., Berlin u.a.: Springer-Verlag, 1993

[3.10] Hassan, A.; Kostka, S.: Methodik des produktionsintegrierten Umweltschutzes in der chemischen Industrie, *Chem.-Ing.-Tech.*, 65 (1993) Nr. 4, S. 391-400

[3.11] Beßling, B.; Ciprian, J.; Polt, A.; Welker, R.: Kritische Anmerkungen zu den Werkzeugen der Verfahrensüberarbeitung, *Chem.-Ing.-Tech.*, (1995), 67, Nr. 2, S. 160-165

[3.12] Zangemeister, C.: Nutzwertanalyse in der Systemtechnik, Düsseldorf: Wittemannsche Buchhandlung, 4. Aufl., 1976

[3.13] Hassan, A.; Schulze, J.: Engineering II: Optimierung - Zielgröße entscheidend, *Chemische Industrie*, (1987), 110, Nr. 7, S. 74 ff.

[3.14] Körner, H.: Optimaler Energieeinsatz in der Chemischen Industrie, *Chem.-Ing.-Tech.*, (1988), 60, Nr. 7, S. 511-518

[3.15] Linnhoff, B.: Use Pinch Analysis to knock down capital costs and emissions, *Chemical Engineering Progress*, (1994), August 1994, S. 32-57

[3.16] Blaß, E.: Entwicklung verfahrenstechnischer Prozesse, Frankfurt a.M.: Salle Sauerländer, 1989

[3.17] Wiesner, J. [Bearb.]: Produktionsintegrierter Umweltschutz in der chemischen Industrie/Verpflichtung und Praxisbeispiele, Frankfurt a.M: Dechema, 1990

[3.18] Wiesner, J.; Christ, C.; et al.: Production-Integrated Environmental Protection, in: Gerhartz, W.; Elvers, B. [Hrsg.]: Ullmann´s Encyclopedia of industrial chemistry, Vol. B 8, Weinheim usw.: VCH, 1995, 5th Edition, S. 213-309

[3.19] Budzinski, A.: Im Labyrinth der „schwarzen Kunst“, *Chemische Industrie*, (1995), Nr. 5, S. 13-16

[3.20] Sheldon, R. A.: The role of catalysis in waste minimization, in: Weijnen, M.; Drinkenburg, A. [Hrsg.]: Precision Process Technology, Dordrecht u.a.: Kluwer Academic Publishers, 1993, S. 125-138

[3.21] Warren, S.: Designing Organic Syntheses - A Programmed Introduction to the Synthon Approach, New York u.a.: Wiley, 2. verb. Aufl.,1983

[3.22] March, J.: Advanced organic chemistry, New York u.a.: Wiley, 5. Aufl., 1992

[3.23] Elango, V.; Murphy, M. A.; Smith, B. L.; Davenport, K. G.; Mott, G. N.; Moss, G. L.: Eur. Pat. Appl. 0284310 to Hoechst Celanese, 1988

[3.24] Wiederkehr, H.: Examples of process improvements in the fine chemical industry, *Chemical Engineering Science*, (1988), 43, Nr. 8, S. 1783-1791

[3.25] Zlokarnik, M.: Umweltschutz - eine ständige Herausforderung, *Chem.-Ing.-Tech.*, (1989), 61, Nr. 5, S. 378-385

[3.26] Maxwell, J.; Stork, W.: Hydrocarbon processing with Zeolites, in: Van Beckum, H.; Flanigen, E.; Jansen, J. [Hrsg.]: Introduction to Zeolites Scince and Practice, *Stud. Surf. Sci. Catal.*, (1991), 58, S. 571-628

[3.27] Perot, G.; Guisnet, M.: Zeolites in fine chemical synthesis - contribution to environmental protection, in: Weijnen, M.; Drinkenburg, A. [Hrsg.]: Precision Process Technology, Dordrecht u.a.: Kluwer Academic Publishers, 1993, S. 157-174

[3.28] Notari, B.: Synthesis and catalytic properties of titanium containing zeolites, in: Grobet, P. J. et. al. [Hrsg.]: Innovation in Zeolite Materials Science, *Stud. Surf. Sci. Catal.*, Vol. 37, Amsterdam: Elsevier, 1988, S. 413-425

[3.29] Mercier, C.; Chabardes P.: Organometallic chemistry in industrial vitamin A and vitamin E synthesis, *Pure&Applied Chemistry*, (1994), 66, Nr. 7, 1509-1518

[3.30] Stadig, W.: Three Inventions Combine to Yield New Route to THF, *Chem. Proc.*, (1992), August, S. 27-31

[3.31] Lerou, J.; Mills, P.: Du Pont Butane Oxidation Process, S. 175-195, in: Weijnen M.; Drinkenburg, A. [Hrsg.]: Precision Process Technology, Dordrecht u.a.: Kluwer Academic Publishers, 1993, S. 157-174

[3.32] Bergna, H.: Process for Making Attrition-Resistant Catalyst, U.S. Patent 4,677,984, 1985

[3.33] BASF: Sicherheitsdatenblatt zum Produkt N-Methylpyrrolidon, Version 10, 1995

[3.34] EG: Working document concerning the grouping of organic solvents to be used "Solvent Directive", Direction XI, Brüssel, 1992

[3.35] Burgbacher, H.: HKW-freie Reinigungsverfahren - Leitfaden zur Substitution halogenierter Kohlenwasserstoffe in der industriellen Teilereinigung, Landsberg: Ecomed, 1993

[3.36] BASF: Entfernen von Polymerablagerungen aus Batch-Produktionen mit Hilfe von NMP, Informationsschrift der BASF AG, Ludwigshafen, 1995

[3.37] BASF: Reclaiming or Recycling of NMP, Informationsschrift der BASF AG, Ludwigshafen, 1995

[3.38] Juge, W., et. al.: Umweltschutztechnik, Leipzig: VEB Deutscher Verlag für Grundstoffindustrie, 1978

[4.1] Schubert, U.: Der Management-Kreis, in: Management für alle Führungskräfte in Wirtschaft und Verwaltung, Bd. I, Stuttgart, 1972

[4.2] Staehle, W.: Management: eine verhaltenswissenschaftliche Perspektive, 7. Aufl., München: Vahlen, 1994

[4.3] Frese, E. [Hrsg.]: Handwörterbuch der Organisation, Stuttgart: Poeschel, 1992

[4.4] Hoffmann, F.: Aufbauorganisation, in: Frese, E. [Hrsg.]: Handwörterbuch der Organisation, Stuttgart: Poeschel, 1992, S. 203-221

[4.5] Rühli, E.: Führungsmodelle, in: Kieser, A. [Hrsg.]: Handwörterbuch der Führung, Stuttgart: Poeschel, 1995, S. 760-772

[4.6] Liertz, R.: Management-Techniken, in: Management-Enzyklopädie, Bd. 6, 2. Aufl. Landsberg am Lech, 1984

[4.7] Gebert, D.: Führung im MbO-Prozeß, in: Kieser, A. [Hrsg.]: Handwörterbuch der Führung, Stuttgart: Poeschel, 1995, S. 760-772

[4.8] Bleicher, K.: Das Konzept Integriertes Management, 2. Aufl., Frankfurt a.M.; New York: Campus, 1992

[4.9] Bleicher, K.: Aufgaben der Unternehmensführung, in: Corsten, H.; Reiß, M. [Hrsg.]: Handbuch Unternehmensführung, Wiesbaden, 1995, S. 19-32

[4.10] Polke, R.; Krekel, J.: Qualitätssicherung bei der Verfahrensentwicklung, *Chem.-Ing.-Tech.*, (1992), 64, Nr. 6, S. 528-535

[4.11] CEFIC: EN 29001 ISO 9001 - Leitlinien zur Anwendung in der chemischen Industrie, VCI [Hrsg.], Frankfurt a.M., 1992

[4.12] Bayer AG: Leitlinien für die Qualität und Qualitätssicherung bei Bayer, 1991

[4.13] Kamiske, G. F.; Malorny, C.: Total Quality Managment - eine herausfordende Chance, in: Die hohe Schule des Total Quality Management, Kamiske, G. F. [Hrsg.], Berlin u.a.: Springer, 1994

[4.14] Kamiske, G.F.: Qualität = Technik + Geisteshaltung, *QZ*, (1990), 35 , Nr. 5, S. 251-252

[4.15] Womack, J. P.; Jones, D. T.; Roos, D.; Carpenter, D.S.: Die zweite Revolution in der Automobilindustrie, 5. Aufl., Frankfurt a.M. New York: Campus, 1992

[4.16] O.V.: Qualitätsmanagement in der BASF-Gruppe, Ludwigshafen, 1993

[4.17] O.V.: Qualitätsmanagement BASF-Gruppe - Jahresbericht 1994, Ludwigshafen, 1994

[4.18] Auterhoff, G.: EG-Leitfaden einer Guten Herstellerpraxis für Arzneimittel, *Pharmazeutische Industrie*, 52, Nr. 7, 1990, S. 853-874

[4.19] Barthel, T.: GMP aus Sicht der FDA, *Pharmazeutische Industrie*, (1993), 55, Nr. 4, S. 383-386

[4.20] Schuler, H.; Eckelmann, W.: Beiträge der Prozeßleittechnik zur Qualitätssicherung in der chemischen Produktion, *Chem.-Ing.-Tech.*, (1992), 64, Nr. 2, S. 117-124

[4.21] Friederich, M.; Gilles, E.: Prozeßführung zur Sicherung reproduzierbarer Qualität in der verfahrenstechnischen Produktion, *Chem.-Ing.-Tech.*, (1991), 63, Nr. 9, S. 910-918

[4.22] Sommer, E.: Grundsätze der Qualitätsarbeit im Unternehmen, *Chem.-Ing.-Tech.*, (1993), 65, Nr. 12, S. 1457-1464

[4.23] Steger, U.: Umwelt-Auditing - Ein neues Instrument der Risikovorsorge, Frankfurt a.M.: *Frankfurter Allgemeine Zeitung*, 1991

[4.24] Mädefessel-Herrmann, K.: Ökoperspektive, *Nachrichten aus Chemie, Technik und Laboratorium*, (1995), 43, Nr. 9, S. 979-980

[4.25] Wagner, R; Janzen, H.: Umwelt-Auditing als Teil des betrieblichen Umwelt- und Risikomanagements, *Betriebswirtschaftliche Forschung und Praxis*, (1994), Nr. 6, S. 573-604

[4.26] VCI [Hrsg.]: Leitfaden "Verantwortliches Handeln", Frankfurt a.M., 1995

[4.27] Schering AG [Hrsg.]: Sicherheits- und Umweltschutzsystem - Kurzbroschüre, Zentrale Sicherheit und Umweltschutz, Berlin, 1993

[4.28] Scholz, C.: Personalmanagement, München: Vahlen, 1989

[4.29] Bisani, F.: Personalwesen und Personalführung, 4. Aufl., Wiesbaden: Gabler, 1995

[4.30] Steinbuch, O.: Personalwirtschaft, 6. Aufl., Ludwigshafen: Kiehl, 1995

[4.31] Hentze, J.: Personalwirtschaftslehre 1 und 2, 5. Aufl., Bern; Stuttgart: Haupt, 1991

[4.32] Kostka, S.: Umweltorientierte Organisationsgestaltung, in: Winter. G. [Hrsg.]: Ökologische Unternehmensentwicklung, Berlin u.a.: Springer 1997

[5.1] Butterbrodt, D.; Tammler, U.: Umweltmanagement: moderne Methoden und Techniken zur Umsetzung, München; Wien: Hanser, 1995

[5.2] Butterbrodt, D.; Tammler, U.: Techniken des Umweltmanagements: die Umweltverträglichkeit umfassend verbessern, München; Wien: Hanser, 1996

[5.3] Kreikebaum, H.: Die Notwendigkeit ökologischer Informationen, *UmweltWirtschaftsForum*, (1995), März, S. 7

[5.4] Pilz, V.: Sicherheitsanalysen zur systematischen Überprüfung von Verfahren und Anlagen - Methoden, Nutzen und Grenzen, *Chem.-Ing.-Tech.*, (1985), 57, Nr. 4, S. 289-307

[5.5] Gege, M. u.a.: Checkliste umweltbewußtes Unternehmen, B.A.U.M. Materialien, Hamburg, 1992

[5.6] Winter, G.: Das umweltbewußte Unternehmen - Ein Handbuch der Betriebsökologie mit 28 Checklisten für die Praxis, München: Vahlen, 1993

[5.7] EPA / United States Environmental Protection Agency [Hrsg.]: Guides to Pollution Prevention - The Pharmaceutical Industry, EPA/625/7-91/017, Washington, 1991

[5.8] EPA / United States Environmental Protection Agency [Hrsg.]: Guides to Pollution Prevention - The Pesticide Formulating Industry, EPA/625/7-90-004, Washington, 1990

[5.9] Malle, K.: Bewertung der Umweltrelevanz in der betrieblichen Praxis, *Nachrichten aus Chemie, Technik und Laboratorium*, (1990), 38, Nr. 1, S. 106-107

[5.10] Ewoldt, T; Lonnemann, D.: Umweltorientierung - Eine Checkliste für Unternehmen, Rationalisierungskuratorium der Deutschen Wirtschaft e.V. Landesgruppe Schleswig-Holstein [Hrsg.], Kiel, 1993

[5.11] Hassan, A.; Schulze, J.: Methoden der Material- und Energiebilanzierung bei der Projektierung von Chemieanlagen, Weinheim u.a.: Verlag Chemie, 1981

[5.12] PÖW - Projektgruppe ökologisches Wirtschaften: Produktlinienanalyse, Bedürfnisse, Produkte und ihre Folgen - Ein Diskussionsbeitrag aus dem Öko-Institut, Köln: Kölner Volksblatt Verlag, 1987

[5.13] Drewer, C.; Hassan, A.; Kostka, S.: Ökologische Betriebsbilanzierung für kleine und mittelständische Unternehmen der chemischen Industrie, *UmweltWirtschaftsForum*, März (1997)

[5.14] Klöpffer, W.: Ökobilanzen als Instrument der Produktbewertung, *Chem.-Ing.-Tech.*, (1993), 65, Nr. 11, 1313-1317

[5.15] Hulpke, H.; Marsmann, M.: Ökobilanzen und Ökovergleiche, *Nachrichten aus Chemie, Technik und Laboratorium*, (1994), 42, Nr. 1, S. 11-27

[5.16] Annema, J.: Methodolgy for the Evaluation of Potential Action to Reduce the Environmental Impact of Chemical Substances, *Workshop Report*, Kongress vom 2-3 Dezember in Leiden, 1992, S. 73-80

[5.17] Guiniée, J.; Heijungs, R.: A Proposal for the the Classification of Toxic Substances Within the Framework of Life Cycle Assessment of Products, *Chemospere*, (1993), 26, 10, S. 1925-1944

[5.18] Guiniée, J.; Heijungs, R.: A Proposal for the Definition of Ressource Equivalency Factors for Use in Product Life-Cycle-Assessment, *Environ. Toxicol. Chem.*, (1995), 14, Nr. 5, S. 917-925

[5.19] Habersatter, K.: Ökobilanz von Packstoffen, Bundesamt für Umwelt, Wald und Landschaft [Hrsg.]: Schriftenreihe Umwelt, Nr. 132, Bern, 1990

[5.20] Thomé-Kozmiensky, K.: Waste, in: Gerhartz, W.; Elvers, B. [Hrsg.]: Ullmann's Encyclopedia of industrial chemistry, Vol. B 8, Weinheim usw. VCH, 1995, 5th Edition, S. 559-770

[5.21] O.V.: *Probleme mit der Ökobilanz schon bei einem einfachen Staubsaugerrohr*, *VDI-Nachrichten*, (1994), Nr. 9, S. 15

[5.22] Hilaly, A; Sikdar, S.: Pollution Balance Method and the Demonstration of Ist Application to Minimizing Waste in a Biochemical Process, *Ind. Eng. Chem. Res.*, (1995), 34, Nr. 6, S. 2051-2059

[5.23] Reichmann, T.: Kennzahlensysteme, in: Wittmann, W. [Hrsg.]: Enzyklopädie der Betriebswirtschaftslehre, Stuttgart: Schäffer-Poeschel, 1993, S. 2159-2174

[5.24] Horváth, P.: Controlling, 3. Aufl., München: Vahlen, 1990

[5.25] Böhm, M.; Halfmann, M.: Kennzahlen und Kennzahlensystem für ein ökologieorientiertes Controlling, *UmweltWirtschaftsForum*, (1994), Nr. 8, S. 9-14

[5.26] Seidel, E.; Goldmann, B.: Umweltkennzahlen zur Unterstützung betrieblicher Entscheidungen, in: Umweltbundesamt [Hrsg.]: Handbuch Umweltcontrolling, München: Vahlen, 1995, S. 539-560

[5.27] Pojasek, R. B.; Cali, L. J.: Measuring Pollution Prevention Progress, *Pollution Prevention Review*, (1991), 1, Nr. 2, S. 119-130

[5.28] Hoffmann-La Roche [Hrsg.]: Sicherheit und Umweltschutz: Konzern-Bericht 1994, Basel, 1994

[5.29] Hallay, H.; Pfriem, R.: Ökocontrolling: Umweltschutz in mittelständischen Unternehmen, Frankfurt u.a.: Campus, 1992

[5.30] Stahlmann, V.: Bewertung der Umweltwirkungen nach der ABC-Methode, in: Umweltbundesamt [Hrsg.]: Handbuch Umweltcontrolling, München: Vahlen, 1995

[5.31] Mohr, G.: Qualitätsverbesserung im Produktionsbetrieb, Würzburg: Vogel, 1991

[6.1] VCI [Hrsg.]: Chemiewirtschaft in Zahlen, 1995

[6.2] Verband Forschender Arzneimittelhersteller [Hrsg.]: Forschung für das Leben, Bonn, 1995

[6.3] Fink-Anthe, C.: Analyse der F+E-Aufwendungen internationaler Pharmaunternehmen, *Pharmazeutische Industrie*, (1993), Nr. 8, S. 729-732

[6.4] O.V.: Forschung und Entwicklung in der Wirtschaft 1991-1993, SV-Gemeinnützige Gesellschaft für Wissenschaftsstatistik mbH [Hrsg.], Essen, 1994

[6.5] VCI: Forschung und Entwicklung in der chemischen Industrie, *Chemische Industrie*, Nr. 4, (1969), S. 197-203

[6.6] Brockhoff, K.: Forschung und Entwicklung: Planung und Kontrolle, München; Wien: Oldenbourg, 1988

[6.7] Platz, J.; Schmelzer, H. J.: Projektmanagement in der industriellen Forschung und Entwicklung, Berlin u.a.: Springer-Verlag, 1986

[6.8] Gatter, J.; Hassan, A.: Instrumente und Methoden zur Unterstützung des Innovationsmanagements in der pharmazeutischen Industrie, *Pharmazeutische Industrie*, 55, (1993), Nr. 11, S. 968 ff.

[6.9] Saad, K. N.; Roussel, P. A.; Tiby, C.: Management der F&E-Strategien, Wiesbaden: Gabler, 1991

[6.10] Little A. D.: Management erfolgreicher Produkte, Wiesbaden: Gabler, 1994

[6.11] Brockhoff, K.: Budgetierungsstrategien für Forschung und Entwicklung, *Zeitschrift für Betriebswirtschaft*, 57, (1987), S. 846-869

[6.12] Fink-Anthe, C.; Nießling, J.; Reuter, L.; Scheiner, C.: Analyse der F+E-Aufwendungen internationaler Pharmaunternehmen, *Pharmazeutische Industrie*, 55, (1993), Nr. 8, S. 729 ff.

[6.13] Amecke, H.B.: Chemiewirtschaft im Überblick - Produkte, Märkte, Strukturen, Weinheim: VCH, 1987

[6.14] O.V.: Forschung der Degussa mit neuer Struktur, *Nachrichten aus Chemie, Technik und Laboratorium*, 43, (1995), Nr. 1, S. 50-51

[6.15] Bamelis, P.: F+E bei Bayer - Aufgabe, Organisation, Steuerung, *Nachrichten aus Chemie, Technik und Laboratorium*, 43, (1995), Nr. 9, S. 978-979

[6.16] VCI: Forschung und Entwicklung in der chemischen Industrie, *Chemische Industrie*, Nr. 4, (1969)

[6.17] Forker, H.: Alternative Strukturierungsmöglichkeiten des F+E-Bereichs in der mittelständischen pharmazeutischen Unternehmung, *Pharmazeutische Industrie*, 45, (1983), S. 759 ff.

[6.18] O.V.: Wie die Verfahrensentwicklung bei Henkel Forschungsergebnisse in die Praxis umsetzt, Broschüre der Henkel KGaA, 1989

[6.19] O.V.: Forschung der Degussa mit neuer Struktur, *Nachrichten aus Chemie, Technik und Laboratorium*, 43 (1995), Nr. 1

[6.20] Schering AG [Hrsg.]: Geschäftsbericht 1994, 1995

[6.21] Heberfellner, R. u.a.: Systems Engineering: Methodik und Praxis, Daenzer, W. F.; Huber, F. [Hrsg.], Zürich, 8. Aufl., 1994

[6.22] Bamberg, C.; Coenenberg, A. G.: Betriebliche Entscheidungslehre, München: Vahlen, 6. Aufl., 1991

[6.23] Herzog, R. [Hrsg.]: F&E-Management in der Pharma-Industrie, Aulendorf: Editio-Cantor-Verlag, 1995

[6.24] Corsten, H. [Hrsg.]: Lexikon der Betriebswirtschaftslehre, 2. Aufl., München; Wien: Oldenbourg, 1993

[6.25] Heinen, E. [Hrsg.]: Industriebetriebslehre - Entscheidungen im Industriebetrieb, 9. Aufl., Wiesbaden: Gabler, 1991

[6.26] Hautha, H. G.: Neue Wege intelligenter Chemie: Beispiel Pflanzenschutz, *Nachrichten aus Chemie, Technik und Laboratorium*, 41, (1993), Nr.5, S. 566-570

[6.27] Madauss, B. J.: Planung und Überwachung von Forschungs- und Entwicklungsprojekten, Bad Aibling, 1982

[6.28] Horváth, P.; Reichmann, T.: Vahlens Großes Controlling Lexikon, München: Vahlen, 1993

[6.29] Brockhoff, K.: Planungskontrolle im Entwicklungsbereich, in: Brockhoff, K.; Krelle, W.: Unternehmensplanung, Berlin, Heidelberg, New York: Springer, 1981

[6.30] Majer, H. J.: Labor-Informations- und Management-Systeme als Werkzeug in der Qualitätssicherung, *GIT Fachzeitschrift Labor*, (1993), Nr. 10, S. 881-888

[6.31] O.V.: LIMS im F&E-Bereich, *Standort Chemie*, 1, (1994), Nr. 23, S. 14

[6.32] Brockhoff, K.: Schnittstellen-Management, Stuttgart: Poeschel, 1989

[6.33] Neuberger, O.: Mikropolitik: der alltägliche Aufbau und Einsatz von Macht in Organisationen, Stuttgart: Enke, 1995

[6.34] Blaß, E: Entwicklung verfahrenstechnischer Prozesse, Frankfurt a.M.: Salle Sauerländer, 1989

[6.35] Lange, E.: Abbruchentscheidungen bei F&E-Projekten, Wiesbaden: Deutscher Universitäts Verlag, 1993

[6.36] Witte, E.: Entscheidungsprozesse, in: Frese, E. [Hrsg.]: Handwörterbuch der Organisation, Stuttgart: Poeschel, 3. Aufl., 1992., S. 552-565

[6.37] Mak, O.; Hörrmann, G.; Tiby, C.: Projektmanagement in der Arzneimittelentwicklung - Ein langer Weg zum Weltniveau, *Pharmazeutische Industrie*, 51, (1989), Nr. 10, S. 1093 ff.

[6.38] Cannic, G.: Synthèses multistades: choix techniques et implications économiques, *Informations Chimie*, (1994), Nr. 361, S. 114-119

[6.39] Holoubek, K.; Geywitz, J.: Die Integration des Umweltschutzes in das operative Betriebsgeschehen, in: Steger, U. [Hrsg.]: Umwelt-Auditing - Ein neues Instrument der Risikovorsorge, Frankfurt a.M.: Frankfurter Allgemeine Zeitung, 1991

[6.40] Eisenbach, D.: Integrierter (d.h. vorsorgender) Umweltschutz bei der Boehringer Mannheim GmbH, Informationsbroschüre der Stabsstelle Umweltschutz und Sicherheit, Mannheim, 1.7.1994

[6.41] Roßmann, G.: Der Schlüssel liegt im Management, *Standort Chemie*, Nr. 3, S. 21, 1996

[7.1] Janson, R.: Ein Frühwarnsystem für das Management, *Harvard-Manager*, (1982), Nr. 3, S. 58-65

[7.2] Roeser, J.: Frühwarnsysteme für die Unternehmenspraxis, München: Vahlen, 1980

[7.3] Martin, A.; Bartscher, S.: Führungstheorien - Entscheidungstheoretische Ansätze, in: Kieser, A.; Reber, G.; Wunderer, R.: Handwörterbuch der Führung, 2. Aufl., Bd. 10, Stuttgart: Schäffer-Poeschl, 1995, S. 906-915

[7.4] Zahn, E.: Strategische Planung, in: Szyperski, N. [Hrsg.]: Handwörterbuch der Planung, Stuttgart: Poeschel, 1989, S. 1903-1916

[7.5] Meffert, H.: Marktorientiertes Umweltmanagement - Grundlagen und Fallstudien, 2. erw. Aufl., Stuttgart: Poeschel, 1993

[7.6] Hahn, D.: Zweck und Entwicklung der Portfolio-Konzepte in der strategischen Unternehmensplanung, in: Hahn, D.; Taylor, B. [Hrsg.]: Strategische Unternehmensplanung - Strategische Unternehmensführung, 6. Aufl., Heidelberg: Physika, 1992, S. 221-253

[7.7] Scholz, C.: Effektivität und Effizienz, in: Frese, E. [Hrsg.]: Handwörterbuch der Organisation, Stuttgart: Poeschel, 1992, S. 533-552

[7.8] Buschulte, T.; Heimann, F.: Verfahrensentwicklung durch Kombination von Prozeßsimulation und Miniplant-Technik, Chem.-Ing.-Tech., (1995), 67, Nr. 6, S. 718-724

[7.9] Langley, A.: Between "Paralysis by Analysis" and "Extinction by Instinct", Engineering Management Review, 23, 3, (1995), S. 14-24

[7.10] Witte, E.: Informationsverhalten, in: Grochla, E. [Hrsg.]: Handwörterbuch der Betriebswirtschaft, Bd. 2, Stuttgart: Poeschel, 4. Aufl., 1975, S. 1915-1924

[7.11] Leavitt, H.J.: Applied Organizational Change. In Industry: Structural, Technological and Humanistic Approaches, in: March, J. D. [Hrsg.]: Handbook of Organizations, 1965, S. 1144-1170

[7.12] Kreikebaum, H.: Innovationsmanagement bei aktivem Umweltschutz in der chemischen Industrie - Bericht aus einem Forschungsprojekt, in: Wagner, G. [Hrsg.]: Unternehmung und ökologische Umwelt, München: Vahlen, 1990, S. 113-121

[7.13] Hauschidt, J.; Chakrabarti, A.: Arbeitsteilung im Innovationsmanagement, Zeitschrift für Organisation, (1988), 57, 6, S. 378-388

[7.14] Kreikebaum, H.: Umweltgerechte Produktion: integrierter Umweltschutz als Aufgabe der Unternehmensführung im Industriebetrieb, Wiesbaden: Dt. Fachschriften-Verlag, 1992

[7.15] Hulpke, H.; Koch, H.; Wagner, R. [Hrsg.]: Römpp Lexikon Umwelt, Stuttgart; New York: Thieme, 1993

[7.16] Kortüm, G.; Buchholz-Meisenheimer, H.: Die Theorie der Destillation und Extraktion von Flüssigkeiten, Heidelberg u.a.: Springer, 1952

[7.17] Jakob, K. G.: Solvent Substitition For Pollution Prevention, in: El-Hawagi, M.; Petrides, D. [Hrsg.]: Pollution Prevention via Process and Product Modifications, *AIChE Symposium Series*, (1995), 90, Nr. 303, S. 98-104

[7.18] Zobel, D.: Erfinderpraxis - Ideenvielfalt durch systematisches Erfinden, Berlin: Deutscher Verlag der Wissenschaften, 1991

[7.19] Chadha, N.: Develop Multimedia Pollution Prevention Strategies, Chemical Engineering Progress, (1994), November, S. 32-39

[7.20] Douglas, J.: Process Synthesis for Waste Minimization, Industrial Engineering Chemical Research, (1992), 31, Nr. 1, S. 238-243

[7.21] Rossiter, A., et al.: Apply Process Integration to Waste Minimization, Chemical Engineering Progress, (1993), January, S. 30-36

[7.22] Nelson, K.: Use these ideas to cut waste, Hydrocarbon Processing, (1990), March, S. 93-98

[7.23] UVV 47: Schutzmaßnahmen beim Umgang mit krebserzeugenden Arbeitsstoffen, Berufsgenossenschaft der chemischen Industrie [Hrsg.], Heidelberg: Jedermann-Verlag, 1982

[7.24] Wiesner, J.: Umweltfreundliche Produktionsverfahren in der chemischen Technik, in: Bartholomé, E.; Biekert, E.; Hellmann, H.; Ley, H.; Weigert, W.M. [Hrsg]: Ullmanns Encyklopädie der technischen Chemie, Band 6, Weinheim: VCH, 4. Aufl., 1981

[7.25] Sinnott, R.: Chemical Engineering Design, in: Coulson, J.; Richardson, J. [Hrsg.]: Chemical Engineering, Volume 6, 2. Aufl., Oxford, New York: Pergamon Press, 1993

[7.26] Schwob, R., et al.: Sicherheit, Gesundheits- und Umweltschutz - Wie die Roche Forschung dazu beitragen kann, Hoffmann-La Roche AG [Hrsg.], Dokumentation CSE, Basel, 1993

[7.27] Weiser, M.: Die technisch-wirtschaftliche Bewertung von Forschungs- und Entwicklungsprojekten, TU Berlin, Doktorarbeit, 1985

[7.28] Radke, M.: Die große betriebswirtschaftliche Formelsammlung, 8. Aufl., Landsberg: Verlag Moderne Industrie, 1991

[7.29] Kölbel, H.; Schulze, J.: Projektierung und Vorkalkulation in der Chemischen Industrie, Berlin: Springer-Verlag, 1960

[7.30] Chmiel, H.: EU-Öko-Audit-Verordnung und produktionsintegrierter Umweltschutz am Beispiel der Lebensmittelindustrie, Chem.-Ing.-Tech., (1995), 67, S. 1595-1602

[7.31] Belhateche, H.: Choose Appropriate Wastewater Treatment Technologies, Chemical Engineering Progress, (1995), August, S. 32-51

[7.32] Ruddy, N.; Carroll: Select the Best VOC Control Strategy, Chemical Engineering Progress, (1993), July, S. 28-35

Sachverzeichnis

Springer und Umwelt

Als internationaler wissenschaftlicher Verlag sind wir uns unserer besonderen Verpflichtung der Umwelt gegenüber bewußt und beziehen umweltorientierte Grundsätze in Unternehmensentscheidungen mit ein. Von unseren Geschäftspartnern (Druckereien, Papierfabriken, Verpackungsherstellern usw.) verlangen wir, daß sie sowohl beim Herstellungsprozess selbst als auch beim Einsatz der zur Verwendung kommenden Materialien ökologische Gesichtspunkte berücksichtigen. Das für dieses Buch verwendete Papier ist aus chlorfrei bzw. chlorarm hergestelltem Zellstoff gefertigt und im pH-Wert neutral.